ヴァル・マクダーミド◆著
VAL McDERMID
久保美代子◆訳

FORENSICS THE ANATOMY OF CRIME

科学捜査ケースファイル

難事件はいかにして解決されたか

化学同人

FORENSICS: The Anatomy of Crime
by Val McDermid

Japanese translation rights arranged with Profile Books Limited
c/o Andrew Nurnberg Associates International Limited, London
through Tuttle-Mori Agency, Inc., Tokyo

wellcome collection

Wellcome Collection は好奇心旺盛な人々のための無料の博物館で、過去、現在、未来の医療と生活とアートのつながりを追求している。Wellcome Collection は Wellcome Trust という世界的な基金の活動の一環である。この基金は科学、人類、社会科学、そしてパブリック・エンゲージメント（公衆・公共への関与）の分野の優れた人々を支援することで健康増進に貢献している。

愛をこめて、キャメロンに

科学がなければ、あなたはあなたでなくなる。
あなたがいなければ、未来の見通しはずっと狭まってしまうだろう。
科学バンザイ。

目　次

まえがき

こんにち、私たちが知っている正義の顔は、以前から思慮分別にあふれていたわけではない。法の裁きは証拠に基づいて行われるべきであるという考えかたは、比較的最近のものなのだ。数世紀ものあいだ、人々は単に、地位が低かったから、よそ者だったから、自分や妻や母が薬草を使いこなせたから、肌の色が違うから、不適切な相手とセックスしたから、間の悪いときに間の悪い場所に居合わせたから、あるいはこれという理由もなく、告発され、有罪にされてきた。

その流れが変わったのは、犯行現場はあらゆる種類の情報に満ちているという認識が深まり、それらの情報を読み解き、法廷で証拠として提示できるほど科学の各分野が発達してきたからなのだ。

ポツポツとしたたるように見られた一八世紀の科学的な発見の滴は、一九世紀になると洪水のようにあふれ出し、しばらくすると研究所の作業台を飛びこえ、現場で使えるツールに姿を変えて私たちの前に現れた。厳密な犯罪捜査という概念はまだ根を下ろしたところで、そのころの刑事のなかには、担当している犯罪捜査の客観的な判断材料というよりも、自分の推理の裏づけとして、証拠を見つけようと躍起《やっき》になる者もいた。

そんなとき、フォレンジック（法的な証拠の一形態を意味する）・サイエンス、つまり法科学が生まれた。そしてまもなく、さまざまに枝分かれした科学的な調査技術が、この新たな分野になんらかの貢献を果たすことが明らかになった。

初期の科学捜査の例のひとつに、病理学と、いまで言う文書鑑定を組み合わせたものがある。一七九四年、エドワード・カルショウという男性が拳銃で頭部を撃たれて殺害された。当時の拳銃は、銃口から弾をこめる前装式で、丸めた紙の塊を押しこんで、弾丸と火薬を銃の奥に詰めなければならなかった。外科医がエドワードの死体を調べると、頭部の傷にその紙の塊が見つかった。医師がそれを開いてみると、ある流行歌の楽譜の切れ端だった。

被告人のジョン・トムズの所持品を調べたところ、ポケットにその曲の楽譜があり、破れたページの隅がその拳銃の詰め物とぴったり一致した。ランカスターで開かれた裁判で、トムズは殺人罪を言い渡された。

私には想像することしかできないが、科学捜査の発展によって、司法が、正義を下すためのより確実な道具となっていくのを目のあたりにするのは、かなり心躍ることだったに違いない。科学者たちは裁判で疑いが確信に変わる手助けをしていたのである。

たとえば、毒物について考えてみよう。数百年ものあいだ、毒は殺人によく使われるツールのひとつだった。しかし、信頼のおける毒物検査法がなかったため、それを証明することは不可能に近かった。そこに変化が訪れようとしていた。

とはいえ、初期の段階でも、科学的な証拠には問題があった。一八世紀の終わりに、ヒ素を検出するための検査が考案されたが、微量のヒ素は検出できなかった。のちに、英国の化学者ジェームズ・マーシュのおかげでその検査法が改良され、さらに有用性が増した。

一八三二年、検察当局は一杯のコーヒーにヒ素を混ぜて祖父を毒殺した罪でひとりの男性を告発し、ジェームズ・マーシュに化学の専門家として裁判で証言するよう依頼した。マーシュは毒物の混入が疑われるコーヒーの試料を試験にかけ、ヒ素の存在を証明した。だが、陪審員たちの前でその試験を再現したときには、試料が劣化していて、明らかな結果が出なかった。容疑者は〝合理的な疑い〟の余地があるという理由、つまり疑わしきは罰せずという原則に照らして無罪になった。

だがこの経験は、駆け出しの専門家にしてみれば挫折でもなんでもなかった。ジェームズ・マーシュは根っからの科学者で、この失敗は成功への踏み台だと考えたのだ。法廷で恥をさらした経験に対してマーシュが取った行動は、よりよい検査法を考案することだった。完成した検査法は非常に感度が高く、微量のヒ素でも検出することができた。この検査のおかげで、法科学のことなど気にも留めていなかったヴィクトリア朝時代の多くの毒殺者たちが絞首台へと送られることになった。この検査法はいまでも使用されている。

犯行現場から法廷へと続く科学捜査の物語には、数千もの犯罪小説のネタが転がっている。犯罪の解決に科学が用いられているからこそ、私は犯罪小説家として食べていけるのだ。だが、法科学者たちが時間と知識を惜しまないのは、飯の種になるという理由だけではない。科学捜査の成果が世界じゅうの法廷でのプロセスを変化させてきたからである。

私たち犯罪小説家はときおり、自分たちのジャンルは文学史のもっとも深い穴の底にその根っこがあると主張する。そして、エデンの園でのぺてん、カインによる弟アベル殺し、ダビデ王が謀《はか》ったウリヤの死など、聖書から例を挙げてみせる。また、シェイクスピアは私たちの仲間だと自分に言い聞かせている。

だが、本当のところ、犯罪小説は証拠に基づく司法制度とともに歩み始めたにすぎない。それは、その道を切り拓いた科学者や刑事たちが私たちに残してくれた贈り物なのだ。

科学捜査が始まった当初から、科学が法廷を手助けするいっぽうで、法廷は科学者たちをより高い地位へと押しあげてきた。どちらの側も正義を成し遂げるために果たすべき重要な役割がある。本書を執筆するにあたって、私は一流の法科学者たちから、科学捜査の歴史、実践方法、この分野の将来について話を聞いた。私は蛆虫《うじむし》を追い求めて、ロンドン自然史博物館の一番高い塔のてっぺんまであがり、そこから戻ると、つぎは、変死体を目の前にして、見知らぬ人の心臓をこの手で持ちあげた。それは畏怖と敬意に満ちた旅だった。科学者たちが語ってくれた、犯行現場から法廷への過酷な旅を綴《つづ》ったこれらの物語は、みなさんの心をこれまでにないほど惹《ひ》きつけてやまないことだろう。

そして、つぎの言葉があらためて心に刻みつけられるはずだ。事実は小説より奇なり。

ヴァル・マクダーミド

二〇一四年五月

第1章 犯行現場

Chapter One THE CRIME SCENE

現場はもの言わぬ目撃者だ

——ピーター・アーノルド
（科学捜査の専門家）

「コード・ゼロ。至急応援を求む」。これはすべての警察官が恐れている隠語である。ウエスト・ヨークシャー、ブラッドフォード。二〇〇五年一一月のある曇りの午後、テレサ・ミルバーン巡査のとぎれとぎれの言葉が無線から流れたとき、ウエスト・ヨークシャー警察の制御室に戦慄が走った。テレサの言葉は、警察関係者すべてに影響を及ぼすある事件の前触れだった。この日の午後、警官たちがつねに頭のすみに感じている恐怖が厳しい現実となってふたりの女性にふりかかったのだ。

テレサと、この仕事を始めてまだ九か月のパートナー、シャロン・ベシェニヴスキー巡査は、シフトの終わりに、パトカーに乗務して街を巡回し監視を行っていた。見張り番としての存在をアピールし、小さな犯罪を抑止するのだ。シャロンは末っ子の四歳の誕生パーティがあるので、家に帰るのを楽しみにしていた。あと三〇分もしないうちに仕事が終わる。この調子ならケーキとパーティ・ゲームの時間に間に合いそうだ。

とそのとき——時刻は三時半をまわってすぐ——メッセージが入ってきた。地元の旅行会社、ユニバーサル・エクスプレスから、警察の中央制御室に直通のサイレント・アタック・アラームが発信されたという。その店は警察署への帰り道にあったので、ふたりの女性警官は現場へ向かうことにした。店の向かいにパトカーを停め、往来の激しい道路を渡って平屋の店舗に向かう。レンガ造りの建物は横長で、大きなはめ殺しの窓には縦型のブラインドが下りていて、なかが見えない。

店では、三人組の武装した強盗が待ちかまえていた。シャロンは至近距離から胸に銃弾を受けた。のちにシャロンを殺害した犯人の裁判で、テレサは言った。「シャロンは少し前を歩いていました。ふいにシャロンが止まりました。あんまり急に止まったので、私のほうが一歩前に出ました。一発の

シャロン・ベシェニヴスキー巡査。武装強盗の犯人のひとりに至近距離から撃たれて亡くなった。

銃音が聞こえて、シャロンが床に倒れました」

そのすぐあとに、テレサも胸を撃たれた。「気づくと床に倒れていました。咳《せ》きこむと口から血があふれ、鼻からも血が流れ出し、顔じゅうに血が伝っている気がしました。息が詰まって苦しくなりました」。それでもテレサはなんとか緊急ボタンを押し、制御室に〝コード・ゼロ〟という決定的な言葉を送り、警告を発することができた。

ヨークシャーとハンバーサイドを統括するサイエンティフィック・サポート・サービスの科学捜査官（CSI）、ピーター・アーノルドは無線でそのコードが伝えられるのを聞いた。「この事件のことは決して忘れないでしょう。犯行現場は警察署から見えるほどの距離でした。文字どおり、通りをまっすぐ行ったところにあるんです。ふいに警察官が山のように大挙してその通りを走っていきました。一度にあれほど多くの警察官は見たことがありません。まるで火災で避難しているような人波でした。

最初はなにが起こっているのかわかりませんでした。そのあと、誰か、おそらく警官が撃たれたという無線が聞こえてきました。それで私も走り出しました。CSIのなかでは私が一番のりでした。現場をしっかり保存するために、非常線を張っている警察官の手伝いをしようと思いました。想像がつくと思いますが、そのときはとても気持ちが乱れていたので、なにかしていたかったのです。

現場の捜査にほぼ二週間を費やしました。仕事が長時間に及ぶ日もありました。朝七時に開始して帰宅するのは夜中です。その二週間が終わったときには疲れ果てていましたが、捜査中は疲れなど気になりませんでした。あの経験は今後もずっと私のなかで生き続けるでしょう。あの現場のことは忘れられません。注目を浴びた事件だったからではなく、個人的に思い入れの強いものだったからです。同僚が殺されたのですから。警察官だったシャロンの死は、家族の一員を失ったほどの衝撃でした。シャロンを直接知っているほかの人たちはもっと動揺していましたが、悲しみをこらえて仕事に取り組んでいました。

科学捜査は犯行現場だけでなく、逃走用の車両や、のちに犯人たちが向かった建造物など周辺の現場にも及びましたが、科学捜査の結果は非常に良好で、この事件の解決にとても役立ちました」

シャロン・ベシェニヴスキーの夫とその三人の子供たちから、妻であり母である女性を奪った武装強盗の犯人らはのちに、裁判にかけられ終身刑となった。有罪判決は、CSIとほかの法科学専門家の功績によるものが大きかった。彼らは証拠を見つけ、解釈し、それらを法廷で示したのだ。本書ではのちほど、これらの証拠をめぐる旅について説明する。

不審な死にはそれぞれ物語がある。それを読み解くために、捜査官はふたつのおもなリソースから調査を始める。つまり、犯行現場と死体だ。理想は犯行現場で死体を発見すること。そうすれば、捜査官はふたつの手がかりの関連を見て、起こった出来事を順序立てて再構築することができる。しかし、死体がいつも犯行現場にあるとはかぎらない。シャロン・ベシェニヴスキーは、蘇生できるかもしれないというはかない望みをつないで病院へ運ばれた。致命的な傷を負った人々が、攻撃された場所からなんとか逃げ出し、現場から離れた場所で息絶え死体となって発見されることもある。殺人者が死体を隠そうとして、あるいは単に捜査を混乱させようとして死体を動かすこともある。

状況がどういうものであれ、刑事たちがある死についての物語を読み解けるよう、科学者らは多くの情報を提供する方法を開発してきた。検察側は法廷内でその物語の信頼性を保つために、証拠が揺るぎないもので、汚染されていないことを示さなければならない。だからこそ、犯行現場の保存は殺人事件捜査の第一歩となる。ピーター・アーノルドも次のように語っている。「犯行現場はもの言わぬ目撃者です。死者から話を聞くことはできないし、容疑者は口を割ろうとしない。だから、なにが起こったのかが明らかになるよう仮説を立てる必要があります」

このような仮説は、犯行現場からわかることが明らかになるにつれて、正確さが増してきた。一九世紀には、証拠に基づく法的な訴訟手続きが標準とされるようになったが、証拠の保存についてはまだ発展途上の段階で、証拠が汚染されるという概念は想定さえされていなかった。とはいえ、当時は科学的な分析能力もかぎられたものだったため、これは大きな問題ではなかった。しかし、科学者が実践的な方法で知識を増していくほどに、その能力は拡大していった。

犯行現場の証拠というものを理解するうえでカギとなる人物のひとりが、フランス人のエドモン・ロカールだ。リヨン大学で医学と法律を学んだあと、一九一〇年に世界初の科学捜査研究所を開設した。リヨン警察は屋根裏部屋を二部屋とふたりの助手をロカールに提供した。ロカールはこうして窮屈な屋根裏で始めた研究所を、世界の中心へと成長させた。彼は若いころから、アーサー・コナン・ドイルの熱烈な読者で、とくにシャーロック・ホームズが初めて登場した一八八七年の作品『緋《ひ》色《いろ》の研究』(角川書店ほか)に影響を受けた。この小説のなかでホームズは「葉巻の灰については特別な研究を行ったことがある。実をいうと、このテーマで論文を書いたこともあるんだ。自慢じゃないが、葉巻だろうがタバコだろうが、灰をひと目見ただけでどの銘柄かを言い当てることができる」と述べている。一九二九年、ロカールは、犯行現場で見つかった灰を調査しタバコを同定する

エドモン・ロカール。世界初の科学捜査研究所を設立し、「あらゆる接触には痕跡が残る」という法科学者たちの合言葉を生み出した。

ことに関する論文「微量粉塵の分析」を発表した。

また、ロカールは〝捜査学〟と自らが呼ぶ学問について画期的なテキストを七巻著している。しかし、彼が法科学に貢献したなかで、もっとも大きな影響を及ぼしたのは〝ロカールの交換原理〟として知られる彼のシンプルな言葉、「あらゆる接触には痕跡が残る」であろう。「犯罪としての強度を考えると、重犯罪が起きれば、犯人が存在した痕跡は必ず残る」。それは指紋や足跡、犯人の着衣や周辺環境に由来する特定が可能な繊維、毛髪、皮膚、たまたま落としたか残していった凶器や所持品などである。さらに、逆も真なりで、犯罪の痕跡は犯人のほうにも残っている。被害者の身体や犯行現場に由来する土や繊維、DNA、血液、その他の液体の染みなど。ロカールは自身の捜査でこの原理が正しいことを示した。ある事件では、アリバイが鉄壁と思われた男の裏の顔、つまり恋人を殺した犯人という素顔をみごとに暴いた。ロカールは容疑者の爪のあいだに詰まっていたものから微量のピンクの粉を抽出し、それが被害者の使っていた特別な化粧品と同一のものであることを証明した。証拠を突きつけられ、殺人犯は自白した。

熱心な科学者たちの影響はどんどん広がっていく。しかし、まずは犯行現場で細心の注意を払いながら証拠を集めなければ、科学はなんの役にも立たない。そのような犯行現場を物語のように読み解く、すぐれた開拓者がいた。それはフランシス・ゲスナー・リーだ。フランシスは米国シカゴの裕福な女性相続人で、一九三一年に、米国で初の法医学科をハーバード大学に設立した。リーは実際の犯行現場の精密なミニチュアの複製をひとそろい作った。その複製には実物のように開け閉めできるドアや窓、食器棚が備わっていて、電灯までついていた。リーはこのぞっとするようなドール・ハウスを〝謎の死を解き明かすためのナッツシェル研究〟［訳注：ナッツシェルという名前は、ある刑事の「事実だけを求め、殻（ナッツシェル）のなかの真実を見つけろ」という言葉に由来している］と名づけ、犯行現場を理解するための会議でこれらの家を使った。捜査官らは九〇分かけてこのジオラマを研究し、下した結論を報告書にまとめるよう求められた。長寿テレビ番組〈ペリー・メイスン〉シリーズの原作者で推理作家のアール・スタンレー・ガードナーはつぎのように書いている。「状況証拠に関しては、これらのモデルを一時間研究するほうが、数か月かけて理論的な研究をするより多くを学ぶことができるだろう」

一八個のモデルはいまだに、トレーニング用の教材としてメリーランド州検視局で五〇年以上も使われ続けている。

フランシス・ゲスナー・リーは犯行現場の近代的な管理原則を認識していたが、細かい部分は想像さえしていなかっただろう。紙製の上下ひとそろいの作業衣、ニトリルゴム製の手袋、マスク。現代のＣＳＩの作業に必要な道具はみな、証拠保全という観点で、初期の犯罪科学者らにとっては夢でしかなかった厳密さを与えてくれる。シャロン・ベシェニヴスキーの殺人事件に影響を及ぼしたのもその厳密さであり、その意味でこの殺人事件は、事件解決につながる有望な手がかりを、あますところなく追求しようとする捜査官たちの模範例ともいえる。いつものことながら、刑事たちは科学捜査チームから提供される情報をおおいに頼りにしていた。

このような科学捜査の最前線にいるのがＣＳＩである。彼らはまず、合宿形式の教育プログラムでキャリアを開始する。そこで証拠を特定し、採取し、保存するための基本的なスキルとテクニックを身につける。その後、自分の所属部署に戻り、職場で経験を積みながら細かい指導を受ける。最初は軽犯罪の現場から実践に入り、知識とスキルを徐々に身につけ、難しい事件へとステップアップしていく。年月が経つにつれて増えていく、いわば証拠の作品集を提供し自らの能力を示さなければならないのだ。

私たちはテレビで、犯行現場がどのように扱われるかを何度も目にしている。捜査がどんなふうに行われるのか、すっかり知ったつもりになっている。白衣を着た専門家が念入りに写真を撮り、重要な証拠をビニール袋に入れて保存するのだ。しかし、実際はどうなのだろう。ＣＳＩは本当はなにをしているのだろう。死体は発見されたあと、いったいどうなるのだろう。

一般的に、現場に最初に到着するのは制服警官だ。他殺の疑いの有無を決定するのは、警部補以上の役職についている私服警官である。警部補が殺人の可能性があると判断すると、その犯行現場はＣＳＩのために保存される。警官は現場のまわりに非常線のテープを張り、現場記録を取り始める。現場に入った人、去った人を記録し、証拠の汚染源になりそうなものをすべてリストにしておくのである。

捜査の運営はひとりの上級捜査官が受け持つ。ＣＳＩはみな、その上級捜査官に報告する義務があり、現場の責任はその上級捜査官が担う。地域科学捜査マネージャーは、上級捜査官に助言し、その上級捜査官が必要と判断した場合は科学捜査官を配置する。

地域科学捜査マネージャーのピーター・アーノルドはクロツグミのような鋭い目をした、エネルギーのかたまりのような人で、仕事に情熱を燃やしている。ピーターのユニットは四つの別々の警察のために働いている。首都警察の科学捜査をサポートしている最大の外部機関で、スタッフは約五〇〇人である。考えられるかぎりあらゆるタイプの犯罪を捜査する刑事たちに一日じゅう無休でサービスを提供できるように、二四時間のシフト・パターンで働いている。科学捜査は、イングランド北部のウェイクフィールド近くのM1号線を降りてすぐのところにある施設を拠点として行われる。その特注の建物は、DNA鑑定の父と呼ばれるアレック・ジェフリーズ卿《きょう》にちなんだ名前をつけられ、人工湖を見下ろすように建っており、あたりはのどかな田舎なのだが、それと著しいコントラストを示すように、建物内では最新の科学技術が用いられている。

「最初の呼び出しを受けたらすぐに、人材の調整を開始します」とピーターは語る。「現場が屋内なら、それほど急ぐ必要はありません。現場に雪が積もったり、雨が降って濡れたりすることはありませんから。現場は汚染の心配のない状態で保存されているので、そういう場合は比較的慎重な方法で捜査を行います。ですが、現場が屋外で、真冬だったり、雨で現場が台なしになりそうなときは、破壊される前に証拠を回収しなければならないのでスタッフをすぐに送りこみます」

シャロン・ベシェニヴスキー殺害の主要な現場は、屋外の交通量が多い通りだったため、証拠の確保は最優先事項だった。しかし、ピーターや同僚たちが気にかけていたのは、そこだけではなかった。「人々は犯行現場というと一箇所だけだと思うようですが、一件の殺人事件で五、六箇所の関連現場を調査することもよくあります。殺害された場所、容疑者がその後向かった場所、容疑者が移動に使った車や逮捕された場所、それに、死体が移動されていたら移動先など。さまざまな現場すべてを別々に調査していく必要があります」

それらの現場を捜査するＣＳＩにとって、最初の問題は身の安全だ。誰かを撃った容疑者がまだ捕まっていない場合もある。ＣＳＩは防刃ベストを着ていないし、銃も、テーザー銃も、手錠も持っていない。暴力をふるった人々が去ったあとの現場を扱うことは多いが、それらの人々を逮捕する訓練は受けていない。したがって、必要に応じて、ＣＳＩを守るために武装した警官が派遣される。

身の安全が確保されて初めて証拠の保全が行われる。ピーターはこう説明している。「ある現場に到着すると、一軒の家に非常線が張られていることがありますが、容疑者は道路に逃げ、逃走用の車に乗りこんだ可能性もあります。その道路をほかの車が走るままにしておいたら、銃弾や、血痕や、逃走車両のタイヤ痕などがそれらの車に踏みつけられてしまうかもしれません。ですから、証拠を回収し終わるまで通り全体を封鎖するのは理にかなったことなんです」

非常線が適切に張られると、犯行現場の主任は防護具で完全装備する。白い現場用のつなぎ、ヘアネットまたはフード、防護手袋二組（液体のなかには一枚目に浸《し》みこんでくるものもあるため二重にする）、そしてオーバー・シューズ。サージカル・マスクもつけて、自分のＤＮＡで現場を汚染しないようにしつつ、バイオハザード、つまり血液や吐しゃ物、排泄物などから自分自身も防護する。

その後、床や地面を汚染しないようにステッピング・プレートという板を置きながら犯行現場内を歩く。一回目に歩くときは、犯人の特定にすぐに役立ちそうな証拠を探す。この種の〝発端〟証拠は迅速追跡を行う。たとえば、犯人がよじ登って外へ出た窓についていた血染めの指紋の跡、または家から出て通りを下っているときに点々と落ちた血の滴など。単純な血痕からたった九時間でＤＮＡ鑑定の結果を手に入れることも可能だが、費用は解析結果を得るまでにかかる時間に左右される。

ピーターはそれらのことにも気を配らなければならない。ナショナル・DNA・データベースは、週末になると使える時間が限られるため、割増料金を払って超特急で検査をしてもらったところで、データベースが使えず待ちぼうけをくらうなら意味がない。データベースが稼働する月曜の朝に準備が整うよう、二四時間で仕上げてもらう選択肢を選ぶほうがいいこともある。「必要とする結果を得るためになにをすべきかを考えねばなりません。テレビでいつも見ているようなことはめったに起きません。それらはたいてい最後の手段なのです。とはいえ、法的な観点でいうとタイミングは重要です。パフォーマンスを適切に維持するために科学捜査チームは眠る必要がありますが、警察がいったん容疑者を逮捕すると、拘留期限がどんどん迫ってくるので、私たちは、容疑者を起訴するかどうかの決定を左右する発端証拠の結果を提供しなければなりません。常に、進行している作業を調整する必要があります」

上層部が起訴に関する意思決定を下そうとしているあいだも、現場での作業は続く。CSIは部屋の各隅に立って、対角線上にある向かいの一角を撮影する。床や天井も含め、各部屋のあらゆる角度を網羅し、証拠の一部を動かしたとしても、それが元々どこにあったのかがわかるようにしている。なにも重要なものがないと思えるときでも、一〇年ほど経ってから、未解決事件検討チームがなにか重大なものを見つけることがあるのだ。

CSIは部屋の中央に回転するカメラを据えつけることもある。そのカメラは連続写真を撮影することができ、そのあとソフトウェアでその写真をつなげれば、陪審員がバーチャルに部屋を歩きまわり、特定のものが見られるように画像を視覚化することが可能である。ドアを開けて隣の部屋に入ることさえできるのだ。「たとえば」とピーターは言う。「ひとつの窓から複数の銃弾が発砲され、壁を突き抜けたり、家のなかにいる誰かにあたったりした場合、部屋を調べれば、後日、家から弾丸の軌道を逆にたどり、銃を撃った人物が立っていた場所をきわめて正確に特定することができます」。この方法では、陪審員の判断に役立つように、ふたつの重要なシーン、つまり外の通りの動きと銃弾があたった部屋のなかの動きを結合することができる。

その例にもれず、あの日のブラッドフォードでも、CSIは最初から、犯人たちが逃げた通りと、旅行会社の社員が脅され、ピストルで叩かれ、縛りあげられた店内を同時に調査した。通りにはいくつか血痕がついていた。それらは写真に収められ、飛沫血痕の専門家によって解析され、起こったことの内容とそれらが発生した順序に関する目撃者の話の裏づけに用いられた。綿密な調査によって、九ミリ口径拳銃の三発分の薬莢《やっきょう》が見つかった。その銃は、常習犯がよく使っていて、不法に手に入れやすい武器のひとつだった。

旅行会社のなかでは、綿密な調査によって、重大な証拠がいくつか見つかった。銃を隠すために用いられたノートパソコン用のバッグ、犯人のひとりが振りかざしていたナイフ、壁にめり込んだ一発の銃弾。弾道学の専門家はその弾が発射された銃の種類を同定した。昨今の銃は、銃身の内側にらせん状の溝、〝線条溝〟が施されている。これによって弾が回転し、より正確に飛ぶようになっている。線条溝は銃の型式によって少しずつ異なっている。ブラッドフォードの事件の場合、旅行代理店の壁から取り出した弾のへこみや傷の調査の結果に基づいて、弾道学の専門家はその弾がMAC‐10から発射されたものだと断定することができた。のちに専門家たちは、おそらくそのＭＡＣ－10は故障していたと語り、そのおかげでその日の午後は、何人かが命びろいしたのかもしれないと述べた。

ブラッドフォードの専門家は科学捜査の一環として、高性能の顕微鏡を使い、膨大なデジタル・データベースを用いて弾道の同定を行っただろうが、弾道学のルーツは、一九世紀の犯罪捜査にある。当時の銃弾は、工場で量産されるより、個人の鋳型（たいていは銃の持ち主のもの）で作られることが多かった。一八三五年、バウ・ストリート・ランナーズ（英国で最初の警察組織）の一員ヘンリー・ゴダードは、サウサンプトンのミセス・マクスウェルの屋敷に呼ばれた。そこで夫人の執事ジョセフ・ランドールから、泥棒と撃ち合いになったという話を聞かされた。ランドールは命を危険にさらして戦ったという。ゴダードは裏口がこじ開けられ、家のなかが乱れていることに気づいたが、それでもなお、うさん臭さを感じていた。ゴダードがランドールの銃と弾薬と鋳型、そしてランドールに向けて発砲された弾丸を調べたところ、すべてが合致した。弾丸には半円の隆起がひとつあったのだが、ランドールの鋳型にもまったく同じ傷があった。この証拠を突きつけられ、ランドールは勇敢な行為のお礼にミセス・マクスウェルから謝礼をもらおうとして、すべてをでっちあげたと白状した。これは科学捜査によって、ある銃弾が特定の銃から発射されことが明らかになった最初の事件である。

現場は犯罪の物言わぬ目撃者かもしれないが、たいていは手がかりになる証言をしてくれる人間の目撃者がいる。シャロン・ベシェニヴスキーの事件では、目撃証言から犯人たちが逃走に使った車はシルバーの四駆ＳＵＶであることが明らかになった。すぐさま、交通警察は地元の防犯カメラ映像のスキャンを開始した。まもなくその車を発見し、トヨタのＲＡＶ４だと特定した。数か月前なら、話はそこで終わっていたかもしれない。だがブラッドフォードは、二〇〇五年の前半に、市内に入る車と出て行く車をすべて記録するカメラを英国じゅうの市に先駆けて導入していた。一日最大一〇万枚の画像が撮影され、ビッグ・フィッシュというプログラムに保存されていたのだ。

警察は、車がブラッドフォード市の中心から外れたとき、その姿を見失った。だが、車の車両番号を全国のナンバープレート自動認識システム（ＡＮＰＲ）に入力したところ、そのシルバーの四駆がヒースロー空港で借りられたものだという情報が得られ、首都警察は数時間もしないうちに逃走車両を見つけ、六人の容疑者を逮捕した。

ところがここでまた、ブラッドフォードの刑事たちの運は尽きたかに見えた。逮捕された六人の男たちはすぐに、ブラッドフォードの強盗殺人事件に関与していないことを証明したのだ。彼らは告発されることなく保釈された。警察の捜査は行きづまってしまった。

だがふたたび、ＣＳＩが救いの手を差しのべた。ＲＡＶ４の調査が進むと、車内は証拠の宝庫であることがわかった。ライビーナ・ジュースの紙パック、水のボトル、サンドイッチのパックとレシート。レシートは、リーズの南、Ｍ１号線沿いにあるウーリー・エッジ・サービス・エリアで発行されたものだった。来店時刻は午後六時になっている。武装強盗たちとシャロン・ベシェニヴスキーとの死闘からわずか二時間後だ。これらの物品は、犯人をスピーディに特定するために迅速追跡が行われる典型的な発端証拠である。

警察は高速道路のその店から得た防犯カメラの映像を調べ、ＲＡＶ４内で見つかった物品を買っているひとりの男を特定した。またそのいっぽうで、それらの物品に指紋やＤＮＡが付着していないかを調べ、結果を全国のデータベースに通したところ、六人の容疑者の名前がそこにあった。全員がロンドンのある凶悪な犯罪組織とつながっていた。

いまや、犯人の逮捕は時間の問題だった。彼らのうちの三人は、強盗のときに運転手と見張り役を務めていたのだが、強盗と殺人の有罪判決を受けた。別のふたりは殺人罪の有罪判決を受け、終身刑になった。あとのひとりはブルカをつけ女性のふりをして、英国から出身地のソマリアへと逃げおおせた。が、ウエスト・ヨークシャー警察は粘り強く追跡し、水面下で内務省の協力による容疑者引き渡しを受け、ようやくその男を法廷に立たせ、終身刑という判決を得た。シャロン・ベシェニヴスキーの警察の仲間は決して負けなかった。できるかぎりの人材と資材をすべて投入して正義を勝ちとったのだ。

ＣＳＩのチームは新聞の大見出しになるような事件に対して精いっぱいの努力をするだけではない。強盗などの大量犯罪で、科学捜査の証拠を回収し犯人を特定できる現実的な機会があれば、ＣＳＩは、綿棒でのＤＮＡ採取、指紋採取、足跡の解析を検討する。ときには、ひとつの検査だけで答えが出るときがあるが、そんなときはほかの検査を組み合わせて行う必要はない。つまり、刺傷事件で用いられたナイフに指紋が見つかった場合、そのナイフに残ったＤＮＡを探す必要はない。ピーターはこのように説明している。「よりシンプルかつ安価な検査方法で必要な結果が得られるときは、最新式の検査は行いません」

とはいえ、この原則はテレビの犯罪ドラマに夢中になっている一部の警官たちに、ときおり無視される。法科学者のヴァル・トムリンスンは次のように述べている。「ときには、あまり現場を経験していない上級捜査官が事件を担当することもあります。男性がナイフを刺されたますわった格好で死んでいる現場に行ったときのことです。上級捜査官がこう言いました。『ではきみは、切り傷の縁の金属を分析して、そのナイフの傷だということを確認してくれ』。私は答えました。『おそらく、それは最優先事項ではないでしょうね、ナイフは死体に突き刺さっていますから』」

しかし、本書でこのあとに示す多くの事件のように、必要とあらば、もちろん最新式の検査を行うこともできる。ピーターは、足跡から複数の犯行現場を関連づけられる英国フットウェア・データベースがとくにお気に入りだ。ここ最近も性的暴行の現場で珍しい足跡を見つけたときにそれを用いたという。その足跡はウエスト・ヨークシャーじゅうのほかの犯行現場でも見つかっていたため、警察はこの一致によって、ある男に注意を向けるようになり、最終的にその男は有罪判決を受けた。

ピーターにとって、それは強く記憶に残る、みごとな結末にいたった事件だ。「胸のすくような事件は覚えているんです。毎日そんな結果が得られるわけじゃないんでね。ＣＳＩのひとりが、ひどく殴られて集中治療室に入っている女性の写真を撮りに行ったときのことです。女性はその怪我でその後死亡しましたが、そのＣＳＩがまだ生きていた彼女と会ったとき、顔面に妙な跡がついているのに気づきました。それで私たちは画像専門の調査官を病院に行かせて、紫外線と赤外線を用いてさらに写真を撮影しました。写真を調べたところ、スポーツ・シューズの底の跡がくっきりと現れたのです。

あとになって容疑者の靴を押収したとき、私たちはその靴に血がついているのを見つけました。それだけでなく、フットウェアの専門家から、被害者の顔には同じ靴の跡が異なる位置に少なくとも八箇所ついているため、被害者は八回以上踏みつけられたと思われるという証言を得ました。その専門家が提示した証拠によって、被害者が延々と続く攻撃を受けていたことが明らかになったのです。容疑者の主張は『うっかり顔を踏みつけたかもしれない』というものでした。この犯人が法廷で重い判決を言い渡されたのは、明白な法科学的証拠のおかげだと思います」

犯行現場調査の長いプロセスは法廷で締めくくられる。この場で、ピーターや同僚たちが集めた証拠が弁護士によってその限界を試され、裁判官と陪審員によって天秤にかけられる。それは、科学者らの理路整然とした世界からは想像しうるかぎり遠く離れた世界である。しかも、ピーターの記憶では、社会的地位が高いからといって特別扱いされることはない。

「あるとき、証人席で三時間近くも反対尋問を受けたことがあります。容疑者がある女性に強盗を働いた疑いを示す明白なDNAの証拠がありました。けれども、この証拠を見つけて採取するのは並大抵の苦労ではありませんでした。それはほかの人には想像もつかないほどの苦労でした。

DNA自体に異議を差し挟まれる余地はなかったのですが、弁護側は、私がこの証拠をこっそり紛れこませたのではという線を突いてきました。この試練に抵抗できるのは、私の証言の一貫性だけであり、ここでは記録がものをいいました。なにかに触れたり移動させたりする前に撮った写真を提示することができたので、陪審員たちは元の現場の状態を見ることができました。私がさまざまなものを探り出し、ようやくＤＮＡ指紋を示すものを手に入れたところまで、写真は経時的に撮影されていました。陪審員たちは私がなにをして、どの順序でそれらを行い、独特な特徴を持つその証拠品にたどり着いたかを正確に知ることができたのです。

その後、試料の採取後に誰かがそれを改ざんしていないかについても調査されました。けれども、捜査を進めたときのあらゆる過程を証明することができました。それらの過程には明らかな連続性がありました。それでも攻撃は続きました。最終的には、私は犯行現場用の上下ひとそろいのスーツやマスク、手袋、ヘアネットを身につけて、法廷で無菌状態の紙を取り出すことになりました。そうして、その証拠品である折り畳まれた紙を開きました。それを陪審員たちに示し、そのあとで写真を見せ、それが独特な特徴を持つ、まったく同じ証拠品であることを示したのです。証拠は検証に耐えましたが、私はこの一件で、弁護側は依頼人を救うために、とことん追求してくるということを知りました。

個人的には非常にイライラさせられましたが、対審裁判では必要なことだとわかっています。私は攻撃されたものの、証拠にはなんの問題もないことが明らかだったため、最終的には事実を強化することにつながりました。一〇年後も、証拠が改ざんされたという主張でこの事件が上訴請求されることはないでしょう。だからこそ、いまこの件を公にしたいと思います。今後も挑戦を受けて立ち、追求に向き合おうではありませんか」

技術はずいぶん進歩した。だが、まだ道のりは長い。そして、私たちのような架空の殺人事件の創造者たちがいつも彼らの助けになるとはかぎらない。ピーターもそう言っている。「テレビで見た捜査などによって、一般の人々の期待が高くなりすぎることがよくあります。私たちが出て行って、なにかを調査することができない理由を説明しても、信じてもらえないのです。彼らが期待していたものを提示できないので、最後には自分が悪者になったような気分になります」

ピーターは、米国の有名なテレビの連続ドラマ〈ＣＳＩ：科学捜査班〉にちなんで名づけられた〝ＣＳＩ効果〟について言及している。この番組のせいで、法科学でできることに対する一般大衆の認識が歪められたという人もいる。とくにＤＮＡ鑑定による証拠は、きわめて多くの陪審員が欠くことのできない証拠と見なすようになってしまった。しかし、ＣＳＩ効果の程度については多くの人々が異議を唱えている。そういう人々はこの現象を、たとえ完璧《かんぺき》ではないにせよ、科学捜査でなにが行われているかについての基本的な理解が、一般の人々に広がっている兆候と捉えているのだ。たしかに、専門家と裁判官が適切に職務を果たせば、ＤＮＡ以外の証拠の重要性を陪審員たちに理解してもらうこともできるだろう。

二〇一一年にイングランド南部のウィルトシャーで起こったある異常な事件では、被害者のひとりが〈ＣＳＩ〉のあるエピソードで見たトリックをまねた。科学捜査チームの調査に役立つだろうと考えたのだ。数か月のあいだ、ひとりの男が車でチッペナムを徘徊していた。男はひとりの女性に狙いを定めると、黒の目出し帽をかぶり手袋をつけて、その女性を車内に引きずりこむ。そして、車を走

証拠を求めてシャロン・ベシェニヴスキーの殺人現場周辺を捜査する上級捜査官たち。

らせ、誰も使っていない小屋などで女性をレイプし、タオルで身体を拭かせて証拠が残らないようにするのだ。男が逮捕されたとき、最後の被害者は、犯人から解放される前に自分の髪をひとつかみ引き抜いて男の車に残していた。彼女は警察に、自分が生きて帰れるかはわからなかったけれど、きっと捜査は行われるだろうから、それがDNA鑑定の証拠になるだろうと思ったと語った。「前からずっとドラマ〈CSI〉のファンだったの。多くのエピソードを見ていたから、CSIが何をして、どんなものが役に立つのか知ってたわ」。彼女の髪と、車のシートに付着した彼女の唾液が役に立ち、ジョナサン・ヘインズ下級伍長は、六件のレイプ事件について有罪判決を受けた。

ピーター・アーノルドは、ある意味、英国のCSIはむしろテレビ・ドラマのCSIに近づくべきだと考えている。「CSIには適切なモバイル・データ・ソリューションが必要です。それがあれば、現場で適切にITアクセスができるようになり、情報の処理や証拠物件の記録も行うことができ、毎回研究所に戻る必要がなくなるので、大幅な時間の節約になります。これはとても簡単にできそうな気がしませんか。いまや誰もがiPhoneを持ち歩き、指先でほぼすべてのものが手に入るのですから。ところが、専用のソフトウェアを開発し提供するためには費用がかかります。これまで、CSIのアプリ開発に数百万ポンドものお金をかけたことはありません。それに、データ・セキュリティの問題もあります。

とはいえ、リアルタイムの科学捜査ツールを開発できれば、どれほど違いがあることでしょう。泥棒に入られた家で、いくつかDNA鑑定できそうな証拠を発見した場合、私たちはいまだにそのDNA鑑定用の証拠物件を犯行現場から研究所に運送業者を通じて送っています。証拠品は記帳され、ようやく処理されます。現在、強盗の現場から得た特定の証拠品は迅速追跡を行って、九時間以内にDNAを解析しています。強盗の捜査は優先されますから。九時間以内に犯人の身元を突きとめ、犯人を拘留し、今夜、別の誰かの家が被害に遭わないようにできるのに、解析結果を得るために二、三日待つ必要はないでしょう。したがって、このような大量犯罪には重大犯罪の原則を用いています。指紋も同じです。私たちは解析のスピードをあげてきましたが、現場で指紋をスキャンできれば、さらにスピードをあげられるでしょう。

想像してみてください。一時間以内に強盗の現場にたどり着き、三〇分以内に現場を捜査できれば、犯罪が発見されてから一時間半以内に犯人の名前を手に入れられるかもしれません。そうすれば、警察は犯人の家に駆けつけてそのドアをノックし、盗品をまだバッグに入れたままの犯人たちを押さえられます。その結果、被害者は盗まれたものを取り戻せます。そのうち、強盗たちも勝ち目はないと悟るでしょう」

この仕事では、満足感も得られるが、ストレスとプレッシャーがついてまわる。私たちは彼らが正義を行ってくれるものと期待し、高い要求を課している。そしてそれがどれほど彼らに悪影響を与えているかは、必ずしも理解していない。ピーター・アーノルドは語る。「私たちは、人間というのは互いにここまでできるのか、と思うような最悪の行為をいくつも目のあたりにしていますが、いまだに、ぎょっとさせられる事件もあります。大多数の人は家に帰れば、家族に仕事でどんなことをしたか話すことができますが、私たちにはそれができません。できたとしても、家族にはとても聞かせられない事件もあります」

第2章

Chapter Two

火災現場の捜査

FIRE SCENE INVESTIGATION

たいていの現場はひどく暗くて、臭くて、心地が悪く、しかもきつい肉体労働が求められます。長い一日を終えて家に帰るころにはうす汚れ、焼けたプラスティックの臭いが身体に染みついています。華やかさのかけらもありません。でも、どうしようもなく惹きつけられるのです。

——ニーヴ・ニック・ダエド

（火災現場調査官）

一六六六年九月二日の日曜日、ロンドンのパディング・レーンで、ひとりの使用人が自分の咳《せき》で目を覚ました。階下の店で火事が起こっていると気づいた男は、主人であるパン屋のトーマス・ファリナーの寝室のドアを叩く。家じゅうの者が屋根によじ登って避難するが、メイドのローズだけが恐怖で足がすくみ、炎にまかれて命を落とす。

炎がまたたくまに近隣の家の壁をなめ始めると、延焼を食い止めるために建物を壊そうとする消防士たちの監督役として、市長のトーマス・ブラッドワースが呼び出される。ブラッドワースは眠りを妨げられて不機嫌になり、思い切った行動がいますぐ必要だと願う消防士たちの要求を無視する。「ふん、女の小便でも消せそうじゃないか」市長はそう言って、現場を立ち去る。

その日の午前中に、日記作家のサミュエル・ピープスは次のように書いている。「風が強くなり、「火が」シティのほうへ進み始めると、晴れの日が続いたあとということもあって、なにもかも、教会の石さえもが燃え立った」。その日の午後には、ロンドンじゅうが猛火に包まれ、轟音《ごうおん》を立てて、「油とワインとブランデーの倉庫」や木造の家々、草ぶきの屋根、松脂《まつやに》、繊維、油脂、石炭、銃器の火薬など、一七世紀の可燃性の生活物資がすべて燃えあがった。炎の強い熱によって、放出されたガスが急速に広がり、立ち昇り、ものすごいスピードで新鮮な空気を吸いこみ、大火災にさらなる酸素を送りこむ。大火災は、当時の気象環境によって作り出されたのである。

四日後に火が収まったころには、家屋一万三〇〇〇戸、八七の教会とセントポール大聖堂を含む中世のシティ・オブ・ロンドンの大部分が破壊されていた。シティで暮らしていた人口八万人のうち約七万人が、突如家を失った。

灰がまだ熱を帯びているうちから、陰謀説が持ちあがった。多くのロンドン市民はこの大火が事故だとはとても思えなかったのだ。あまりに偶然が重なりすぎている。出火元が木造の建物がひしめき合った場所だったこと、人々が寝静まった時間だったこと、手助けできる人手が少ない曜日だったこと、強風が吹いていたこと、そしてテムズ川が干潮だったこと。

放火だという噂が広まった。外科医のトーマス・ミドルトンは教会の尖塔の最上階から火事を見ていたのだが、複数の離れた場所で一度に火が燃えあがったように見えたという。トーマスは次のように書いている。「あれこれ観察した結果、火は燃え続けるように計画されていたと考えるにいたった」外国人はとくに疑われやすかった。ムーアフィールズでひとりのフランス人が箱のなかに〝火のついた玉〟を持って運んでいたという理由で、殴られて死にかけた。だが、その玉は結局、テニスボールだったことがわかった。当時の詩や歌に、出火元や火災の原因をめぐる困惑の様子が表されている。

すべてのワインはいずこからきたのか、謎は解けぬか
地獄、フランス、ローマ、それともアムステルダムか

作者不明「燃えるロンドンについての詩」(一六六七年)

真実を知りたいという欲求は、国のトップからわき起こった。国王チャールズ二世は火事で誰よりも多くの財産を失った。国王は議会に権限を与え、火事の調査委員会を立ちあげさせた。多くの目撃者が現れた。幾人かが火のついた玉を放り投げている人々を見たと言い、自分自身で火の玉を投げた

と告白する者もいた。そのうちのひとり、エドワード・タイラーは土曜の夜にオランダ人のおじとパディング・レーンに出かけ、トーマス・ファリナーのパン屋の窓が開いているのを見て、「火薬と硫黄でできたふたつの火の玉」を投げ入れたと言った。だが、エドワード・タイラーはたった一〇歳だったため、彼の告白は却下された。フランス人の時計職人の息子、ロベール・ユベールという少々頭の鈍い男は、火事を起こしたのは自分だと告白した。誰もロベールがやったとは信じていなかったが、そう主張するので陪審員によって有罪とされ、ロベールは西ロンドンのタイバーンで絞首刑になった。

その調査委員会のメンバーのひとり、トーマス・オズボーン卿は「どの陳述も非常にくだらないもので、たいていの人々はその火事が事故だったということで満足している」と書いている。最終的に、委員会はこの恐ろしい大火の原因は「神の手と、強風と、非常に乾燥した季節」のせいだと結論づけた。

委員会がこのようになんとも物足りない結論に達したのも無理はない。調査官が複雑な火災現場を評価するためには、火がどのように広がるかを理解していなければならないが、一七世紀の科学的な知識はひどくお粗末なものだった。一八六一年になってやっと、マイケル・ファラデーが火に関する講義を一冊の本にまとめ、その知識が幅広い読者に広まった。『ロウソクの科学』（角川書店ほか）は、ファラデーが若い聴衆に向けて行った六回の講義を本にまとめて出版したものだが、いまだにこのテーマについての重要なテキストと見なされている。ファラデーはロウソクを、燃焼の一般的な性質を解き明かすためのシンボルとして用いている。ある重要な講義で、ファラデーはロウソクに壺をか

マイケル・ファラデー。1861年、彼の著書『ロウソクの科学』によって現代の火災現場調査官のための道が拓かれた。

ぶせて火を消し、こう説明した。「空気は燃焼に不可欠なものである。さらに言えば、新鮮な空気が必要であることを理解しておかねばならない」。ファラデーの言う「新鮮な空気」とは〝酸素〟のことだ。

ファラデーは初期に裁判で証言も行った専門家のひとりで、ときに文字どおり、研究所で得た結果を携えて出廷することもあった。一八一九年、ロンドンのホワイトチャペルにある製糖所の所有者が、火災によって破壊された工場に対する補償金一万五〇〇〇ポンドの支払いを拒否した保険会社を訴えた。この裁判の判決は、熱した鯨油を使った新たな製造工程のせいで火災が起こりやすくなっていたか否かにかかっていた。工場の所有者はこの新たな製造工程を、保険会社に知らせずに導入していたからだ。証言する前に、ファラデーは鯨油の実験を行った。鯨油を二〇〇度まで熱して、「その油の水蒸気以外の気化物質は液体の油それ自体よりも引火しやすいことを証明した」。法廷で、陪審員のひとりがファラデーの言うことを信じようとしなかったので、ファラデーは小瓶に入れて持ってきていた油から抽出した気化物質（ナフサ）に火をつけた。「ひどく不快な臭いが立ちこめるやいなや、法廷じゅうの人がファラデーの言葉の意味を理解した」

ファラデーのもっとも重大な科学捜査は、一八四四年にイングランド北東部に位置するダラム州のハスウェル炭鉱で起きた爆発事故だ。この事故で九五人の男性と少年が亡くなった。この爆発が起こった当時は、ダラムの炭鉱は産業的に不安定な時期にあった。悲嘆している家族の代理人を務める弁護士は、検分のために政府の代表を送りこむようロバート・ピール首相に嘆願した。ファラデーはそうして死因審問に送りこまれた者のひとりだった。

調査チームは鉱山に出向き、一日かけて、とくに空気の流れを調査した。ある時点で、ファラデーは、自分が腰をおろしているのは火薬の小さな樽で、すぐそばにむき出しのロウソクの炎が揺らめいていることに気づいた。ファラデーははじかれたように立ちあがると、「現場の人の不注意を諫《いさ》めた」。陪審員は事故死という評決に達し、ファラデーもそれに同意した。しかし調査チームはロンドンへ帰る道中で報告書を提出し、石炭の粉塵が今回の爆発に大きな役割を果たしたと言及し、換気を改善するよう勧めた。炭鉱の所有者は改善には費用がかかると反対した。結局そのリスクは六〇年間放置されたままで、同様の爆発が一九一三年にウェールズのセンゲニード炭鉱で起こり、炭鉱夫四四〇人が亡くなった。これは英国における史上最悪の鉱山災害だった。

二〇世紀に入ると、火事の件数、火元、原因を明らかにしたいと考えた政府の奨励により、消防隊と科学者たちが協力して火災現場調査の方法を開発した。一九六〇年代から一九七〇年代にかけて、より厳密に科学的な調査が行われるようになった。つまり、調査の手順が採用され、新たな計測器によって火災現場でガソリンなどの複雑な化学混合物を特定できるようになり、この分野の専門家が現れ始めた。このように理解が進んだこともあり、いまでは、火災や（本質的には急速な火災である）爆発によって、平和な日常生活に恐ろしい死が入りこむことはまれになった。しかし、いざ火災事故が起こったときは、調査する者に忘れられない印象を残していく。

　火災調査の新たな専門家になった人々のなかに、一組のアイルランド人夫婦がいた。彼らの娘、ダンディー大学の法化学者ニーヴ・ニック・ダエドは彼らの遺産を受け継ぎ、恐るべき破壊現場に紛れている真実を探し求めている。ニーヴは次のように説明している。「私はいわば、法科学という遺産を受け継いでいます。両親はそれぞれ独立した火災の調査官で、母はいまだに火災現場の調査をしています。だから、子供のころから火災調査は身近な存在でした。私と弟は父や母が撮った火災の写真をレポートに貼りつける手伝いをして、お小遣いをもらったものです。写真一枚につき五ペンスでした。想像がつくでしょうが、夕食の席の話題はいつも火事の話でした」

　火災によって破壊されるのが人々の財産であれ大切な家族であれ、調査官は、自然のもっとも狂暴な力とそれが破壊する人間社会とが衝突するはざまで働いている。とくに影響を受けた火災はどれかとニーヴに尋ねたとき、そのことに気づかされた。ニーヴの口から出た最初の言葉は〝スターダスト・ディスコ火災〟だった。

一九八一年のバレンタイン・デーになったばかりの夜中、私はダービーシャーの自室のベッドで眠っていた。当時は、国内の日曜版を扱う北部の新聞編集室に所属している駆け出しのジャーナリストだった。それまで、大災害の取材をしたことはなかったが、夜更けに電話が鳴って起こされたとき、なにかが変わろうとしていることに気づいた。ニュース編集者の聞き慣れたどら声にこう告げられたのだ。「ダブリンのディスコで大火災が起こって死者が出た。死者は一ダースほどもいるらしい。七時の飛行機に乗ってくれ」

マンチェスター空港に到着するまでには、ラジオでそのニュースが流れていた。大火災発生。楽しい夜遊びに出かけたまま帰らぬ人となった若者たちは、ぞっとするような数だった。空港ではジャーナリストとカメラマンがひしめき合い、同僚を探していた。同僚を見つけたら小さな輪になって、飛行機が現地に到着したあとの仕事の振り分けをするのだ。

私のチームは、レポーターが三人にカメラマンが二人で、バーの一隅に集まった。目の前にダブルのウイスキーが置かれていた。当時は大酒を飲んでいた新聞記者時代だったが、さすがに朝から酒を飲んで仕事を始める習慣はなかった。「飲めよ」と同僚は言った。「真面目な話、今日を乗り切るためには、きっと必要になるから」

彼の言葉どおりだった。ダブリンに着いたとき、アイルランド人の記者から残酷なニュースが伝えられた。死者が四〇人を超えたのだ。私は、女性だから悲しんでいる人の扱いがうまいだろうが、自分の目的を忘れないくらいには実際的だろうと見なされ、死のノック、つまり犠牲者の家族を訪ねる役目を割り振られた。家族の悲嘆の言葉や死者の写真を手に入れて、自分たちの記事に肉づけを行うのだ。

私はそのあと一日じゅう、クーロックの公営住宅団地で過ごした。そこにはスターダストで亡くなったティーンエイジャーたちの家が多くあった。家族は衝撃を受けていたが、奇妙なことに、自分たちの子供の死を誰かが記録してくれることに感謝していた。仕事であれほど苦痛に満ちた日を過ごしたことはそれまでなかった。それでもなお、私はただの傍観者にすぎない。遺族がどんな思いをしているかを想像すると、心に穴があいたような気持ちになった。

第一版の締め切りのあと、火事の現場で仲間のひとりと出くわした。建物の正面からは、割れた窓とファサードの上のほうについた煤《すす》以外にたいして見るべきものはなかった。喉に引っかかるような煙と炭の臭いを除けば、四八人もの人々が死に、二四〇人以上が負傷した場所とはとても思えなかった。火事によって破壊されたのは建物の内部ばかりで、外から見て火災現場らしいものといえば、車道にひしめき合っている消防車と警察車両くらいのものだった。

ニーヴ・ニック・ダエドの母親は、その夜のスターダスト・ディスコでなにが起こったのかを調査する担当者のひとりだった。

スターダストでのバレンタイン・デーのダンス・パーティは、まったく別の理由で記憶に残る夜になるはずだった。八四一人の若者（ほとんどが十代後半）が、三ポンドの入場料を払って、ソーセージやポテトチップスを食べ、店が特別な営業時間延長許可を取っていたおかげで、朝の二時まで踊る権利を得ていた。

閉店の二〇分前、ＤＪはベスト・ダンサー賞の勝者を発表した。一分後、幾人かの酔っ払いがブラ

スターダスト・ディスコ火災現場を歩く火災現場調査官。
この火災で48人が亡くなり、240人以上が負傷した。

インドの後ろからダンス・フロアの左側に煙が立ち昇っているのを見つけた。だがほとんどの人は、ディスコ側の特別な演出だろうと考えて踊り続けた。

ブラインドの奥には階段状に映画用の座席が五列並んでいた。踊っている客の何人かがブラインドの奥を覗《のぞ》くと、奥の列の座席がいくつか燃えていた。ポリウレタンの詰め物はすでに、きわめて毒性の高いシアン化水素の黒い煙を発していた。最初、炎は小さく制御可能な大きさだったが、急速に勢いを増した。従業員が水消火器を炎に噴射したが、無駄だった。五分もしないうちに、溶解したプラスティックがダンス・フロアの客の上にしたたり落ちた。天井の一部が客の上に崩れ落ち、濃密で有毒な煙がフロア全体に充満した。生存者らはのちに、すべてがあっというまの出来事で衝撃的だったと話した。

人々はパニックになり、本能的に、入ってきたのと同じ経路で建物の外へ出ようとしたため、正面玄関へと続く狭いロビーに殺到して多くの人が立ち往生した。正面のドアにいち早く駆けつけた人々もいたが、そのドアには鍵がかかっていて、鍵を持った用心棒が、必死で出口へ向かおうとする人々の波をかきわけてドアにたどり着くまでに、決定的な数分がかかってしまった。

だが、それでも災害は避けられたはずだった。スターダストには非常口が六箇所あったからだ。ところが、店主のイーモン・バタリーは、外からそのドアを開けて入場料を支払わずにフロアに忍びこむ輩《やから》がいるのではと心配し、非常口のひとつには鍵をかけ、別の出口にはチェーンを巻きつけて、鍵がかかっているように見せていた。パニックに襲われた客たちはそのドアをなかなか開けることができず、しばらくしてようやく蹴り開けることができた。さらに別の出口のドアは両側にテーブルや椅子が積まれ、さらにもうひとつの出口はプラスティックのゴミのカートに阻まれていた。

午前一時四五分、ダンス・フロアの天井が崩れ落ち、停電が起こったとき、なかにはまだ五〇〇人が残っていた。猛烈な炎だけが唯一の光源だった。そのときかかっていたアダム&ジ・アンツの曲は恐ろしい悲鳴にかき消された。炎が目撃されてから九分足らずで、スターダストの店内はなにもかもすっかり炎に包まれていた。座席も、壁も、天井も、床も、テーブルも、金属の灰皿でさえも。

混乱のなか、一部の客はトイレに逃げた。そのパーティの六週間前、店主のバタリーは客がトイレの窓からこっそり酒を持ちこもうとしていたという話を聞きつけ、外側についていた金属製の格子に加えて、窓の内側に板金を溶接した。消防士が現場に到着したとき、火事が起こってから一一分が経っていた。消防士は、その格子にケーブルを取りつけて車で引っ張ったが、格子は曲がっただけだった。トイレに逃れた人々は猛火と煙に閉じこめられてしまった。

周辺地域のアルテインやキルモア、クーロックの労働者階級の地域に暮らす人はみな、知り合いのなかにこの悲劇を被った人がいた。アイルランド全体が四八人の死を悼んだ。死体のうち、五体はひどく焼けていて、損傷が激しく、身元が特定できなかった。(二〇〇七年に、彼らの遺体は共同墓地から掘り出され、DNA鑑定によって身元が特定された)

バレンタイン・デーの朝、八時三五分。アイルランド警察のシーマス・クイン刑事は内部を破壊されたスターダストを捜査した。五時間を費やしてその現場を検分したが、最初に火が見えたあたりには燃焼促進物も電気系統の問題のあとも見あたらなかった。また、火のついたタバコをよく似た椅子のシートに投げ落としてみたところ、不燃性のポリ塩化ビニルの被膜は燃え出さないことがわかった。誰かがシートを切って、ポリウレタンの詰め物に故意に火をつけたのだろうか。

英国の消防研究所は、イングランド東部ベッドフォードシャーのカーディントンにある格納庫で、出火元の周辺を実寸大で再現した。ビル・マルホートラ調査官は座面に切りこみを入れて、詰め物を出し、その下に新聞を何枚か敷くことで、やっとその椅子に火をつけることができた。炎は非常に低い天井に到達し、カーペット地のパネルを溶かし始め、それが溶解し滴となってほかの座席の上に落ちた。すべての座席は間隔が狭く、熱気を帯び、沸騰した滴で充分にポリ塩化ビニルの被膜は破壊された。奥の座席の列がいったん炎に包まれると、前の座席にも火がついた。クインとマルホートラの実験はいずれも放火を示唆していた。

火災から一八か月後の一九八二年六月、アイルランド政府は、出火元と原因についての審問会の結果を発表した。なぜ火事が起こったのかという質問に対して、その報告は明確ではない。あるところでは、「この火災はおそらく故意に引き起こされたものである」と言っているが、別の場所では、「今回の火災の原因は不明で、この先も不明なままかもしれない。偶発的な出火という証拠はないが、同じく故意に火をつけられたという証拠もない」と記載されている。証拠を提出した法科学の専門家らの意見も、まっぷたつに分かれていた。クイン、マルホートラともうひとりの専門家は、おそらくこの火事の原因は放火だと考えていたが、ほかのふたりは電気系統の故障を否定しなかった。

その報告書は、電気安全基準を順守していなかったことや、ドアを見張らせるガードマンを雇わずに鍵を閉めていたことなど多くの点で、店主のイーモン・バタリーを非難していた。追加のドアマンを雇うための費用は五〇ポンドだった。失った命ひとりあたり、たった一ポンドの額である。鉄板でふさいだトイレの窓の問題について、報告書にはこう記載されている。「その窓のおもな目的は換気であるが、緊急時には人が通り抜けることも可能だったはずである」。これらの非難の言葉にもかかわらず、報告では、この火事は「おそらく放火によるものである」ゆえに、バタリーにこの火災の法的な責任はないとされた。そのため、一九八三年に州はバタリーに、この地域での犯罪による損害の賠償額として五〇万ポンドを支払った。いっぽう一九八五年に犠牲者の家族が受け取った額はそれぞれ平均でたった一万二〇〇〇ポンドだった。

家族たちは金よりもなぜ自分たちの家族が死んでしまったのか、その理由にずっと大きな関心を抱いていた。だが、証拠がほとんど残っていないため、もう答えは得られないように見えた。それでも家族たちはあきらめなかった。二〇〇六年、スターダスト火災犠牲者の会は、新たな審問会の開催を訴えるために、法科学専門家の新しい一団から支援を取りつけた。この専門家らは次のような指摘をした。カーディントンの格納庫で再現された火災はすべての座席が焼けるまでに一三分かかり、屋根を破壊することはなかったが、実際の火災は最初に座席に火がついてから（午前一時四一分）五分で夜空に炎が立ち昇っていた。つまり、どこかで計算が間違っているのだ。

また専門家らは、さまざまな目撃証言もこの見方を裏づけていることに注目した。建物の外に立っていた目撃者らは、午前一時四一分の数分前に屋根から炎があがるのを見たと述べた。さらに、バレンタイン・デーの数週間前に、スターダストの従業員はメイン・バーの上にあるランプ・ルームという部屋から煙らしきものや「火花」があがっているのを見たことがあった。メイン・バーは燃えた座席の列のすぐ近くにあった。そして、バレンタイン・デーの当日、天井の通気口の下にすわっていたリンダ・ビショップと友人たちは、〈ボーン・トゥ・ビー・アライブ〉を聴いていたとき、温度がぐんと高くなったのを感じた。リンダはクリスマスに貰った新しいデジタルの時計を見た。時刻は「1:33」となっていた。バレンタイン・デーに火を止めようとしたバーテンダーは言った。「天井からとんでもない熱が伝わってきた。火元はぜったい天井だよ」

スターダスト火災犠牲者の会の専門家は、座席から天井に火が移ったのではなく、燃えている天井から座席に火が移ったという結論にいたった。専門家らは、屋根裏に位置し、スポット・ライトやプラスティック製の座席などがあるランプ・ルームの電気系統が故障して天井に火がついたのだろうとしている。ランプ・ルームのすぐそばに物置があるのだが、専門家は最初の調査で物置に置かれていたものについて考え違いがあったのではないかと推定した。

イーモン・バタリーの事務弁護士は、物置の「おおよその内容」のリストを提出していた。そこには「漂白剤、床用ワックス、エアロゾル、石油ベースのワックスとつや出し剤」などが含まれていたが、可燃性の高い「料理油の缶」は、リストから漏れていた。

火災力学の教授マイケル・デリシャッチオスは、もしランプ・ルームから充分な熱が発せられれば、物置の可燃性の高いものは自然に燃え出しただろうと推定した。こう考えれば、火があのようにきわめて速いスピードで燃え広がり、ダンス・フロアの客たちの上に液状になったプラスティックが降り注ぎ、最終的に天井全体が落ちたことにも説明がつく。二〇〇九年に政府は、新たに公聴会を開くために、勅選弁護士のポール・コフィーにスターダスト火災犠牲者の会の件を調査するよう依頼した。コフィー弁護士は最初の調査の「おそらく慎重に検討された」知見は「何度も言及されるうちに間違った印象を与え……おそらく火災の原因の説明として挙げられた放火というひとつの仮説が、証拠によって裏づけられた報告のように受け取られてしまった」ということを突き止めた。コフィー弁護士は新たな公聴会を開くことは推奨せず、政府に公式の記録を改め、火事の原因は特定できないとすることを提案した。したがって、アイルランドの歴史のなかでもっとも破壊的な火災から二七年経って、政府は火事の原因は不明であると公式に発表した。ランプ・ルームは「破壊しつくされ」ているため、八〇〇人の目撃者も、多くの冷静な法科学者も、そこが火災の本当の火元だったのかは決して知ることができない。この火災の謎はランプ・ルームとともに破壊されてしまった。そしてこれこそ、火災調査についてまわるフラストレーションのひとつなのである。

火災現場は、その複雑さに大きな幅があるが、比較的シンプルなものでさえ、火災の破壊の連鎖を再構築しようとする調査官に難題を投げかけてくる。典型的なシナリオをお見せしよう。通りすがりの人が、ある家が燃えていることに気づき、消防隊に通報すると、消防隊はその火を消す。構造学の技師が建物に入っても安全だと宣言すると、ニーヴ・ニック・ダエドのような火災現場の調査官がやってきて、火元や原因、どのように火が広がったかを調べる。

ニーヴは科学捜査官には珍しいことだが、ときによって、まず自分で目撃者と面談を行うことがある。火が見えたのは正確にどの場所か。見えたのは黄色い炎か石油が放つ白煙か、それともゴムが燃えるときに出る黒煙か。目撃者からできるかぎり証言を引き出すのもスキルのひとつだ。ニーヴは危険と隣り合わせだった人々と話をすることが多いが、ときには自分たちの家が燃え落ちてしまった人々と話をすることもある。またときおり火災調査官は「面談を中断して、警察にこの人物は容疑者かもしれないと知らせなければならない」ときがあるという。景気が悪くなると企業などの火災が増えるというのはよく知られた原則である。一部の企業が負債を生み出す工場より、保険金請求によって利益を得るほうがよいと考えるのだ。放火は別として、その火事が事故だったとしても、人々があまり話をしたがらないときがある。仕事場で火事が起きる前に、どこでタバコを吸っていたかと従業員に尋ねると、彼らはたいてい決められた喫煙場所で吸っていたと答える。だが、ニーヴの経験から言って、「雨が降っているときは裏口のそばで吸う傾向が高く、そこには吸い殻が落ちている」らしい。

面談と並行して、ニーヴは建物の周辺を歩きまわり、状況をしっかり理解する。壁に煙の跡があるか。どの窓が割れているか。庭に石油缶や吸い殻など重要な証拠が落ちていないか。そのあとで、

「両手はポケットに入れたまま、なにも手に取らずに」建物のなかを歩きまわり、なにか変わったものがないか探す。ここでやっとゴミを拾う準備が整う。戸外ですでに見つけていた石油缶や煙草の吸殻のある場所へ行き、「元からあった場所で、可能なら物差しと一緒に写真を撮り、計画的に採取し、袋に入れて、適切にラベルをつけます」。建物の内部では、もっとも損傷の少ないエリアから系統立った方法で、「発火点」となる場所、つまり火が起こった可能性の高い場所へと近づいていく。メモを取り、現場の写真を撮りながら進む。

火元から火が広がるときは高い熱が生じ、燃料と酸素の供給に従って自然に連鎖反応が起こり、さらに多くの素材が燃えていく。燃焼が止まるころには、天井や壁は落ちていることが多い。それらが落ちると室内のものがその下敷きになる。消防士によって数万リットルもの水がかけられると、現場はいっそう解釈しにくくなる。「だから、そこらじゅうにものが散乱した、焼けた家の骨組みを目にすることになります。火元を探し求めるには、埋もれてしまったものを掘り出さねばなりません。考古学の発掘のように」

病理学者が解剖を行うために胸郭をノコギリで切り開くように、ニーヴは答えにたどり着くためにさらに破壊しなければならない。調査は建物内のもっとも損傷の少ないエリアから始める。「石油が撒《ま》かれた、黒い大きな穴が部屋のすみにあったとします。そこへ行って、穴の周囲を歩きまわると、現場を相互汚染してしまう可能性があるんです」。極端な例では、テープで現場の表面を碁盤目に区切り、区切られた正方形の区画それぞれに番号を振り、その区画内の残留物をすべてバケツに入れ、燃え残ったすべての証拠をふるいにかけることもある。

火は横に広がっていく傾向があるため、ときには、火元を指し示すように焦げた跡がV字型に残っていることがある。放火犯が家じゅうにガソリンを撒いた場合、ことはそれほど明確ではない。床についた激しく燃えた細い複数の線と、それを囲むような軽度の燃え跡がガソリンの跡を示唆することもあるが、炎はすばやくガソリンの跡を進むので、火元となる一箇所を特定するのは不可能に近い。かなり離れた場所で同じようにひどく燃えたところが複数見つかったときは、放火の可能性がある。一軒の家のなかで同時に偶発的な火事がふたつ起こることはかなりまれなことである。

火元らしき場所を見つけると、ニーヴはマッチやライター、ロウソクなどの発火元や、テレビや新聞、ゴミ箱など燃料になりそうなものを探す。放火犯は、燃え尽きて消えてしまうだろうと考え、マッチを現場に置いていくことが多い。だが、マッチの頭の部分に含まれている粉末状の鉱物には、〝ケイソウ〟という名前の単細胞の藻の化石化した遺物が含まれている。ケイソウの殻はシリカという物質でできており、マッチを擦れるようザラザラしていて、極度の高温にも耐えられるほど強い。ケイソウは既知のもので八〇〇〇種あり、それぞれがユニークな殻構造を有していて、顕微鏡で特定することができる。マッチは銘柄によって異なる採石場の鉱物の粉末を使っているため、ケイソウを見つけられれば、マッチの銘柄を特定する

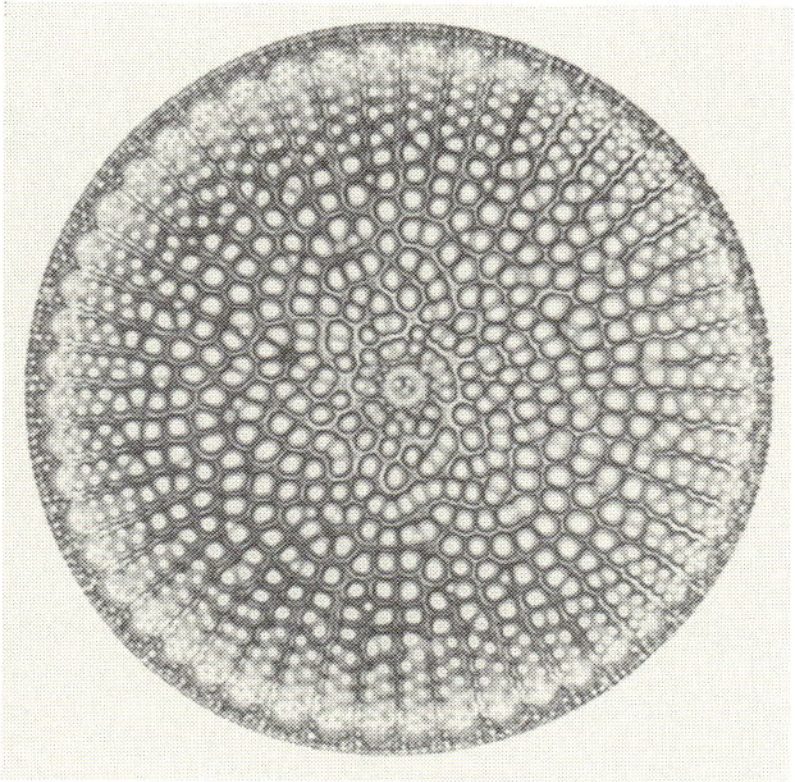
ケイソウ（単細胞有機体）の化石化した遺物の顕微鏡像。

ことができる。そうすれば、容疑者のポケットの中身や、地元の店に据えられた防犯カメラの画像などを調べ、決定的な証拠を提供できることがある。

ニーヴは火事が起こったとき、現場がどのような配置になっていたかを頭のなかで想像してみる。そのあと、できるだけ実際にそれを再現する。火災調査官がいつもこれを正しくできるとはかぎらない。ニーヴは一度、机から出火したと思われる住宅火災の一件で次のような経験をしたことがある。警察は火災調査官に煤けた物品を机の上の元の位置に戻すよう依頼した。ニーヴがその現場を再検討するために呼ばれたとき、まず自分で再現し、それと比べるのが一番だと考えた。

「ほかの調査官は、物的証拠に基づかずに現場を再現していて、机についた円の跡は、カップが置かれていたせいで、そこだけ煙に曝《さら》されなかったのだということにも気づいていませんでした。物品を誤った場所に置いて写真を撮ったのです。それは、間違ったシナリオの物語を伝えていました。物品を正しい位置に戻したところ、火が生じたときのまわりの環境が明確になり、現場を再現することができました」

ニーヴは、二〇一二年にスコットランドで火災現場調査に関する一連のワークショップを実施した。その結果、多くの調査官はこの任務のために整った施設を用意されていたが、「スコットランドの火災の九七パーセントを調べている調査官は、一週間足らずの火災現場調査訓練しか受けていないということがわかりました」。これらの火災の多くは比較的単純な調査で事足りるものだが、だからと言って適切な訓練に関する問題が消えるわけではない。火災調査官の訓練は、出火元とその原因を正しく調べるために必須であり、これはとくに、「死者が出た火災事故の場合、調査官は犠牲者とその家族に対し、故人がいかにしてその火災で亡くなったのかを説明するという大きな責任を担っているだけに、なおさら重要」なのだ。

証拠の扱いを間違えると、混乱を招き法廷内で火災について一貫性のない見解が提示されかねない。手がかりはたいてい壊れやすいものだけに、最初に正しく採取することが重要である。指紋は採取できるか。ＤＮＡは採取できるか。熱で溶けたコンピューターのハード・ドライブから情報を回収できるか。「無造作に歩きまわって素材をダメにしてしまわないように注意してさえいれば、これらの答えはすべて『イエス』です」

つま先に金属が被せられた頑丈なブーツに、ヘルメット、つなぎの防護服を着用しているニーヴにとって、そっと歩くのは簡単なことではない。現場には、感電の危険や、割れたガラス、部分的に崩壊した壁などがある。「たいていの現場はひどく暗くて、臭くて、心地が悪く、しかもきつい肉体労働が求められます。長い一日を終えて家に帰るころにはうす汚れ、焼けたプラスティックの臭いが身体じゅうに染みついています。華やかさのかけらもありません。でも、どうしようもなく惹きつけられるのです」

発火点ではないかと疑われる場所で、ニーヴは破片を集め、手でふるいにかける。「なにが焼け残っているかを知れば、驚くでしょうね。火はさまざまなものを破壊しますが、たいていは、かなりのものをあとに残します。ボタンやライター、ボトル、ビールの缶、その他金属製のものなどは比較的きれいに残ります。プラスティック製のものは片側が溶けても、もういっぽうは無傷で残ることがあります。ですから、テレビのリモコンの裏面から指紋が取れることもあります」

火災現場では、電気は調査官の味方で、原因や、火元、火の広がりかたに関する物的証拠を補強してくれる場合がある。ニーヴのような火災調査官は、プライヤーで武装し、ゴミのなかを這《は》うようにして、まるで迷宮のなかをアリアドネの糸［訳注：アリアドネはギリシャ神話の女性。迷宮から出られるよう、入り口に糸をくくりつけてなかに入ったことに由来］に導かれて進むように、ケーブルに沿って進む。「多くの現場調査官が電気の回路網の価値に気づいていません。これは労力と時間を多く費やさねばならない作業ですが、とても有用です。主観的に解釈されがちな燃焼パターンに比べて、堅牢な物的証拠が得られますから」

ニーヴのオフィスの壁には、ロンドン地下鉄のピカデリー・サーカス駅近くにあった一二階建てのビルの写真が二枚貼られている。上の七つの階が火災で焼け落ち、損害額は一二〇〇万ポンドに等しいという。最初に調査官が現場に到着したとき、ひとりの清掃作業員と話をした。彼女が火事を発見したときは、ある階の照明装置が燃えていたが、まだ小さな火だったという。これは手がかりにはなったが、この深刻な火災の正確な出火元を見つけたとはまだ言えなかった。ニーヴは仲間とこのビルで二日過ごしたあとにようやく、冷水器の内部の電気障害を見つけ出した。「これは非常に興味深い火災でした。出火元を実証するために、多くの電気設備を使う必要がありましたから。私にとってとても大事な事件だったので、写真を壁に貼っているのです」

出火の原因のひとつは、そういった電気系統の故障である。だが、それ以外の事故による出火原因というのは少ない。火災現場調査官は探知犬（イヌは嗅覚が人間より二〇〇倍鋭いのだ）を使って、ガソリン、パラフィン油、溶剤として使う揮発油のホワイト・スピリットなど可燃性の液体燃焼促進物を探す。英国には炭化水素探知犬のチームが約二〇あり、それらの探知犬の多くは肉球を守り現場汚染を防ぐために小さなブーツを履いている。「彼らが活動しているのを見たことがありますが、あの子たちはとても優秀なんですよ。なにかを嗅ぎつけたら、行儀よく腰をおろしてその場所を示すんです」とニーヴは言った。

イヌが炭化水素の存在を特定したら、火災調査官はその証拠を袋に入れる。ビニール袋は石油などの物質に含まれる炭化水素に反応するので、疑わしい素材はナイロンの袋に入れ、科学捜査研究所に持ち帰って分析する。その素材がカーペットの一部のようなものであれば、調査官は比較のために、燃えなかった部分を現場から一部切り取って持ち帰る。研究所では、法化学者が提出された火災の残骸を分析する。化学者は〝ヘッドスペース抽出法〟などさまざまな技術を使って、燃焼を促進した可能性のある化学物質を抽出する。これを行うもっとも一般的な方法は、密閉容器に素材を入れ、その容器を熱して化学物質を揮発させる方法である。そのあと、吸湿材を用いて物質を採取し、化学的溶媒を用いて抽出するのだ。法化学者は、たいていはガスクロマトグラフィーを用いて、これらの気化物質からある種の化合物を特定する。これは非常に複雑な化学的プロセスなのだが、気化した混合物内の化学分子をそのサイズ別に分けることができる。ニーヴは次のように説明している。「三メートルの排水管にシロップを流しこむところを想像してください。管の内側はシロップに覆われます。次にさまざまな大きさのおはじきの入った箱を用意します。そのおはじきを一気に排水管のなかに流しこみます。小さなおはじきは大きなおはじきより長時間、内側の壁に張りつきます。したがって、最初に管から出てくるのは大きなおはじきで、その次に小さなおはじきが出てきます。簡単に言うと、これがガスクロマトグラフィーのしくみです。こう説明すると、陪審員はそれを思い浮かべることができ、こう言います。『ああ、そういうことか』」

この試験でガソリンが検出されると、事案にもよるが、次のステップは〝ガソリンの銘柄の特定〟である。ガソリン缶のなかの分子の大部分は室温で揮発する（だから、臭いがする）が、製造業者は製造しているガソリンに揮発しない添加物を混ぜている。その添加物は車のエンジンをより効率よく動かすための物質で、かなりの高温でも残存する。また、銘柄によって大きな特徴がある。添加物はきわめて安定した物質で、洗剤で洗わないかぎり衣服に残る。

ガソリンの銘柄は、まだ記憶に新しい痛ましい住宅火災事件で、有罪判決を得るための重要な決め手になった。二〇一二年五月一一日午前四時、ダービーのアレントン、ヴィクトリー通り18の正面玄関の内側で火が燃え始めた。二分後、火は階段に敷かれたカーペットを伝って階上へと燃え移り、眠っている子供たちで満杯の寝室の開いたドアへと進んだ。彼らの父親、ミック・フィルポットは九九九番に電話をかけてこう言った。「助けてくれ。子供たちがまだ家のなかにいるんだ」

五歳から一〇歳までのジェイド、ジョン、ジャック、ジェシー、ジェイデン・フィルポットは現場で死亡し、一三歳のデュウェイン・フィルポットは病院に運ばれたがその後亡くなった。死因はみな、煙の吸入だった。

火が消えてから数時間後、ダービーシャーの消防署からマット・リーが現場に到着した。同僚のひとりがヴィクトリー通りの近くで空のガソリン缶と手袋を見つけていた。そこでリーは、とくに放火に注意を払っていた。倒れた正面ドアの下敷きになった残骸の表層を取り除くと、炭化水素探知犬が吠え始めた。リーは残留物を袋に入れ、解析のために法化学者のレベッカ・ジュエルに送った。

火災から五日後、死亡した子供たちの両親、ミックとメイリード・フィルポットは記者会見を開き、友人と家族からの支援に礼を述べた。しかし、彼らの態度が警察に疑念を抱かせた。副署長のスティーヴ・コッテリルは、ミックは悲しみに打ちひしがれた親というより、「興奮している子供」のようだと感じた。「父親はすっかり打ちのめされているに違いないと思っていたのですが」とコッテリルはのちに語った。「私の見たところ、悲しんでいるふりをしているようでした」

警察はフィルポットを秘密裡《り》に二四時間の監視下に置いた。夫婦が宿泊しているホテルの部屋に盗聴器をしかけたところ、ミックが妻にこう言っている会話が盗聴された。「証言を変えるなよ」そのあと、こうも言っていた。「証拠は見つけられないはずだ、だろ？　言っている意味がわかるよな？」

五月二九日、フィルポット夫妻は殺人罪で逮捕された（その後、殺人から故殺に引き下げられた）。

六か月ものあいだ、レベッカ・ジュエルは現場と被告人の衣服に由来するさまざまな試料を受け取った。捨てられていたプラスティックの容器のなかに、シェル社のガソリンに含まれている添加物の混合物があった。レベッカは家のドアの前に敷かれたカーペットに微量のガソリンを発見したが、カーペットの下張りに含まれていた化学物質によって添加物が汚染されていたため、ガソリンの銘柄を突き止めることはできなかった。だが、ミックのボクサー・ショーツとスポーツ・シューズの右足からシェル社の添加物を見つけた。メイリードのレギンスとショーツ、サンダル、そしてフィルポットの放火に協力した罪に問われているポール・モーズリーの衣服からも完全な添加物が見つかった。

二〇一三年二月に裁判が始まったとき、陪審員らはフィルポットとモーズリーがリサ・ウィリス（ミック・フィルポットの元愛人）に罪を負わせるために火災を起こしたと聞かされた。リサは一〇年間、ミックとのあいだにできた四人の子供たち、元恋人とのあいだにもうけたもうひとりの子供、メイリードとその子供とともに住んでいたが、少し前に自分の子供をつれて家を出て、妹といっしょに暮らしていた。親権についての公聴会が火事の日の朝に予定されていたが、ミック・フィルポットはリサに放火の罪を着せて、子供たちの親権を取られないようにするつもりだった。ミックとメイリードは子供たち全員をひとつの寝室に寝かせ、寝室の窓にはしごをかけておいた。ミックの計画では、そのはしごをあがって子供たちを助け、被害者でありながらヒーローでもある男になろうとしていた。だが、火のまわりがあまりにも速かった。窓から入って子供たちを助ける時間などなかったのだ。三人の被告全員に過失致死罪の有罪判決が下った。メイリードとモーズリーには懲役一七年、ミックには終身刑が言い渡された。フィルポット火災は、数週間マスコミを賑わせた。『デイリー・メール』紙は「ミック・フィルポット：英国の手厚い保護が生んだ卑劣漢」という見出しの記事を掲載した。フィルポットは子供たちを使って児童手当を毎週一三ポンドも得ていた可能性がある。そこに注目する人もいるが、ニーヴ・ニック・ダエドが注目していたのは、まったく別のことだった。「なぜ、子供たちは煙探知器で目を覚まさなかったのか？」

彼女が教えている修士課程の学生のひとりがその火災調査チームに参加していた。その学生の論文のために、ふたりは一緒に煙探知器が子供たちの目を覚まさせる能力を調べてみることにした。三〇人の子供の親に依頼して、家のなかで、夜のランダムな時間に煙探知器の警報が鳴るようにセットしてもらった。「子供たちの八〇パーセントが目を覚ましませんでした。しかもそのなかには、自分の寝室にアラームがついていた子も幾人か含まれていたのです」。深く眠る子供たちが目覚めない問題に応えて設計された、周波数が変えられる検知器もあったが、それはほとんど役に立たなかった。もっとも効果が高いアラームは、母親がメッセージを録音できるタイプのものだという報告がある。「つまり、母親が『起きなさい』と言うと、子供たちは母親の声の調子と周波数に反応するのです」。今後の課題は、火災調査官たちの調査による教訓から学ぶことである。ニーヴの研究チームは現在、煙探知機の製造業者と協力してこの課題に取り組んでいる。

子供の親権への欲求というのは、放火の動機としてはおそらく珍しい部類だろう。もっとずっとよく見られる動機は、復讐、保険金詐欺、強盗や殺人の痕跡をごまかすためというものである。遺体を処分しようとして家に火をつける者や、ジェーン・ロングハーストの殺害犯のように死体そのものに火をつける（２９４ページ参照）者もいるが、その目論見はうまくいかないことが多い。火事を担当する科学捜査官はみな、早い時期に、火が死体に及ぼす通常の影響と、悪意による作用を示す証拠とを区別できるようになる。火事が起こったときにその人がまだ生きていようといまいと、熱によって、人体の筋肉は硬直し、脚と腕が持ちあがって、典型的な〝ボクサー〟の構えになる。水分が失われて四肢が縮み、体重が最大六〇パーセント減る。顔の筋肉はねじ曲がり、四肢や胴体の皮膚は焼けて、裂け目ができる。経験の浅い調査官はこの裂け目を死亡前に受けた傷だと誤解することがある。骨は、熱にさらされてもろくなり、遺体を現場から死体保管所に移動させるときに折れてしまうことが多い。だが、死体の外側がひどく焦げていても、内側は概して驚くほどきれいに残っている。火葬場では、死体は約二時間のあいだ八一五度の熱にさらされ、灰となる。建造物の火災では、一一〇〇度まで温度があがることもあるが、たいていは犯罪の証拠をすっかり破壊してしまうほど長く高温を保つことはない。

火事が大好きで、これといった動機もないのに火を放つ人もいる。これぞまさに放火魔である。依存性は小さな火から始まるが、エスカレートしていくのがつねで、その欲望はなかなか抑えられない。性的嗜好に組みこまれ、常習性がきわめて高い。

ある驚くべき連続放火犯がいた。その犯人は、一九八四年からカリフォルニアで建物への放火を始め、一九九一年に逮捕されるまで放火し続けた。連邦捜査官の見積もりでは、その七年間のあいだに彼が放火した件数は二〇〇〇件を超える。米国の作家ジョゼフ・ウォンボーは、この男に関する本『ファイア・ラバー』(二〇〇二年)を書き、米国のケーブルテレビ局ＨＢＯが〈チェーン・オブ・ファイア〉(二〇〇二年)というタイトルの長編映画を制作した。

物語は一九八七年に、カリフォルニア州ベーカーズフィールド消防署の署長マーヴィン・ケイシーが生地屋の火事で呼び出されたときから始まる。ケイシーは現場に着いたとたん、別のベーカーズフィールド地域内の火事にも呼ばれた。そっちは美術と手芸の店だった。このふたつ目の火事は建物に火がまわる前に消し止められたので、ケイシーは遅延放火装置を回収することができた。それは、火のついたタバコ、三本のマッチ、筒状に巻かれた黄色のメモ用紙、それらを一緒に留めた輪ゴムでできていた。タバコは立てられていて、その底の部分にマッチの頭が触れるようになっているため、煙草が燃えつきて炎が上がるまでに最大一五分間の猶予があった。

つぎの数時間のうちに、ケイシーはさらに二件の火災がフレズノで起こったと聞いた。フレズノはベーカーズフィールドから州間高速道99号線を一六〇キロメートル下ったところにある。偶然にしては多すぎる。これは連続放火犯の仕業ではないか。ケイシーはそう考えた。奇妙なことにフレズノでは、放火調査官らの会議が開かれたばかりで、会議終了後まもなく、それらの火災が発生していた。

ケイシーはベーカーズフィールドの手芸店から回収した、その放火装置を指紋鑑定家へ送った。鑑定家は左手薬指の状態のいい指紋を黄色のメモ用紙から採取することができた。ケイシーはその指紋を州と国の犯罪記録データベースで検索したが、適合者は見つからなかった。

ケイシーは途方もないことを考え始めた。会議に参加した火災調査官のひとりが家に帰る道すがら火をつけたとしたらどうだろう。参加していた調査官は二四二人で、そのうち五五人が会議のあとひとりで車を運転して州間高速道99号線を南下したことを突き止めた。ケイシーはＦＢＩに協力を求めようと、フレズノのチャック・ガリヤーン特別捜査官に電話をかけた。「尊敬に値する放火調査官の五五人の名前をリストアップしたって言うんですよ。私にはマーヴィン・ケイシーがまったく見当違いの方向へ向かっているとしか思えませんでした」とガリヤーンは語った。事件は迷宮入りした。

二年後の一九八九年、放火調査官の別の会議がパシフィック・グローブで開かれ、その後ふたたび、ほぼ同時に複数の火災が起き、今回はロサンゼルスからサンフランシスコまでの海岸と平行して伸びる州間高速道101号線に沿っていた。ケイシーは信じられない思いだった。そのあと、フレズノとパシフィック・グローブの両方の会議に参加したあと南下して帰宅した捜査官は、たった一〇人しかいないことを突き止めた。このときはチャック・ガリヤーンも指紋鑑定家にＦＢＩの全米データベースを使った指紋の検索を依頼することに同意した。ベテランの指紋専門家は指紋を比較したが、適合者は見つからなかった。

一九九〇年一〇月から一九九一年三月のあいだに、ロサンゼルス大都市圏あたりのスリフティ・ドラッグストアやビルダーズ・エンポリウムなどの小売チェーン店で新たな火災が次つぎと起こった。ロサンゼルス市消防署のグレン・ルセロはこう語っている。「これらの火災の多くはおもに営業時間中に起こっていました。たいていの放火は闇にまぎれて行われます。これは非常に珍しく、火を放った人物の多少のうぬぼれと自信が感じられます」

三月の終わりに、放火の件数はピークに達した。一日になんと五件の店に火がつけられたのだ。ある手芸店の従業員は、大きくなる前に火を消し止めることができた。調査官はその店で放火装置を見つけた。状態のよいその装置は、四年前にベーカーズフィールドでケイシーが見つけたものと瓜ふたつだった。あとになって、さらに六個の放火装置が回収されたが、その多くが枕のなかにしかけられていた。そのため、この放火犯は〝ピロー・パイロ（枕焦がし）〟と呼ばれるようになった。

この放火犯は頭が切れ、経験豊かで恐ろしく危険な男だ。そう調査官たちは認識していた。どこで火事を起こせば、火が早くまわるかという完璧な場所をよく知っていた。それらの店内にいた人々は、一九八四年のサウス・パサデナのオウル・ハードウェア・ストアに閉じこめられた人々と同じ運命に遭う危険があった。その火事では爆発的な火災が起きた場所のまわりにポリウレタン製品があったため、火は不気味なシュウシュウという音を立てて青い炎をあげる猛火となった。ひどく焼けた死体はフラッシュオーバー現象によって建物から吹き飛ばされた。温度が五〇〇度を超えたとき、閉ざされた空間に一緒に置かれた可燃性の素材すべてにいっせいに火がつき、爆発のような現象が起こるのだ。四人が亡くなったが、うちひとりは中年の女性で、もうひとりはその女性の二歳の孫だった。

一九九一年四月、カリフォルニアじゅうの警察署と連携して犯人を突き止めようと、二〇人からなる〝ピロー・パイロ対策本部〟が立ちあげられた。三人の調査官がベーカーズフィールドのマーヴィン・ケイシーのもとを訪れると、ケイシーは勢いこんで一九八七年に採取した指紋の写真を示した。その指紋はすでに専門家によって適合者なしとされていたので、調査官たちはあまり期待していなかった。だが、ピロー・パイロは過去四年間に罪を犯しているかもしれない。だから彼らはロサンゼルス郡保安局のロン・ジョージにその写真を送った。

保安局のデータベースには、犯罪者、郡の警察官全員の指紋に加えて、一度でも警察の職に応募したことのある者すべての指紋を集めた大規模なデータが収められていた。今回、データを調べた者は適合者を見つけて満足感を得ることができた。その指紋の主は、グランデール消防署で二〇年間放火調査官として勤めたあと、そこの消防署長となったジョン・オールだった。当初、捜査官たちはジョン・オールが犯人とはとても思えず、その指紋はきっとなんらかの相互汚染によってついたに違いないと考えた。四月一七日、ロン・ジョージはピロー・パイロ対策本部に電話をかけて、捜査官にこう言った。「指紋はジョン・オールのものだったよ。こんなミスをするなんてな。証拠の扱いかたも知らないのかって担当者に言っておいてくれ」

オールの指紋は、一九七一年にロサンゼルス市警察（ＬＡＰＤ）の警察官の職に応募したときに、くわしい調査を受けて以来、保安局のデータベースに保管されていた。ＬＡＰＤは指紋を採取したときは彼のことを見込みありと見なしていたが、「知ったかぶりで、無責任で未熟」と記述された彼の以前の職場の評価を見たときに見込み違いだったと気づいた。さらに、心理学テストで、警察官の職には不適当だと確認されると、ＬＡＰＤはジョン・オールを無造作に切り捨てた。それでも、ジョン・オールの消防隊でのその後の活躍には目覚ましいものがあった。一二〇〇人を超える消防士を自ら指導し、火災調査に関するセミナーを組織し、『アメリカン・ファイアー・ジャーナル』誌に多くの論文を寄稿していた。だがジョン・オールはいったいどうやって、グランデールの消防署から一六〇キロメートル離れたベーカーズフィールドの火災現場の証拠に触れたのだろうか。

それが示しているのは、胸の悪くなるようなひとつの答えだけだ。対策本部はオールの監視を開始し、オールの同僚数人からこっそり話を聞いた。同僚のひとりはしばらく前から不審に思っていた。オールは誰よりも先に火災現場に到着し、出火元をすばやく突き止める不可解な能力があると思っていたのだ（本章の初めに、ニーヴ・ニック・ダエドが説明していたとおり、調査官は出火元へ近づく前に秩序立てた方法で現場を調べるものである）。とはいえ、オールの同僚のほとんどはその意見に懐疑的だった。実際のところ、オールは自分の調査内容を話すときは独善的になることもあったが、とんでもなく優れた調査官であるし、なんといっても自分たちの仲間なのだ。

そのあとすぐに、また別の会議が州南部のサン・ルイス・オビスポ郡で開かれた。対策本部はオールが行動に出るかもしれないので、現行犯で逮捕しようと考えた。捜査官らは週末のあいだ一日じゅうオールに張りついていたが、オールはまったく火を放たなかった。まるで、見張りの視線を感じ取ったかのようだった。

最終的にオールを破滅へと導いたのは、彼自身の虚栄心だった。オールは小説を書いて、次のような驚くべき添え状とともに出版社に送ったのだ。「私の小説『発火点』は、過去八年にわたってカリフォルニアで連続的に放火し続けた、実際の放火犯のパターンを追った事実に基づく作品である。犯人はまだ特定されていないし、逮捕されておらず、しばらくは捕まりそうにもない。過去の実際の事件でもあるように、私の小説の放火犯はひとりの消防士である」。調査官らはその小説を手にしたとき、その内容がとても信じられなかった。

小説に描かれていた放火犯の手口は、名前こそ違えど、ピロー・パイロの火災の多くと、ほんの些《さ》細な部分までそっくり同じだった。ヒーローは火災調査官で、アーロンという名前の連続放火犯を追いかける。調査官はすべての火災が起こったタイミングと消防士らが消防署で勤務していた時間を比べ、それを実行できたのはアーロンしかいないと気づくのだ。

一九九一年一二月四日の朝、捜査官らがジョン・オールの自宅に到着した。オールの車の後部座席に敷かれたマットの下から、黄色の罫線入りのメモ・パッドが見つかった。黒のキャンバス・バッグには、フィルターなしのキャメルのタバコ一パックとブックマッチがふたつ、輪ゴムが何本かとライターがひとつ入っていた。

オール逮捕の翌日、対策本部のマイク・マタッサは、過去一年間オールと一緒に働いていたさまざまな人々に電話をかけた。そのひとつが放火調査官でオールの個人的な友人でもあったジム・アレンへの電話だった。アレンはマタッサに語った。「オウル・ホーム・センターの火災を調べてみるべきだ。サウス・パサデナのあの火災を知ってるだろ。一九八四年の一〇月に起きた火事だ。ジョンはあの火災に取りつかれていた。おれたちが、この火災は事故だと言うと、あいつはかんかんに怒ってたよ」

マタッサは電話を切ったあと、ふいに思い出した。対策本部のほかのみんなと同じく、マタッサもオールが書いた『発火点』を読んでいた。その六章に、幼い少年を含む五人が亡くなった、「キャルズ・ハードウェア・ストア」火災の一件に関する記述があった。アーロンはその火災が放火だと「認めて」もらえなかったとき、調査官らの無知を暴くために、近くの金物屋にあった発泡スチロールに放火した。薄気味が悪いほど似ているではないか。

ただ、『発火点』という小説だけでは有罪判決を得るのに充分な証拠とは言えない。だが、指紋や、車のダッシュボードの裏に取りつけられた追跡装置から得たほかの証拠と合わせて、ジョン・オールは二九件の放火と四件の殺人で有罪となり、仮釈放の可能性のない終身刑を言い渡された。オールはいかなる罪も認めていない。しかし、『発火点』のなかで、火災調査官のひとりはこう述べている。「連続放火はたいていの場合、子供のころに火にまつわる経験をしたあとに始まることが多く、放火犯は早くに逮捕されないかぎり、放火をし続けるんだ。彼らが成長すると、放火は性的な空気を帯び始める。彼らは精神的に不安定なので、人と直接、一対一でかかわることができない。そのため、火は彼らの友だちで、恩師で、ときには恋人にもなる。じつのところ、性的な意味での恋人なんだ」

第3章

Chapter Three

ENTOMOLOGY

昆虫学

鳥占い師は、カササギやベニハシガラスやミヤマガラスの動きから、血を浴びた男の秘密を暴いた。

——『マクベス』第三幕四場

死者はいかにしてその運命に出会うのか。それを知りたいという人間の欲求は、なにもいまに始まったことではない。七五〇年以上も前の、一二四七年に『洗冤集録《せんえんしゅうろく》』と呼ばれる検死官のための手引きが中国の官僚の宋慈《そうじ》によって編纂された。そこには、法医昆虫学の例、つまり犯罪解決のために昆虫の生物学を利用する、つぎのような例が初めて記録されている。

道端で刺殺体が見つかった。検死官はその男性死体の切り傷を調べ、つぎにさまざまな刃物で牛の死体を切って、試験を行った。その結果、凶器は鎌であることがわかった。だが、その傷を作った凶器がどういうものかわかったところで、どの手がその鎌を用いたのか特定するまでにはまだ長い道のりがある。検死官は動機に目を向けた。被害者はなにも盗られていなかったので、強盗という線はなくなった。被害者の妻の話では、敵などいなかったという。だが最近、借金の取り立てにきていた男が不満を持っていたかもしれないという手がかりが見つかった。

検死官は金を貸したその男を告発したが、男は殺人とのかかわりを否定した。しかし、この検死官は、どのテレビ・ドラマの刑事よりも粘り強かった。検視官は、近所のすべての成人七〇人に自分の鎌を足元に置いて一列に並ぶようにと依頼した。どの鎌にも、目に見える血の跡はなかった。ところが、たちまちに一匹のハエが、金を貸した男の鎌をめがけて降り立った。わずかな血の痕跡に惹きつけられてきたのだ。二匹目のハエがそのあとに続き、さらに一匹やってきた。ふたたび検死官に問いただされると、金を貸した男は「鎌を頭に叩きつけて倒した」と言い、すべてを告白した。男は鎌を洗ったのだが、罪を隠蔽《いんぺい》しようとした男の試みは、足元を静かに飛ぶ昆虫からの情報提供によって無に帰した。

『洗冤集録』は、世界で最古の現存している法医学書であり、七〇〇年にわたって改訂と再版を重ね、前世紀まで中国の官僚によって犯行現場で使われていた。一五〇〇年代の初めにポルトガルの商人が初めて中国にたどり着いたとき、中国の裁判官が、徹底的な調査をしたあとでなければ犯人に死を宣告しないことに強い印象を受けた。現代の法医昆虫学者たちの仕事は、より幅広く深い知識に基づいてはいるものの、いまだに、その当時のポルトガルの商人が感銘を受けた綿密な調査を特徴としている。

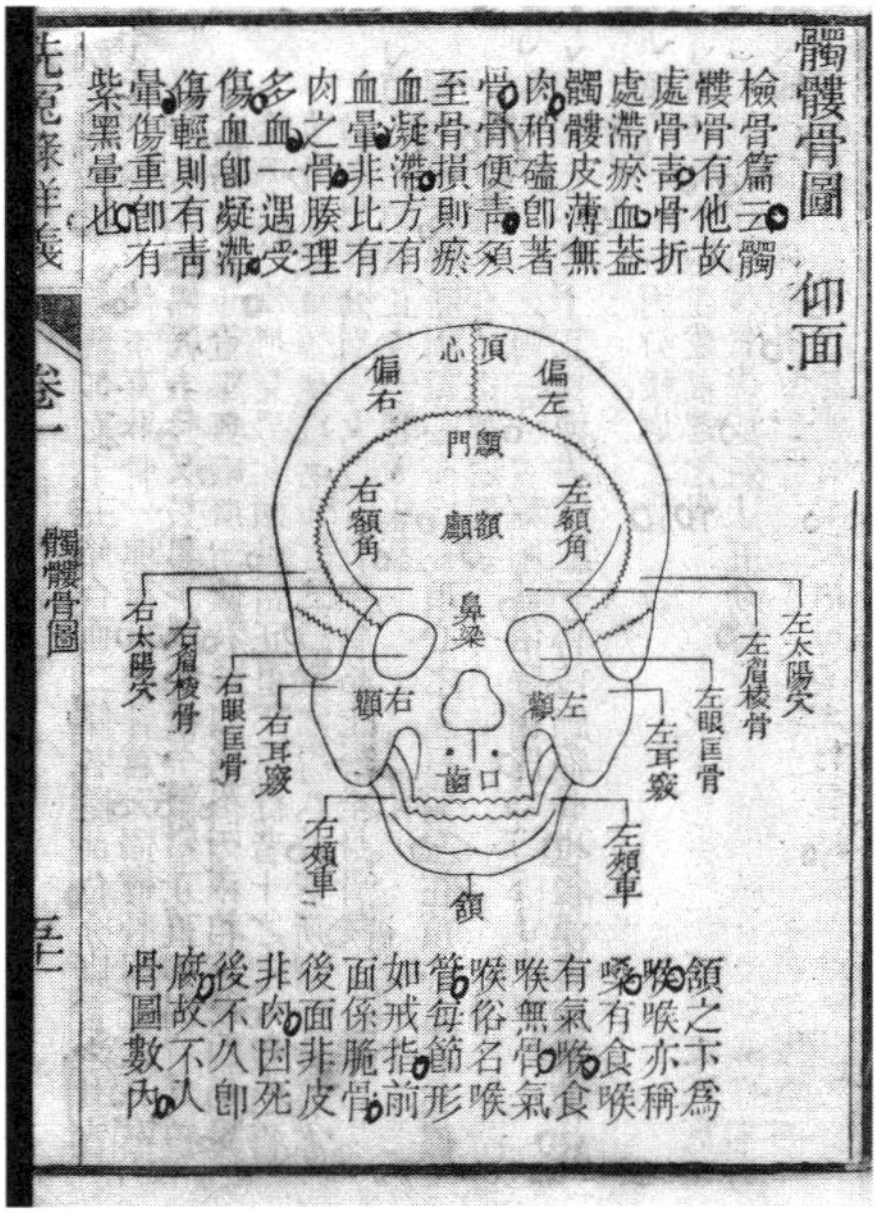

法医学に関する中国の手引書『洗冤集録』の19世紀版のあるページ。13世紀に宋慈によって初めて編纂されたこの手引書は、東アジアの死因審問の重要な手引きとして数百年のあいだ使われていた。

犯罪捜査における法医昆虫学の一般的な役割は、死亡時刻を推定することである。死亡推定時刻は容疑者のアリバイを確かめるために、つまりその人が有罪か無罪かを判断する際に欠かせない情報である。この学問はひとつの恐ろしい事実に基づいている。そう、昆虫にとって死体はごちそうなのだ。

法病理学者（第4章参照）は死体を調べるとき、死後硬直や体温の変化、臓器の腐敗などの現象から死亡時刻を推定しようとする。だがこの時計は約四八時間から七二時間後には止まってしまう。それでも、現場にやってくる昆虫たちによって、時計はその後も長いあいだ刻まれ続けるのである。異なる昆虫が全部いっぺんに食事にやってくることはなく、それぞれの昆虫の到着の順番は予想可能なのだ。昆虫学者は警察から呼ばれると、この虫たちが順にやってくる知識を活用して死亡推定時刻をはじき出す。このようにして、昆虫たちは無意識に、だが説得力のある証拠を殺人犯に突きつけ、亡くなった被害者の役に立つのである。

大部分の法医昆虫学者は、司法組織への情熱ではなく、昆虫そのものへの情熱からこの仕事を始めている。そして、数年かけて必要な解釈力と専門知識を蓄積し、法廷で有効とされる方法で、昆虫の世界を犯罪事件に活用する。情熱的な昆虫学者の目的は、選択的に昆虫を採取して徹底的に分類し、奇妙なふるまいの原因を突き止め、理論を証明するための証拠を見つけることであり、これらは、健全な司法制度の目的と一致する。

ジャン・ピエール・メニョンは現代の法医昆虫学の発展に大きな役割を果たした人物だ。宋慈のように、ジャン・ピエール・メニョンも『死体の動物相』と呼ばれる本を一八九三年に出版したが、これは驚くほど人気を博した。メニョンは何百もの昆虫種が動物の死体に引き寄せられることに気づいた。獣医としてフランス軍に従軍しているときのタイミングは申し分なく、メニョンはさまざまな昆虫が死体に群がると予測される時期を記録した（くわしくは前述の著書より先に出版された『墓の動物相』に記載されている）。また、多くの異なる種の昆虫、とくにダニやハエの幼虫が成体に成長するまでの異なる段階をスケッチし、一般大衆へ向けてそれらの図絵を出版した。

メニョンが示した継時的な変化に対する綿密な観察と認識は法医昆虫学という科学分野の出現を方向づけた。メニョンの几帳面さによって、昆虫と死者との関係に、これまでにない法的な地位が与えられた。メニョンはフランスの一九件の訴訟事件に、専門家証人として呼ばれた。それでもなお、昆虫学はまだ、法科学のなかでは概して不確かであてにならない一分野と見なされていた。そのおもな問題点は、温度や死体の体位、土壌の違い、気候、植物など、昆虫学者が考慮しなければならない条件の変動範囲が広いこと、また、一九世紀はまだ、個々人が任意で使える適切な道具が不足していたことだった。それでも、欧米の科学者らはメニョンから刺激を受け、二〇世紀には、かなり正確に昆虫の種が同定されるようになり、成長段階への理解も進んだ。

一九八六年、ロンドン自然史博物館の昆虫学者、ケン・スミスは『法医昆虫学マニュアル』を著し、ジャン・ピエール・メニョンに捧げた。この本がそれまでの流れを一変させた。スミスは腐肉を好む昆虫、とくにハエに関するあらゆる情報をひとまとめにして、これらを使ってこれまでにないほど正確に死亡後の経過時間を推定する方法を示した。このマニュアルは実用的で、捜査現場で役に立った。埋められた死体、地上で風雨に曝《さら》された死体、水に沈められた死体など、さまざまな死体で見られる昆虫種それぞれの出現期間が記載されていた。また、スミスは分類学者としてもすぐれていて、種の同定の手引きを作成したが、これはいまでも使用されている。この手引きとあわせて彼のマニュアルを読めば、死体があとで移動されていたとしても、ハエが最初に死体を見つけた元の場所を特定することができるのだ。

ロンドン自然史博物館のケン・スミスの後継者はマーティン・ホールである。背の高いこの科学者が博物館のギャラリーを闊歩《かっぽ》しながら、その場その場で行う説明は快活で熱心そのもの。管理している三〇〇〇万の昆虫標本に対する情熱は誰の目にも明らかで、まわりに伝染する。

マーティンは博物館での本職と法医昆虫学者の役割を巧みにこなしている。携帯電話が鳴って、警察から要請があればいつでも、なにもかもを中断して犯行現場へと向かう。「死体から昆虫を採取するのは、楽しい経験ではありません」マーティンは語る。「それでも驚くほど簡単に、職業上の興味がその気持ちを上まわります」

マーティンが昆虫の魅力にはまったのは、東アフリカのザンジバルの島で育った少年のころだ。その島で、マーティンはベッドの上に吊るした蚊帳《かや》が、虫を締め出すより自分のまわりに虫を留めておく道具として、ずっと有用に使えることに気づいた。毎晩ベッドに入ると、夢うつつの少年のまわりでナナフシが這い、カマキリが羽音を響かせ、ときにはコウモリまでもが飛びまわるのだった。

マーティンは英国へ行って勉強し、そのあとアフリカに戻って七年間ツェツェバエの行動を研究した。ある日、サバンナで成体のゾウの巨大な死体を見た。その死肉の上を、数えきれないほどの蛆虫が這っていた。一週間後、そこに戻ってみると、残っていたのは丸裸になった巨大な骨だけだった。その次の週になると、クロバエが低く垂れこめた雨雲のようにその場所に群がっていた。「異常な光景でした。ハイエナやハゲワシなどほかの腐食動物もいましたが、ゾウの生物量のおそらく四〇から五〇パーセントは蛆虫に食べられたのです」。一頭のゾウが一〇〇万匹のハエになったとき、新米の昆虫学者はその現象にすっかり魅了されてしまった。

いまでは、マーティンの仕事への情熱は、会った人みんなに伝染する。私が博物館に訪ねて行ったとき、マーティンにあっというまに博物館の裏側に連れ出され、数十段ある石段をあがらされ、気がつくとロンドンの全景が見渡せるゴシック様式の高い塔のてっぺんに立っていた。けれど、私がそこに行ったのは景色を眺めるためではなかった。マーティンとその仲間たちが知識の幅を広げるために行っている、いくつかの実験の様子を見学しにきたのだ。そこでは、なじみのあるものがまったく別の目的で使われていた。機内持ち込み用のスーツケースにはブタの頭部が収められていて、ジッパーのすき間からどのハエが入りこんで卵を産むかという調査が行われていた。イヌ用のケージには腐った仔ブタの死体が置かれていた。タッパーウェアのサンドイッチ・ボックスには保存加工された蛆虫がいっぱい詰まっていた。心地が悪いどころの話ではない。無理もないとわかっていただけるだろうが、そのあとでマーティンから差し出されたサンドイッチは丁重にお断りした……。

博物館にある昆虫コレクションのなかには、歴史的に重要なものもある。マーティンはある標本瓶を示し、声をひそめてこう言った。「これはアイコンともいえる蛆虫です。バック・ラクストン事件に由来するものなんでね」

バック・ラクストン事件は英国犯罪史のなかでも悪名高い事件である。いくつかの面で、科学捜査にとっては画期的な事件で、マーティン・ホールのような法医昆虫学者のあいだでは、昆虫が事件解決にみごとに役立てられた最初の事件として知られている。事件は人々の話題にのぼり、一九三五年秋の新聞紙面はこの事件の記事で埋めつくされていた。

バック・ラクストンはペルシャとフランスの血を引く医師で、インドのボンベイで医師免許を取り、イングランド北部に居を構えていた。人々からは〝ミセス・ラクストン〟と呼ばれていたスコットランド人のイザベラという妻と、ふたりのあいだにもうけた三人の幼い子供たちと一緒に暮らしていた。ラクストンはランカスターでは初めての白人以外の医師で、非常に人気があり、とくに比較的貧しい患者から慕われていた。

ある日曜の朝、ラクストン医師が玄関のドアを開けると、やせこけた九歳くらいの少年がいた。少年の後ろには母親がそわそわしながら立っていて、秋の冷たい風からわが子を守ろうとするように少年に腕をまわしていた。「申し訳ないが」と医師は言った。「今日は診療をしていないんだ。妻がスコットランドに行ってしまったものでね。ここには私とメイドしかいないから。それに、室内装飾家がくるから、午前中のうちにカーペットを片づけておかなくちゃならなくてね。僕の手を見てごらん。どれほど汚れていることか」

親子はがっかりして歩き去ったが、母親は医師が手を差し出したとき、片方の手はとてもきれいだったのを不思議に思った。

ラクストン家には一九歳のメイド、メアリー・ロジャーソンがいた。医師の玄関先での一件のあと、数日してから、メアリーの家族が彼女の失踪届を出した。警察がラクストン医師を訪問すると、医師は、妻はメイドとともにブラックプールに出かけたままで、妻には愛人がいるのではないかと疑っていると述べた。その言葉は、イザベラを最後に見たという証言と合致していた。イザベラは複数の友人と夜を過ごしたあと、午後一一時にブラックプールを車で立ち去ったところを見られていた。イザベラは楽しい集まりが大好きだったが、それがもとでラクストンと激しい口喧嘩をすることがあった。イザベラクストン医師はしょっちゅう妻の不貞を責め、メイドのメアリーは嫉妬にかられて怒っている医師の姿を目撃していた。

警察が二度目にラクストンを訪れたあとも、ラクストンはイザベラとメアリーはエディンバラに行ってしまったと言い張っていた。だが、人の口に戸は立てられないものだ。ラクストンは地域の人々に尊敬されていたが、妻との口論が夏のあいだにどんどん激しいものになっていったという噂や、今回の失踪にはなにかもっと不気味なものが裏にあるという噂が、ランカスターじゅうに広まった。

そして九月二九日のこと。カーライルからエディンバラへの道の途中にあるモファットに近い峡谷の橋をひとりの女性が渡っていた。女性がふと見ると、ぞっとすることに、眼下の川の岸辺から人間の腕が一本突き出ているではないか。現場に到着した警察は、新聞紙にくるまれたバラバラ死体の、血まみれの包みを三〇個見つけた。数日のうちに、警察や一般市民によって、その領域で人体のほかの部分も発見された。最終的に七〇のパーツが回収されたが、これらはふたつの異なる死体のものだった。身元を隠すために切り刻まれた（指先は切り落とされていた）のはほぼ間違いない。それは、人間の解剖学に通じている人物の仕業だった。

腐乱している肉片を餌にしている蛆虫がいくつか見つかり、それらはエディンバラ大学に送られた。大学の昆虫学者は特定の種類のクロバエを同定した。学者らはそのバラバラ死体が遺棄されてからの経過期間を一〇日から一二日のあいだに絞りこんだ。そして警察は、このバラバラ死体をイザベラとメアリーの失踪に結びつけた。

それは印象的なスタートだったが、バック・ラクストンに不利な証拠は蛆虫をはるかに超えて広がった。グラスゴー大学とエディンバラ大学の解剖学者と法病理学者は労を惜しむことなく被害者の死体を再建した。イザベラの生前の写真と見つかった頭蓋骨のひとつを撮った写真とを重ね合わせたところ、それらが一致した。死体の一部が包まれていた新聞は『サンデー・グラフィック』紙の特別折りこみ記事で、それが配布されたのは九月一五日。配布地域はランカスターとモアカムのみだった。また、いくつかの死体の一部は、ラクストンの子供らの服にくるまれていた。

ラクストンは明らかに、自分が期待していたほど冷静ではなかった。渓谷を去って慌ててランカスターへ戻る途中で自転車と衝突し、乗っていた男性を自転車ごと転倒させた。その男性は車両番号を走り書きしていた。それはバック・ラクストンの所有している車の番号だった。無謀な運転の事故の日は、蛆虫と『サンデー・グラフィック』紙の証拠とぴったり適合した。

ジグソー・パズルの最後のピースは、地元の情報から得られた。渓谷を流れる川が最後に氾濫したのは、九月一九日だった。ということは、それより前に死体は埋められたに違いない。それで、あふれ出した川の水が川岸まで達したとき、おどろおどろしく伸びた腕など、死体の一部をそこに残していったのだ。

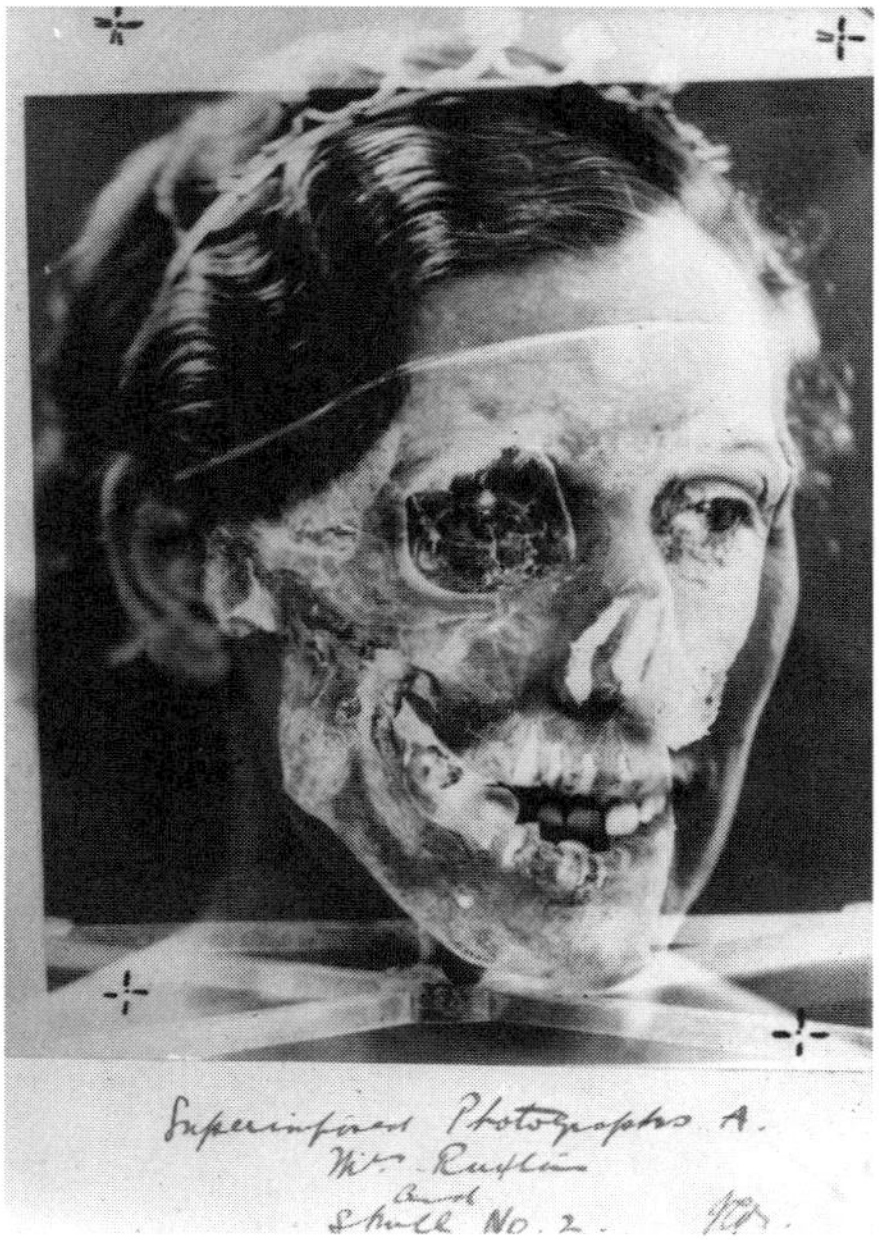

この画像は、イザベラ・ラクストンの顔写真に川で見つかった頭蓋骨の写真を重ねたもので、これによってバック・ラクストンの有罪判決が確実になった。

バック・ラクストンは逮捕され、殺人罪で有罪となった。そして、罪を犯してから九か月後、マンチェスターのストレンジウェイズ刑務所で絞首刑に処された。〝バラバラ殺人事件〟として知られているこの事件が実際どんな状況で起こったのかは、もう誰も知ることができない。しかし、検死の結果は、ラクストンが妻を素手で絞め殺したという可能性を強く示している。メイドは首を切られていたが、おそらく彼の罪を知って黙らされたのだろう。

昆虫の証拠は、殺人者の罪を描く科学捜査のモザイク画にはまるタイルのひとつにすぎない。だが、ラクストン事件で用いられた複数の手法のみごとな組み合わせは、法医昆虫学という分野を含む法科学に対する一般市民や専門家の信頼向上につながった。たとえバック・ラクストンが、バラバラ死体を地方紙の一部ではなく白い紙袋に入れていたとしても、車が自転車に衝突しなかったとしても、川の水が土手まであふれなかったとしても、蛆虫たちはラクストンを指し示しただろうということが、人々にもわかったのだ。そして、若者たちもこの学問分野に惹きつけられていったのである。

マーティン・ホールは、人生の大部分をクロバエに捧げてきた。クロバエは死体のそばでもっともよく見られる昆虫の科で、世界で一〇〇〇以上の種が確認されている。マーティンはクロバエを、いくつかの理由から法科学界の「究極の指標」と見なしている。クロバエはその鋭い嗅覚で、ほんのわずかな血液や一〇〇メートル先にある腐肉のかすかな臭いのもとを正確に探しあてられるので、ほかのどの昆虫よりも早く死体に卵を産みつけることができる。このハエの成長段階についてはよく知られていて、文献も多く発表されているため、それらの情報から死後経過時刻を最小限の範囲に特定することができる。また英国では、地域によって多様性があるため、死体が別の場所で見つかったとしても、その多様性を利用して元の殺人現場を特定することが可能なのだ。

ほかの昆虫たちは嗅覚のみを用いて餌に近づき、充分近づくと視覚へ切り替えるのだが、クロバエは臭いを放っている目的物に止まるまで嗅覚を用いる。そのため、クロバエに見つからないような方法で死体を遺棄するのはかなり困難である。たとえば、床下に死体を隠したとき、腐敗臭は有孔レンガを抜けて徐々にしみ出ていく。そしてハエはそのレンガの穴を通って床下に潜り死体を見つける。

死体が密閉された空間にあったとしても、その場所を示す手がかりはまだ残っていることがある。米国インディアナ州で、数年前の行方不明者を探していた警察は、覆いをかけられた井戸の上を雲がかかったように飛びまわるハエの群れに気づいた。行方不明者は殺されて井戸に投げ捨てられていたのだ。犯人は虫が入らないように念入りに井戸に蓋をしたのだが、それでは充分ではなく腐肉のかすかな臭いが漏れていたらしい。ハエたちは人間の鼻ではとても嗅ぎ分けられない臭いが立ち昇ってくる場所に引き寄せられ、揺れる墓石のように死体の上を群れて飛ぶのだ。

バラク・オバマが二〇〇九年に政権を握ってまもなく、CNBCチャンネルのライブ・インタビューに出演していたとき、一匹のクロバエが大統領の頭のまわりを飛んでいた。ハエは最終的に彼の左手の甲に止まったが、即座に右手で叩かれて死んだ。「非常に印象的だ。そう思わないかね。邪魔者を仕留めたよ」とオバマ大統領は言った。二〇一三年、またハエが大統領に止まった。今度は額のちょうど真ん中だった。その瞬間を捕らえたいい写真がある。だが、マーティン・ホールならそのような場面を見て、大統領がハエを叩かなかったとき、それらのハエが何をするかを即座に頭のなかで想像し始める。「ハエたちは大統領の体を探索し続けたでしょう。もしあのハエがメスで産みつける準備の整った大量の卵を携えていたら、適切な場所、たいていは鼻や目や口など頭部の開口部を探すでしょうね。そして、そこに卵を産みつけるのです」

その後、ハエの晩餐会が始まるのだ。一七六七年、近代分類学の父と呼ばれるカール・リンネは、「三匹のハエが一頭の馬の死体を消費するスピードは、一頭のライオンが食べるスピードと同じである」ということに気づいた。リンネがこの驚くべき観察結果にいたったのは、フランチェスコ・レディという先人の研究のおかげだった。一六六八年、このイタリア人は一連の実験を用いて蛆虫はハエの卵から生まれることを証明した。レディ以前は、死体に現れる蛆虫は、自然発生すると考えられていた。

メスのクロバエがいったん卵を産みつけると、生物学的な時計が時を刻み始める。夏の盛りだと、典型的な英国のクロバエが卵から成体になるまでには一五日かかる。一日後、卵が孵化《ふか》して蛆虫になり、蛆虫は口にあるふたつの鉤《かぎ》状の歯で腐敗しつつある肉を切り裂いて、かき集める。蛆虫は食べる器官と呼吸する器官が体の両端に別々についているので、一日二四時間、食事と呼吸を同時に行えるのだ。蛆虫は四日間貪欲に食べ続け、もとの大きさの一〇倍、つまり二ミリメートルから二センチメートルへと成長する。

まるまると太った蛆虫は死体をあとにして、腐肉をあさる鳥やキツネに食べられないよう暗がりに向かう。肉の上の保育室が戸外だった場合は、地面に穴を掘り一五センチメートル下の土中に潜る。屋内だった場合は、納戸の床や床板のすき間がその役割を果たす。暗闇のなかで安心すると、蛆虫は蛹《さなぎ》になる。三齢期、つまり最終幼齢の外皮がそのまま硬くなって蛹の殻になる。一〇日後、成体のハエがこの殻を破って出てきて、戸外の場合は土を掘って地上へ出てくる。この自由への前進がなかなかの離れ業なのだ。ハエは頭部の袋を血液で満たし、その風船形の槌《つち》を内側から外側へと振動させて土を除去する。地上の空気に触れると、しわくちゃの羽を振り広げ、ほぼ間をおかずに交尾を始める。二日齢で、ときにはそのハエが育った同じ死体の上で、メスは卵を産むが、蛆虫は一週間足らずで人間の死体の六〇パーセントをたいらげることがあるので、その場所には餌がたいして残っていないかもしれない。

警察に呼び出された森林地帯や寝室、路地やビーチで、マーティン・ホールは、ハエの群れが奏でる奇妙な音楽を耳にする。その光景や臭いはバラエティに富んでいる。「ときに『腐敗した甘い臭い』という説明を聞くこともあるでしょう。たしかに、甘ったるく感じるときもありますが、とても強烈な臭いのときもあります。あるとき、上半身は寝袋から出ていたためにすっかり骸骨となっていて、下半身は死んでからずっと寝袋のなかで見えないままになっていた死体を扱ったことがあります。現場に取りかかった初めのうちは、それほどひどくはなかったのですが、寝袋を開けたその瞬間、耐えがたいほどの臭いが漂いました。死体だけでなく、死体を食べている蛆虫の臭いも混ざっていました。蛆虫は大量のアンモニアを放出するのですが、この臭いがまた強烈なのです」

ときに、犯行現場の捜査官が死体から昆虫の試料を採取して昆虫学者に送り、調査を依頼してくることもある。だが、マーティン・ホールは自分自身で現場を訪れるほうを好む。そうすることで、集めた試料と情報を確実に、法廷で証拠能力があるものにすることができるし、ほかの人が見落としたり気にもかけなかったりしたものを現場で探す機会が得られるのである。マーティンは死体全体を調べて蛆虫を探し、また地中の蛹も探し、一番古い試料を見つけるようにしている。その試料によって、そのハエが最初に死体を見つけた時期が明らかになり、死亡経過時間が最小限に絞りこめるからだ。マーティンは蛆虫の一部を熱湯につけて殺し、エタノールに漬けて保管する。ほかの蛆虫は生かしておく。蛆虫は暖かい場所では速く育つため、マーティンは温度計を設置して、次の一〇日間、一時間ごとに温度を記録する。また、現場にもっとも近い気象観測所から過去二週間の記録を手に入れ、蛆虫はどれほど暖かい環境で成長したのか、だいたいの状況をつかむ。

研究室に戻ると、マーティンは保存した蛆虫の種を厳密に特定する。「関連した近い種であっても、成長のスピードは異なりますので、誤った種に特定すると、間違った情報を警察に提供してしまう恐れがあります」

マーティンは生きた蛆虫を成虫になるまで飼育し、特定した種で間違いないかを確認する。エタノールで保存した蛆虫の解剖学的構造を慎重に調べ、どの成長段階かを判定する。その判定と温度のデータを組み合わせてグラフを描き、その蛆虫の母親のクロバエが卵を生んだ時期まで時間を遡る。これはたいてい重要な情報のひとつであり、科学捜査の難問に対し、昆虫学者が提供できるもっとも有用な情報となる。

だが、死体が七日以上長くその場に置かれていたらどうだろう。だいたいそのくらいの期間で蛆虫は蛹になるのではなかったか。昆虫学者は一週間よりもっと前まで時間を遡ることができるのか。昆虫学者は、昆虫たちが教えてくれる情報の限界を広げつつあり、蛹に埋め込まれた体内時計を読み解く方法も発見しつつある。

蛹が成虫のハエに変わるまで一〇日かかる。変態のこのプロセスは昆虫の謎の中心を占めるもので、数世紀ものあいだ、昆虫学者と同じく詩人にも驚異の念を呼び起こしてきた。蛹の殻は透明ではないため、以前は、ときとともに変化する蛹のなかを見ることができなかった。だが、X線やミニCTスキャナーなどの助けを借りて、マーティンとロンドン自然史博物館のチームはその状況を変え始めた。

マーティンは、さまざまな種類のクロバエの蛆虫が成長する速度を確実に算出する方法の開発に協力してきた。さらに、蛹の日齢を特定する方法にも取り組んでいる。「三〇時間たってから、蛹のX線画像を撮影したところ、蛹のなかは幼虫［蛆虫］の組織しかありませんでした。それから三時間後に画像を撮ったとき、ちょうどお茶を一杯飲んで戻ったときですが、蛹のなかはすっかり変態を終えていました。そのときには、未分化の幼虫の組織の代わりに、はっきりと頭部、胸部、腹部があり、脚と羽が形になってきていました」

ついこう考えたくなる。このような驚くべき知識を身につけた法医昆虫学者は、ピンポイントで正確な時間を推定する方法を使いこなしかけているのではないか、と。とはいえ、陪審員や昆虫学の学生はその誘惑に乗ってはならない。一九九四年にBBCで〈ハエは見た〉というアニメーション番組を放送していた。そのなかでシャーロック・ホームズが持っていたような虫眼鏡が蛆虫の上にあてられると、蛆虫はこう書かれたプラカードを持ちあげた。「金曜の午後三時に殺害」。漫画は印象的だったが、誤解を招くものでもあった。蛆虫は殺人が行われた時間を教えてくれるわけではない。彼らは死体に卵が産みつけられた時期を示唆するが、それで明らかになるのは、その人物が少なくともそのときにはすでに死んでいたということだけだ。暑い夏の時期は、殺された時間の幅を狭めることが可能で、たとえばこれまでは金曜日としか言えなかったのが、推定の精度がさらに上がり、金曜の午後と言えるようになるかもしれない。しかし、昆虫学者が日付だけでなく時刻まで限定して死亡時刻を推定できるようになると期待するのは、天気予報士に一一月の時点でクリスマスに雪が降るかどうか確実な答えをくれと頼むようなものだ。影響を及ぼす条件に幅があるため、精密度はある程度までしかあがらないのである。

条件のひとつは蛆虫の集団性に基づいている。彼らは大勢の〝蛆虫集団〟で押し合いへし合いしながら育つことを好む。蛆虫は動き回りながらアルカリ性の残留物を残す。それは組織を分解しアンモニア性のねばつくものに変える。彼らの消化活動は非常に激しく、死体の温度があがるほどで、ときには五〇度に達することもある。温度があがると成長が早まるので、クロバエたちには好都合である。しかしハエの活動を解き明かそうとしている昆虫学者にとっては、これがときに頭痛の種になる。とはいえ、蛆虫たちが著しい熱を発するのは成長の後半の時期のみなので、昆虫学者が蛆虫を早く捕らえることができれば、それだけこの蛆虫の集団性の影響を小さく抑えることができる。

すでに蛆虫がハエになってしまっていて、最初に生まれた蛆虫が見つからないとき、昆虫学者はジャン・ピエール・メニョンが一九世紀に打ち立てた昆虫のコロニー形成の推定期間に関する知識を引っぱり出してくる。死体が乾燥し始めると、チーズバエ、ニクバエ、カンオケバエなど別のハエ科がその死体をすみかにし始める。死体があまりに乾燥し、蛆虫の口にある鉤状の歯で死肉が裂けなくなると、咀嚼《そしゃく》型の口器を持つ甲虫たちがやってくる。甲虫は乾燥した肉や皮膚や靭帯《じんたい》を食べる。最後にガの幼虫とダニがやってきて、頭髪に取りかかり、かつてそこに生物がいたことを示すのは骨だけになる。これらの種はみなそれぞれ種独特のタイムテーブルで動いているので、昆虫学者はそれを利用して、死亡経過時刻を推定することができるのである。

一八五〇年のパリで、ある左官がマントルピースの奥からミイラ化した子供を発見した。当初はそこに住んでいた若いカップルが殺人犯として疑われたが、医師のベルジェレ・ダルボワが昆虫の証拠を見て、この死体は一八四八年にニクバエにすでに「利用」されており（ニクバエは、卵胎生であるという点でほかの多くのハエと異なっている。つまりこのハエは卵ではなく孵化した蛆虫を腐敗しかけの死体や傷口に生み落とす）、一八四九年には乾燥した死体にダニが卵を産みつけていたと主張した。疑いの目はこの家の元の住人に向けられ、その住人は逮捕され、その後有罪を宣告された。

事件によっては、調査官らの直面する謎が死亡時刻とは関係のないものもある。マージーサイドで最近起こったある事件では、警察が容疑者の家を捜索していたとき、蛹の抜け殻が大量に見つかった。当初は鳩小屋で死んだハトのせいだろうと推測されたが、抜け殻があまりに多く、どこか奇妙に思われた。だが、その暗褐色の殻からいつハエが飛び立ったかを調べる方法はなかった。そのとき誰かがこの抜け殻を毒物学検査に送るという名案を思いついた。結果は驚くべきものだった。その殻には微量のヘロイン代謝産物が含まれていたのだ。ハトがヘロインを摂取するという記録はないため、さらに検査が実施された。マーティンは次のように説明している。「蛆虫はDNAのスープを食べ、脊椎にそれらを貯めこみます。蛹の殻は蛆虫の古い皮膚なので、そこに人間の組織が残っていることがあるのです」

蛹の殻をさらに調べたところ、人間のDNAの痕跡が明らかになり、それは薬物使用者として知られている行方不明者と一致した。これとそのほかの証拠に基づいて、その家の持ち主は殺人罪を宣告され、終身刑となった。犯人は犠牲者を処分したが、目撃者である昆虫を黙らせることはできなかったのだ。

法医昆虫学ではむしろ月並みな目的とはいえ、死亡時刻はときに法廷で決定的な役割を演じることがある。ある日、公園で一〇歳の英国人の少女サマンサが三〇歳くらいの男と出会った。男はサマンサにお菓子を与えて友だちになった。サマンサは家に帰ると、母にその日の出来事を話して聞かせた。サマンサの母は娘の新たな知人のことをあまり警戒していないようだった。しばらくしてから、少女はまたその男と会い、そのときは男から自宅に招待された。恐ろしいことはなにも起こらなかった。このようにしてふたりは定期的に会うようになった。ふたりは散歩に行ったり、テレビを見たり、ときにはその男の友だち男女数人を交えて会ったりもした。しばらくすると少女は自宅に男を招待するようになり、まもなく、母親はその男と関係を持つようになった。男はサマンサの母親と過ごし始めて数週間後、サマンサを性的に虐待しはじめた。家庭内に激しい怒りが満ちた。三人のあいだで激しい口論が起こるようになった。そして、サマンサが行方不明になった。

警察は捜査を開始し、とうとうある病院の敷地内の瓦礫《がれき》と割れたレンガの山から少女の死体を発見した。重い鈍器で強打され、彼女の頭蓋骨の左側は陥没していた。死体を調べるために、優秀な法医昆虫学者ザカリア・エルジンチリオールが現場に呼び出された。エルジンチリオールは新たに産みつけられた卵をいくつかと、ごく小さいクロバエの蛆虫を発見した。その証拠は、サマンサがその男といるところを最後に目撃された直後に死んだことを示していた。法廷で男は無罪を主張した。だが、訴訟の途中で蛆虫の証拠が示されると、男は自制心を失って罪を告白した。サマンサと口論している最中にサマンサに、なにをされたか母親にばらすと脅され、少女を黙らせたのだ。

ザカリア・エルジンチリオールは三〇年間の科学捜査のキャリアのなかで、二〇〇件もの殺人事件の解決に協力し、それより多くの事件に関する奇抜な回顧録を著した。『蛆虫、殺人、そして人間』（二〇〇〇年）では、題名が示唆しているより多くの分野が網羅されている。たとえば、フィンランドの異様な事件についての記録がある。ある朝、ひとりの役人がオフィスに入ると、カーペットの隅に、大きな蛆虫が数匹いた。その役人は清掃係の女性を呼びつけ、最後にオフィスを掃除したのはいつかと尋ねた。女性が「昨夜です」と答えると、男性は腹を立て、嘘をつくなと非難した。これほど大きな虫が一晩のうちに現われるとは信じられなかったのだ。彼はその場で女性をお払い箱にした。とはいえ、その役人は典型的な役人で、その蛆虫を数匹保存しておき、最終的にはヘルシンキ大学の教授にそれを見せた。教授はその蛆虫を移動段階のクロバエの蛆虫と特定した。おそらく建物のほかの場所にあるネズミの死体の上で餌を食べる時期を終え、蛹になるための場所を求めて這ってきたのだ。そのオフィスに一晩で移動してくることもありえることだった。恥ずかしく思った役人は後悔の念からかつての従業員に連絡を取り、元の仕事に復帰しないかと申し出た。

要は、裁きを下すときに、科学を用いるかどうかだ。つまり、研究室という理論的な世界で苦労して手に入れた事実を、犯行現場という徹底的に現実的な世界で用いることが大切なのである。「アカデミックな環境では、このような出来事には出会いません」とマーティンは語る。「非常に短いタイムスパンで、昆虫に関する自分の知識を役立てられるというのは大きな満足感につながります。昆虫学者にかぎらず多くの科学者は、何年も何年も何年も、懸命に研究を重ねますが、それでもその活動から成果が得られるとはかぎりません。そのいっぽうで、私はたいてい数か月のうちに、自分のしたことが実際に役に立ったことを目にすることができるのです」

マーティンはヨークシャーで起こった事件のことも思い出した。ある老人が、家に入ってきた見知らぬ人に、みごとなアンティークの家具をただ同然で売ってしまった事件だ。その詐欺師は老人にこの家具はキクイムシがはびこっていると言い、それを証明するために床に転がっていた幼虫を指し示すと、略奪品を持って去っていった。老人はひどく動転し、近所の人を呼んだ。近所の人はまだ床に残っていた幼虫を見つけてボトルに入れ、警察に渡した。警察はそれをマーティンのところに持ってきた。幼虫はガガンボ（カトンボという名前でもよく知られている）の幼虫とすぐに特定された。この幼虫は草の根を餌にしているため、木材にはまったく関心を示さない。

マーティンは語る。「幸いにも、家具を盗んだ男はすぐに見つかって、家具は老人のもとに返されました。不愛想なヨークシャーの警官も、自分の家具が戻ってきたときに老人がどれほど喜んでいたかを話すときは、かなり熱がこもっていました。これも、昆虫の知識を通して経験できたことです」。ここでは、知識に根差したハッピーエンドが見られた。しかし、昆虫学的な証拠は、法廷、とくに対審制裁判では、両刃のやいばになりうる。

二〇〇二年二月一日の金曜日、米国カリフォルニア州サンディエゴで、ブレンダ・ヴァン・ダムは三人の子供の世話を夫に任せて、友人ふたりと一緒にバーへ出かけた。ブレンダが自宅に戻ったのは午前二時だった。翌朝娘を起こしに行ったときはじめて、七歳の娘ダニエルが寝室にいないと気づいた。ブレンダはパニックになった。最後に娘を見たのは、前日の夕方で、娘はそのとき、ビデオ・ゲームで遊んでいる父親と弟たちのそばで、日記をつけていた。

警察は近所に聞きこみを行い、ヴァン・ダム家の二軒隣りに住んでいる技術者、デイヴィッド・ウェスターフィールドがその週末のあいだ、キャンピング・カーで出かけていたことを知った。彼以外の近所の人は自宅にいた。数日前に、ダニエルと母親は、ウェスターフィールドの家のドアをノックし、ガール・スカウトのクッキーを販売したばかりだった。二月四日、ウェスターフィールドは二四時間、警察の監視下に置かれた。警察はキャンピング・カーを捜査し、児童ポルノの写真と、ダニエルの毛髪や指紋や血痕を見つけた。数百人のボランティアを含めた捜索の結果、二月二七日に、道路脇の藪《やぶ》に覆われた乾燥した場所でダニエルの裸の死体が見つかった。皮膚は皺《しわ》の寄った革のようになっていて、ほぼ完全にミイラ化していた。

昆虫の証拠が裁判では重要な鍵を握っていた。これまでになく、証言のために四人もの昆虫学者が呼ばれた。ダニエルの死体に付着していた蛆虫はほとんどいなかった。被告側に呼ばれた昆虫学者は、ハエが卵を産みつけたのは二月の半ばに違いないと述べた。被告側の弁護士は、二月半ばはウェスターフィールドが警察の調査下に置かれたあとの週であるため、彼が道路の脇にダニエルの死体を捨てることはできないと主張した。検察側の弁護士［訳注：英国では検察側にも弁護士がつく］は被告側の昆虫学者が用いている天候データは間違っていると非難した。そして、いくら受け取ったんだとその学者をばかにするように尋ね、「金で買われた」ことを暗に示すと、そこから激しい言い争いが始まり、裁判は早々に一時休会になった。

検察側に呼ばれた昆虫学者は、クロバエの出現を二月九日から一四日のあいだと推定したが、それでも二月四日にウェスターフィールドが監視下に置かれてから数日の間があった。しかし、クロバエたちの到着が遅れ、死体の上に蛆虫が少ししかいなかった理由はほかにもあると主張した。そのころはひどく乾燥した日が続いていた。一世紀に一度くらいのもっとも乾燥した天候がダニエルの死体から水分を奪い、そのせいで、蛆虫たちをあまり引き寄せなかったのだ。あるいは、毛布が死体に掛けられていて虫を防いでいたが、のちにイヌなどに取られたのかもしれない。ひょっとするとアリが死体にもっとも早くたどり着いた卵や蛆虫を持ち去ったのかもしれない。それらの考えは弁護側の昆虫学者に論破された。

デイヴィッド・ウェスターフィールドは誘拐と殺人で有罪になった。そして死刑囚監房に入れられた。カリフォルニアの判決から死刑の実施までの平均的な待

2002年2月、サンディエゴの上位裁判所で答弁に立つデイヴィッド・ウェスターフィールド。近所に住む7歳のダニエル・ヴァン・ダム殺害の告発に対し無罪を主張した。

ち時間は一六年である。デイヴィッド・ウェスターフィールドはいま現在も無罪を主張している。二〇一三年に、ウェスターフィールドは新たな裁判を公式に求めたが、最高裁判所からはまだなにも動きがない。

ウェスターフィールドの裁判では四人の専門家が出した結論が一致しなかったため、法医昆虫学の評判に傷がついた。四人にはいずれも「金で買われた」証拠などない。むしろ彼らは、蛆虫の試料が少なかったことや異常気象についての相反する報告、激しいマスコミの追求など、とくに困難な環境と条件を扱わねばならなかったのだ。じつのところ、元の位置にあった死体を調査する機会を与えられたのは、それらの昆虫学者のうちたったひとりだった。科学はいつも、人々が力を合わせて取り組んだときにこそ、最良の成果が得られる。四人の科学者がプレッシャーのない環境でそれぞれが見つけた結果を比較し合うことができれば——これは英国のシステムでは現在よく行われていることだが、彼らの推定の幅はいくらかなりとも狭められただろう。

一九三五年にバック・ラクストンの〝バラバラ殺人〟が起こって以来、英国の一般大衆の法医昆虫学に対する認識は着実に深まった。そしていま、一部には、〈CSI〉などの犯罪テレビ番組の国際的な成功のおかげで、法医昆虫学はこれまでになく広く知られるようになった。〈CSI〉の主要な登場人物のひとりギル・グリッソムが、昆虫を用いて事件を解決することが多いからだ。現実の昆虫学者はどうかといえば、彼らは法医学的証拠を抽出するために昆虫学を用いた驚くべき方法を編み出し続けている。米国で起こった最近の事件では、自家用車のフロントガラスにばらばらになって付着した昆虫によって容疑者の動きが特定された。

だがそのような画期的な技術はまだ標準的なものではない。大部分の法医昆虫学者の仕事は、きめ細かく吸収した膨大な情報と、私たちのほとんどが同じ虫だと見なして気にも留めない昆虫を見分ける、自分たちの能力に基づいている。法医学に目を向けている昆虫学者は感情的にも知識的にも複雑な場所に立ち入らねばならない。彼らの知識と手法は、顕微鏡の下で精密な生物時計を読み取るほどに、その応用範囲が広がっていく。それでも、情報を手に入れて、相手の秘密を知るのは生易しい作業ではない、たとえ相手の種がなんであろうとも。

第4章

Chapter Four

PATHOLOGY

病理学

死からその最大限の強みをまず奪い取るために、通常とはまったく逆の方法を用いよう。死からもの珍しさをなくしてしまうのだ。出会う頻度を増やし、慣れてしまえばいい。何よりもよく頭に浮かぶのは死だというふうにしておくのである。

——ミシェル・ド・モンテーニュ
『エセー』（一五八〇年）

詩人のジョン・ダンの言葉に「いかなる人間の死も私を衰えさせる、なぜなら私は人類の一員であるから」というのがある。これは、道徳的な重みを備えた言葉だが、それでも、不慮の死によってより大きな影響を受けるのは、わずかなりとも自分の人生となんらかの関わりがある人の死であるのは否定しようがない。私にとってはレイチェル・マクレーンの事件がそうだった。彼女は私が通っていた、オックスフォード大学の小さな女子専用カレッジの学生だった。私はレイチェルのことを直接知っていたわけではないが、彼女の死を遠い親戚の子に起きたことのように感じずにはいられない。

レイチェル・マクレーンは、セント・ヒルダズ・カレッジ［訳注：もとは女子大学だったが二〇〇八年から男女共学になった］の大学生だったとき、ジョン・タナーの恋人になった。一九歳だった。タナーは付き合い始めてから一〇か月の一九九一年四月一三日に、レイチェルにプロポーズした。女性なら、そのような重大な出来事を親しい人みんなに話したくなるものである。ところがその後数日間、セント・ヒルダズはおろか広いオックスフォード大学内でも、レイチェルを見かけた者はいなかった。レイチェルは勉強家でもあったが、友だちとの付き合いも活発で、オープンな性格だったため、誰にもなにも言わずにどこかに行ってしまうことがあるとは考えられなかった。タナーはレイチェルの住んでいた家に電話をかけ、同居人に彼女と話がしたいと言ったが、レイチェルはどこにいるのかわからないという答えが返ってきた。

五日後、懸念はますます深まり、大学当局はレイチェルが行方不明だと警察に報告した。警察がノッティンガムのタナーに連絡をとると（そこはタナーの通っている大学がある）、タナーは、最後にレイチェルを見たのは、一九九一年四月一四日だと話した。オックスフォード駅のプラットフォームで、ノッティンガムへ帰る列車に乗った自分に手を振って別れを告げた姿が最後だった。駅の食堂で会った長髪の若い男性が、レイチェルを下宿のあるアーガイル通りまで車で送ってくれる話になっていたという。

タナーは警察の捜査に協力して、レイチェルを見かけた人が記憶を呼び起こせるようにと、オックスフォード駅での別れを再現したテレビのドラマに出演した。タナーはこの種のテレビの再現ドラマに出演した初めての殺人犯と考えられている。記者会見では、タナーは友人やレポーターにレイチェルと愛し合っていて、結婚するつもりだったと話し、感動を呼んでいた。

だが、警察はタナーがなにか隠しているのではないかと疑っていた。そこで、レポーターに重要な質問をいくつかするように指示していた。たとえば「あなたはレイチェルを殺しましたか？」というような。タナーは薄笑いを浮かべながら感情をこめずに質問に答えた。その答えかたから警察は、タナーがレイチェルの失踪について話したこと以外にもなにか知っているに違いないと確信した。

警察はレイチェルが友だちと共同で住んでいたアーガイル通りの家を捜索した。なにもかもきちんと整っているように見えた。床板がいじられた様子もなく、なにも疑わしいところはなかった。刑事たちは、タナーを逮捕するために使えそうな、あるいはせめてプレッシャーを与えられそうな証拠はないかと懸命に探した。潜水夫はチャーウェル川を捜索し、ほかの警官は近くの低木地を捜索した。

警察は地方自治体に連絡を取り、アーガイル通りのその家に地下室があるかどうかを確認した。回答は、地下室はないが、その通りに面した家のいくつかは基礎を補強したことがあるというものだった。それはつまり、床下に空間があることを意味した。

この情報を手に、警察は五月二日にもう一度その家を捜索した。そしてこのときは、階段の下に隠されたレイチェルの一部ミイラ化した死体を見つけることができた。タナーは階段下の収納庫の床にあった二〇センチメートルのすき間からレイチェルを床下に押しこんで、死体を隠したのだ。レイチェルが亡くなってから一八日経っていたが、死体はほとんど腐敗していなかった。有孔レンガから暖かく、乾燥した空気が入ってきて、皮膚を乾燥させたのだ。

死体の発見によって殺人事件捜査の第一段階は終了する。だが、法病理学者にとってはここが始まりだ。これから、被告に対する証拠を積みあげていくという重要な役割を果たさねばならない。レイチェル・マクレーンの事件で、その任務を受けたのはガイズ病院の法医学教室の長、イアン・ウエストだ。検死のとき、ウエストはレイチェルの喉頭の左側に一センチメートルの打撲傷をひとつ、右側には一センチメートルの打撲傷を四つ見つけた。ウエストはそれらと、彼女の顔面や目に浮き出た点状出血（ごく小さな複数の出血）の写真を撮った。内部検査を行ったところ、喉のなかの喉頭軟骨が折れていることがわかった。それらの外傷はすべて窒息死を示していた。頭部から毛髪の房も一部なくなっていた。ウエストは、レイチェルが首を絞められまいと暴れたときに抜けたのだろうと推定した。

警察が、イアン・ウエストから手に入れた有罪を証明する証拠をジョン・タナーの目の前に示すと、タナーは取り乱し、レイチェルの殺害を自白した。裁判でタナーは言った。「かっとしてレイチェルに飛びかかり、首を絞めてしまいました。自制心を失っていたんだと思います。そのときのことをあとで思い返しても、ぼんやりとした記憶しか残っていないんです」。タナーはレイチェルから浮気をしたと聞かされたあと、彼女を殺したと述べた。殺害後は、死体のそばで一夜を過ごした。朝、レイチェルの死体を隠す場所を探し、死体を引きずって収納庫のすき間に押しこみ、列車でノッティンガムに帰った。タナーは終身刑を宣告された。二〇〇三年に釈放されるとまもなく、故郷のニュージーランドに帰った。

法病理学はジグソー・パズルに似ている。病理学者は死体の外表や内部で見つかった異常な要素を分類し、それらの情報のかけらから、過去を再構築しようとする。大昔から、人々は自分たちが気にかけていた人々がなぜ死んでしまったのか理解したいと考えてきた。検死《オートプシー》という言葉の語源は古代ギリシャの「自分自身の目で確かめる」という言葉である。検死は深遠な好奇心を満たすための医学的な試みなのだ。

最初の法医学的解剖として知られているものは紀元前四四年に行われた。ユリウス・カエサルの医師は、皇帝が受けた二三箇所の刺し傷のうち、一本目と二本目の肋骨のあいだを刺した、たったひとつの傷が致命傷になったと報告した。数世紀後、ギリシャの医師ガレノスはおもにサルやブタの解剖に基づいて作成したレポートを発表し、非常に大きな影響を及ぼした。粗削りな報告だったにもかかわらず、ガレノスの人体の解剖学的構造に関する理論は議論されることもなく受け入れられ、アンドレアス・ヴェサリウスが一六世紀に正常な構造と異常な構造を比較し始めたときまで使われ続けた。アンドレアス・ヴェサリウスは近代病理学、疾患の科学への道を拓いた。

ヴェサリウスは、一五四三年に解剖学に関する画期的な本『ファブリカ』（うぶすな書院）を出版したとき、この本を当時の神聖ローマ皇帝、カール五世に捧げた。この皇帝の治世には法医学の画期的な出来事がもうひとつあった。神聖ローマ帝国の歴史で初めて、犯罪についての訴訟手続きのルールが法制化されたのだ。このルールによって重大な犯罪の種類が規定され、魔女の火刑が許可され、重犯罪の取り調べや調査の命令権限が法廷に初めて与えられた。これらはひとまとめにしてカロリーナ刑法典として知られているが、法医学的に重大な項目は、殺人が疑われる事件では、裁判官に外科医への相談を義務づけたことだった。

この法典はヨーロッパ大陸の多くの国々に採用され、医学文献を著した人々は法廷で自らの専門知識を示したがるようになった。これらの著者のひとりがフランス人の床屋外科医［訳注：中世のヨーロッパでは、理髪師が簡単な外科処置を行っていた］で、ときに〝法病理学の父〟とも呼ばれるアンブロワーズ・パレだった。パレは暴力による死が内臓に及ぼす影響について書き、落雷死、溺死、窒息死、毒死、脳卒中死、幼児の虐待死の徴候を説明し、生きているときに受けた傷と死体につけられた傷を見分ける方法を示した。

人体の働きについての理解が深まるにつれ、この学問分野への理解も進んだ。一九世紀には、アルフレッド・スウェイン・タイラーが法病理学に関する文献を大量に著し、英国とほかの国々においてこの分野を近代化させた。タイラーの本のなかでもっとも重要なテキストは『医学法律学の手引き』（一八三一年）で、これは彼の生存中に一〇版まで出版された。一八五〇年代半ばまでにタイラーは、五〇〇件を超える科学捜査について意見を求められたが、彼の経験は法医学者たちも私たちと同じく、ときに誤りを犯すということを早くも示していた。

一八五九年、トーマス・スメサースト医師が、オールド・ベイリーと呼ばれている英国中央刑事裁判所で裁判にかけられた。彼の愛人イザベラ・バンクスの毒殺で告発されたのだ。裁判で、スウェイン・タイラーはスメサーストが持っていた瓶にはヒ素が入っており、これが有罪の証拠だと証言した。スメサーストは有罪になり死刑の宣告を受けた。のちに、スウェイン・タイラーは間違った方法で検査を行い、その瓶にはヒ素がまったく入っていなかった可能性があることが明らかになった。イザベラ・バンクスはずいぶん前から　病気にかかっており、その病気で自然死した可能性が高かった。スメサーストは特赦されたが、重婚の罪で一年間の実刑に服さねばならなかった。『ランセット』誌と『タイムズ』紙はスウェイン・タイラーと殺人の判決を強く批判し、法病理学は〝野蛮な科学〟という汚名を着せられた。この事件は何年ものあいだ、法病理学に暗い影を落とした。

対審制度を採用している英国の裁判の芝居がかった性質からすると、この分野が評判を回復するために必要なのは、カリスマ性を漂わせた誰かが能力を示すことだった。そんな魅力をたたえたカリスマが現れた。その名はバーナード・スピルズベリー。ハンサムで説得力のある話し手であるスピルズベリーは、公の場に現れるときはつねに、シルクハットに燕尾服、ボタン・ホールには花、足元にはシューズ・スパッツ［訳注：足首から靴の上を覆う男性用の装身具］という正装だった。しかも腕はぴか一だ。両手利きの手で死体をすばやく正確に調べた。そして調べた結果を日常的なわかりやすい言葉で説明した。

陪審員と一般市民は、スピルズベリーを愛した。マスコミはスピルズベリーを固い岩にたとえ、その岩の上で法律は不道徳な殺人者の嘘を叩きつぶすことができると評した。一九四七年にスピルズベリーが亡くなったとき、『ランセット』誌は「誰もが認める比類なき、偉大な法医学の専門家」と記した。スピルズベリーは検察側の証人として二〇〇を超える殺人事件の裁判で証言した。

スピルズベリーが初めて大衆の注目を集めたのは、一九一〇年に、ホーリー・ハーヴェイ・クリッペン博士のセンセーショナルな裁判で、専門家として証言したときだった。米国人のホメオパシーの専門家で特許薬のセールスマンだったクリッペンは、ミュージックホールの歌手だった〝ベル・エルモア〟という芸名の妻コーラとカムデン・タウンに住んでいた。結婚生活は困難に満ちていた。そしてふいにコーラの姿が見られなくなった。クリッペン博士は友人たちにコーラは死んだとか、キャリアを伸ばすために米国に行ってしまったとか、さまざまな話を聞かせた。友人たちは不審に思い、警察に行った。警察はクリッペンを尋問し、家宅捜査を行った。だがなにも見つからなかった。しかしその捜査でクリッペンは慌てふためき、十代の愛人エセル・ル・ネーヴとカナダ行きの汽船〈モントローズ号〉に乗りこんで逃亡をはかった。ル・ネーヴは少年のような服を着て、クリッペンの息子のふりをしていた。

クリッペンたちの逃走によって、警察はふたたび疑いの念をかき立てられ、もう一度クリッペンの家を捜査したが、やはりなにも見つからなかった。それでも警察は疑いを消せず、三度目の捜査を開始し、地下室のレンガの床を掘り返した。このとき、男性のパジャマの上着にくるまれた人間の胴体の残骸らしきものが見つかった。

いっぽう、〈モントローズ号〉の船長は、船に不審な乗客がふたり乗りこんでいることに気づいて

英国中央刑事裁判所の被告席に立つホーリー・クリッペン博士と愛人のエセル・ル・ネーヴ。クリッペンは殺人の有罪判決を受け、死刑を宣告されたが、ル・ネーヴは釈放された。

おり、船が通信圏外に出てしまう前に英国当局に次のような無線電文を送った。「一等船客のなかにロンドン地下室殺人犯クリッペンとその共犯者がいると強く疑われる。口ひげを剃りあごひげを伸ばしている。共犯者は少年のような服装だが、態度や体つきは間違いなく若い女性である」。ロンドン警視庁《スコットランドヤード》刑事捜査部のデュー警部は〈モントローズ号〉より速い船に乗り、先まわりしてカナダの土を踏み、ドラマの一場面のようにふたりが到着したと同時に逮捕した。これは無線通信を使って初めて犯人を逮捕した事件だった。

　警察は死体を調べるためにロンドンのセント・メアリー病院のある外科医を呼んだが、その外科医は若いスピルズベリーにこの事件を担当させた。スピルズベリーはコーラ・クリッペンの医療記録をじっくり調べて、コーラが腹部の手術を受けていたことに気づいた。検死では死体の性別は明らかにならなかったが、スピルズベリーはわずかな毒性化合物を発見した。

　クリッペンの裁判でスピルズベリーは、コーラ・クリッペンのものと思われる胴体から取り、ホルムアルデヒドに漬けて保存された曲線の傷跡がついている皮膚の一部を示した。スピルズベリーはそれをガラスの皿にのせて、陪審員たちのあいだにまわした。スピルズベリーは隣の部屋に顕微鏡を据えて、陪審員たちが皮膚組織の標本を調べられるように準備していた。弁護士側の病理学者は、成長している毛包があることから、その組織は皺《しわ》の寄った皮膚で瘢痕《はんこん》組織ではないと異議を唱えた。それでも、陪審員たちはスピルズベリーを信じた。クリッペンは薬を飲ませて妻を殺害した罪で有罪となった。彼はロンドンのペントンヴィル刑務所で絞首刑に処され、本人の希望でル・ネーヴの写真とともに埋葬された。ル・ネーヴは起訴されたが、事後従犯であるということで無罪になった。

クリッペン事件の標本はロイヤル・ロンドン病院にまだ保存されていて、二〇〇二年にバーナード・ナイト教授がそれを調べた。ナイト教授は明確な瘢痕組織の徴候を認めることはできなかった。その組織片の直近のＤＮＡ検査では、コーラ・クリッペンの何人かの子孫のＤＮＡとは一致せず、その死体

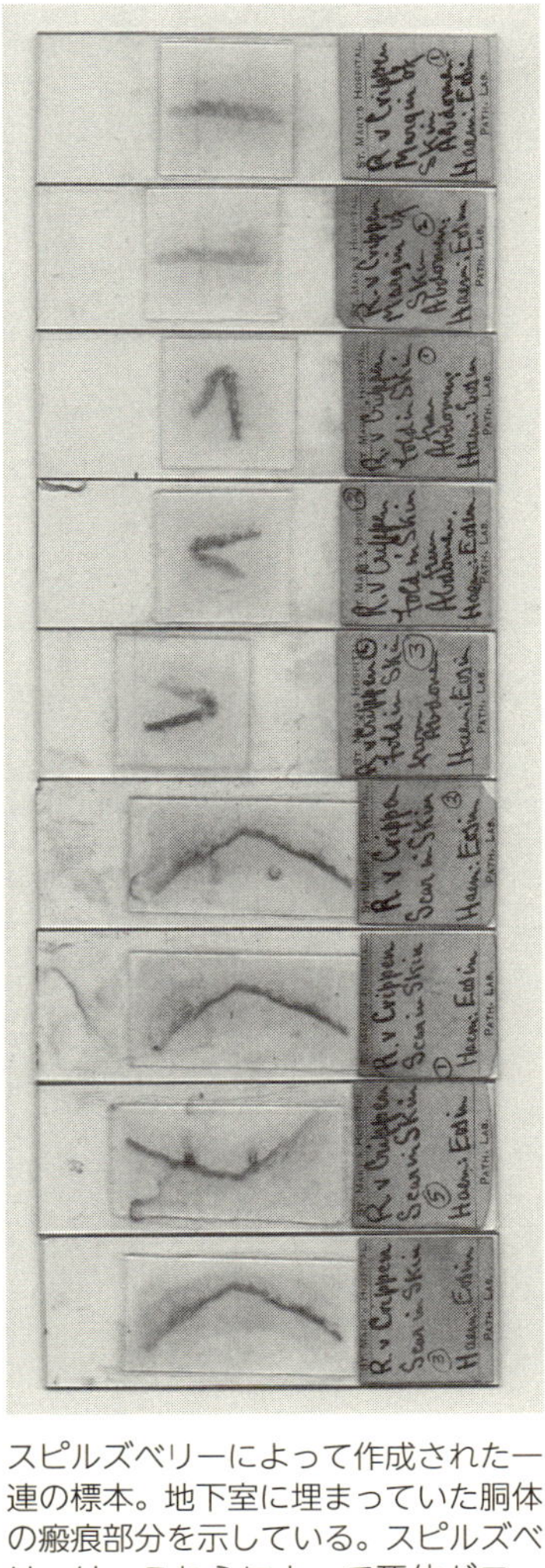

スピルズベリーによって作成された一連の標本。地下室に埋まっていた胴体の瘢痕部分を示している。スピルズベリーは、これらによって死体がコーラ・クリッペンのものであることが示されたと言ったが、ほかの病理学者は反対意見を唱えた。

の一部は男性のものであることを示しているという。皮肉なことに、法病理学の旗手として一般市民に認められるきっかけになったこの事件で、スピルズベリーは大きな間違いを犯していたようである。

クリッペンが絞首刑になってから五年後、スピルズベリーは別の異常な事件を扱った。このとき、ＤＮＡ鑑定もほかの現代的な法医学的技術も、スピルズベリーが事件を解決する役には立たなかった。一九一五年一月三日の日曜日、バッキンガムシャーの、チャールズ・バーナムという果物農家の男性が、お茶の入ったマグカップを手に『ニューズ・オブ・ザ・ワールド』紙を広げていた。三ページ目にあるヘッドラインを見て、バーナムは心の底から驚いた。「浴槽で死亡――結婚式の翌日に新婦が悲劇の死」。その短い記事によると、マーガレット・ロイドという女性が北ロンドンのフラットで死亡しているのが見つかったという。「医学的な証拠から、インフルエンザと熱い風呂の組み合わせによって失神発作を引き起こしたとみられる」と記事は結論づけていた。チャールズ・バーナムの娘も、ほぼ一年前に、結婚式のすぐあとブラックプールの風呂で死亡したのだ。バーナムは警察に連絡し、マーガレット・ロイドの夫がジョージ・ジョセフ・スミス、つまり娘のアリス・バーナムがかつて結婚していた男性であることを知った。

警察は墓から掘り出したマーガレット・ロイドの検死をスピルズベリーに依頼した。その後、スピルズベリーはブラックプールに向かい、アリス・バーナムの検死を行った。このあと、警察は三番目の女性、ベシー・ウィリアムズの事件を見つけだした。ベシーはジョージ・スミスと結婚していたが、一九一二年七月一三日にケントの自宅で非常によく似た状況で亡くなっていたのだ。

検死官は最初の二件の溺死について事故死と評価していたが、警察が改めて調査したところ、スミスはすべての妻の死によって金銭的な利益を得ていたことがわかった。スミスは、マーガレットとアリスの死によって生命保険契約からそれぞれ七〇〇ポンドと五〇六ポンドを受け取っていたし、ベシーからは信託金二五〇〇ポンド（いまの価値で約一九万ポンド）を受け取っていた。これでパターンは読めた。警察はスミスを逮捕した。

結婚式当日のジョージ・スミスとベシー・ウィリアムズ。のちにベシーはスミスの最初の犠牲者となった。

スピルズベリーはマーガレットとアリスの死体から、暴力や毒、心臓発作の徴候を見つけられなかった。ベシーについては、太もも部分に〝鳥肌〟が立っているのを見つけた。これはときおり溺死の徴候として見られるものだ（だが、死後の腐敗によっても生じる）。スピルズベリーはベシーの死体を最初に調べた一般医のメモを読み、ベシーが石鹸のかたまりを握りしめていたことに気づいた。

スピルズベリーは三つの浴槽すべてをケンティッシュ・タウン警察署に運びこみ、三つを並べて仔細に調べた。とくにベシー・ウィリアムズの事件が不可解だった。死ぬ少し前、ベシーはスミスにつれられて医者に行き、てんかんの症状について話をした。スミスから自分が痙攣《けいれん》発作を起こすと言われているが、それを覚えていないし、家族にてんかん患者はいないという。スピルズベリーはこのてんかん発作の話に納得がいかなかった。ベシーは身長約一七〇センチメートルででっぷりした体格だった。ベシーが亡くなった浴槽は長さがちょうど一五〇センチメートルで頭部の部分はゆるいカーブになっていた。スピルズベリーは、てんかん発作の初期は体が完全に硬直するということを知っていた。彼女の体格とこの浴槽の形から考えると、てんかん発作が起こったのなら、ベシーの頭は水中に沈むのではなく水上に出るはずだ。

てんかん発作がベシーの死に関係していないとすれば、なにが原因だったのか。スピルズベリーはさらに調査を進め、鼻と喉に急に水が入ると生命維持に必要な脳神経と迷走神経が阻害され、ふいに意識不明になり、すみやかに死にいたるということを知った。この珍しい事象のあとによく見られる影響は、即時の死後硬直であり、これでベシーが石鹸のかたまりを握りしめていたことの説明がつくとスピルズベリーは考えた。

前述の病理学者アルフレッド・スウェイン・タイラーは一八五三年に、被害者は必死に息をしようと抵抗するので、打撲傷を残すことなく成人をひとり溺れさせることなど不可能だと記述した。それ以来、その主張に異議を唱える者は現れていなかった。

ニール警部補は裁判の前に一連の実験を実施することを決め、いかにしてその女性たちが死亡したかについて、スピルズベリーの理論を検証した。ニールは浴槽で水に沈められまいと抵抗する役割をする女性の志願者を見つけた。最初の志願者は水着に身を包んで湯の張られた浴槽に浸かり、浴槽の側面をつかんで沈められまいと抵抗した。だが、ニールがいきなり足首をつかんで両足を持ちあげるとその女性は水に沈み意識を失った。医師が数分かけて意識を回復させた。女性が生きていたのは幸運だった。スピルズベリーがこの実験を思い立ったわけではないが、そうなるだろうと予測していたため、この実験結果で彼の評判は確実にあがった。

ジョージ・スミスはベシー・ウィリアムズの殺人の容疑で裁判にかけられた。裁判で話すスピルズベリーには強い説得力があり、陪審員はあっというまに彼の味方についた。陪審員らがスミスの有罪を確定するまでの審議時間は二〇分だった。スミスはメイドストーン刑務所で絞首刑に処せられた。

スミスは弁の立つ詐欺師で、ロンドンのイーストエンドで初めて盗みを働いたのは九歳のときだった。成長すると、金の指輪と明るい色の蝶ネクタイをつけて、女性によい印象を与え、彼女らから利益を得た。第一次世界大戦の初期の影響でただでさえ男性の数が減っていたのに加えて、当時の若い英国人男性の多くが植民地に移住してしまったこともあり、一九一五年の英国は女性が五〇万人も超過している状態で、スミスに多くの獲物を提供することになったのだ。新聞報道で大きく報じられた「浴室花嫁殺人事件」と呼ばれる事件に、当時の大衆は強く引き寄せられた。多くの記者が「科学者、連続殺人犯を打ち負かす」というような見出しの記事を狙って、捜査のあいだじゅうスピルズベリーを取材していた。彼の人気はその生涯でとどまることなくあがり続けた。

バーナード・スピルズベリー、人あたりのよい高名な病理学者。彼の証言によって何百人もの犯人に有罪判決が下されたが、彼が下した結論にはのちに疑問を呈されたものもある。

スピルズベリーが担当した事件の多くはは夫が妻殺しの罪に問われるものだ。このような女性たちの死の裏側にある真実が、科学の進歩によって明らかにされるようになるまでに、どれほど多くの犯人が罪を逃れてきたのかを考えると背筋が寒くなる。スピルズベリーは、凶悪な殺人者たちが正義を免れたり、犯行を繰り返したりしないよう、人生を賭して、無防備な被害者たちの身体に残された秘密の手がかりを読み解くヒーローとして、新聞などに写真を掲載されることが多くなった。一九二三年、そのイメージはナイトの称号によってさらに強まった。一年後、もうひとつの事件で彼の評判はさらに確固としたものになった。

一二月五日、エルシー・キャメロンは北ロンドンの家を出て、サセックスのクロウバラで養鶏農家を営んでいる婚約者のノーマン・ソーンのもとを訪れた。ふたりは二年間婚約関係にあったが、ソーンはそのころ新たな恋人と付き合い始めていた。

一九二五年一月一五日、警察は農場の鶏の飼育場に埋められたエルシーのバラバラにされた身体と、ビスケットの缶に入っていた頭部を発見した。ソーンは最初、エルシーはきていないと警察に話したが、死体が発見されてからは証言を変え、家にやってくると妊娠したから結婚してくれと言われたと話した。ソーンの証言では、そのあと家を出て、二時間後に戻ってくると、エルシーが天井から首を吊っていたという。自殺だと思ったソーンは死体を隠そうとして四つに切断し、農場に埋めたのだ。

スピルズベリーは一月一七日に検死を行い、検死官への報告のなかで、エルシーは暴力によって、おそらく殴られたあとに死んだと述べた。スピルズベリーは八箇所の打撲傷の痕跡を見つけた。そのうちのひとつはこめかみにあり、表面からは見えないが解剖したときに明らかになった。首を吊ったことを示す首まわりのロープの痕《あと》は見つからなかったため、スピルズベリーは首の組織片を採取しなかった。首にふたつのなにかの痕があるのに気づいたが、単なる自然な皺だろうと考えた。死因審問で、検死官は六週間経った死体を調べることは可能なのかと尋ねたが、スピルズベリーは、腐敗は問題がなかったと請け合った。訴えられた男、ノーマン・ソーンは死体の表面に打撲の痕がなかったためにその報告に異議を唱え、二回目の検死を実施させることに成功した。

エルシーの死体は二月二四日にふたたび掘り出され、スピルズベリーが見守るなか、ロバート・ブロンテが検死を行った。検死は昼間の明るい光のもとで、または電気の灯りをつけた霊安室で行われるものだ。だが、エルシーは夜中から朝九時にかけて、墓地にあるぼんやりと照らされたチャペルのなかで、大勢の見物人と記者たちの目前で掘り出された。棺桶は水浸しで、死体はスピルズベリーが検死を行ってから一か月経っていて、腐敗が進んでいた。けれども、ブロンテは首になにかの痕があるのを見て、組織を採取して分析に回した。

ノーマン・ソーンの裁判は五日間続いた。相手側の病理学者は打撲について異を唱えた。検察から死体の表面になにか痕はあったかと訊かれると、スピルズベリーは「まったくなにも」と答えた。弁護側の病理学者J・D・カッセルズは、ソーンがロープを切って梁からエルシーの身体をおろしたとき、エルシーはまだ生きていたが、床に落ちて打撲し、ショック状態で一〇分から一五分後に亡くなったのだと主張した。そのため、血流の循環でロープの痕が消えたのだという。またカッセルズは、スピルズベリーが首の組織を顕微鏡で検査しなかったことを非難した。

スピルズベリーは、エルシーの顔面にふたつの決定的な打撲痕があることから、現場のすぐ近くで見つかった瓶型の棍棒《こんぼう》状のもので殴られて死亡したと証言した。いつもの断固とした法廷での態度そのままに、その結論の不確実さをいっさい認めようとはしなかった。それでも、二年前の講義でスピルズベリーは、医学的な証拠は反対尋問によって厳しく検証されるべきであり、「そういうときに、医師は自分の誤りに気づくのです」と述べていた。

裁判のあいだずっと、裁判官はスピルズベリーを「生きているなかでもっとも偉大な病理学者」と呼び、陪審員に、スピルズベリーの証言は、「得られるなかで間違いなく最良の見解」だと話した。陪審員らは三〇分足らずで有罪という評決に達した。一部の人々は、病理学者の示す証拠の複雑さ、とくにエルシー・キャメロンが暴力的な死を遂げたことを示す徴候はないという事実を、陪審員は認識していなかったのではと感じていた。スピルズベリーの自信満々の結論を受け入れた陪審員について懸念を示した者のひとりが、ノーマン・ソーンの近くに住んでいたアーサー・コナン・ドイルだった。コナン・ドイルは、『ロー・ジャーナル』誌に次のように書いている。「ローマ教皇の言葉もここまで妄信されないだろうというほどの熱意で、陪審員たちにただちに意見を支持され、バーナード卿はいくらか面食らったに違いない」

ノーマン・ソーンはエルシー・キャメロンの殺人によりワンズワース刑務所で絞首刑に処されたが、最後まで無実を訴えていた。死刑の前夜に父へ宛てた有名な手紙のなかで、ソーンはこのように書いている。「いいんだ、父さん、心配しないで。ぼくはスピルズベリー主義の犠牲者のひとりなんだ」

歴史家のイアン・バーニーとニール・ペンバートンによると、ソーンの裁判で注目を集めたのはライバルどうしのふたりの病理学者の証言だった。スピルズベリーは有名病理学者で、法廷にドラマティックに登場し、自身が握るメスと直感を頼りにしていたが、いっぽうブロンテは研究所を拠点とする病理学者で、最新の科学捜査技術を頼りにしていた。歴史家たちはこう主張している。スピルズベリーの死体保管所や法廷での「妙技」は、「現代的で客観的な専門分野としての法医病理学の土台を崩してしまう恐れがあった」

アンドリュー・ローズは自ら著した『死を招く証人』（二〇〇七年）で、スピルズベリーは少なくとも二回の誤審と、それより多くの疑わしい評決を引き起こしたことを示唆している。ときに薄弱な証拠に基づいて有罪判決が下されることがあった。なぜなら、バーナード・スピルズベリーがある男のことを有罪だと言えば、陪審員たちはその男は有罪に違いないと信じてしまったからだ。二万件を超える検死の報告書のいくつかで、スピルズベリーは自分の説と合わない証拠を公表していないことがあった。

たとえば、一九二三年、スピルズベリーの証拠によって、アルバート・ダーンリーというひとりの若い兵士が親友を縛りあげて窒息させた罪で有罪の判決を下された。殺人の有罪判決を受けて、絞首台まであとたった二日というとき、刑務所の所長はダーンリーが女性の友だちに宛てて書いた手紙を読んだ。刑務所長はその手紙の調子に不安を覚え、内務省を説得して死刑を延期させた。

ちょうどそのとき、真実が明らかになった。男の死は殺人ではなく、同性愛者のＳＭプレイの最中に起こった偶発的な窒息死だったのだ。スピルズベリーは、同性愛を嫌悪していることで有名で、真実にうすうす気づいていたが、自分の主張を曲げようとはしなかった。その兵士は性的倒錯者で死刑という運命に値すると考えていたからだ。

それでもなお、一九四七年に、スピルズベリーがうつ病と病弱な身体に対する長い戦いの末に、ユニヴァーシティ・カレッジ・ロンドンの自身の研究室で毒ガス自殺をしたとき、スピルズベリーをその時代のもっとも偉大な病理学者として称えたのは『ランセット』誌だけではなかった。何倍も大きなおべっか使いの声によって異議を唱える人々の声はかき消された。スピルズベリーのイメージは死後にだんだんと色あせていくにとどまった。一九五九年にようやく、彼と同時代の法病理学者シドニー・スミスが次のように記した。「第二のバーナード・スピルズベリーが決して現れないことを願う人もいると思われる」

ディック・シェパードは、こんにちの英国で最良の法病理学者であり、この分野を牽引するひとりである。しかし、シェパードは、自分は法廷で派手なパフォーマンスを見せるセレブではないという信条を持っていて、けっしてそうなろうとはしない。たとえ、検死を行った人物たちの名簿に注目に値する人々がいたとしても。シェパードは、ダイアナ妃やＢＢＣの女性キャスターだったジル・ダンドーから米国の九・一一テロ事件の犠牲者まで、近年のもっとも有名な死者の幾人かを検死してきた。だが、彼にとってはどの事件も同じだ。検死は「中立的かつ科学的に事実を獲得する」ためのものであり、被害者が誰であろうとそれは変わらない。

朝、ディック・シェパードを目覚めさせるのは死者ではなく生者である。「私が惹きつけられるのは、相互のつながりです。つまり、警察や裁判官や、そのほかの人々と一緒に働くことですね。問題を調べ、理解し、読み解いて、その情報をほかの人々に引き渡す。自分が行っている破壊的な行為と自分自身とは切り離しておかねばなりません。それに、それをするのは亡くなった人の家族のためだということも忘れてはいけません。家族が死の真相を理解したからといって、それが実際に彼らの役に立つわけではないのですが、真実があれば、それに目を向け気持ちを整理することができます。誠実さを失えば、法医学は道を誤ります。ときに、家族に苦痛を与えたくないという思いから事実を隠す人もいます。でも、そんなことをしてもうまくいくはずがありません」

必要不可欠な最初の検死の前に、病理学者が事件についてどの程度知っておくべきかというのは、慎重に扱うべき問題だが、これの決定権は警察にある。病理学者が知りすぎると偏った目で検死が行われるかもしれない。知らなすぎると、なにか重要なものを見落とすかもしれない。ディック・シェパードは次のように説明している。「ほかの人によって情報の選別が行われると、情報の重大な部分が抜けていることがあります。それが、裁判でふいに飛び出してくると、『うわ、しまった』という瞬間がやってくるのです。そういうとき、弁護士はこう尋ねてきます。『このことを聞かされていたら、別の意見になっていたのではありませんか？』、『ええ、そうでしょうね』、『ありがとうございます。ドクター・シェパード』。弁護士はしてやったりという笑みを浮かべて腰をおろします」。そして、検察側は落ち着きをなくす。

スピルズベリーは、被告側弁護士の得意げな笑みをめったに目にすることはなかった。その理由のひとつは、ほとんどいつも、扱う事件の背景情報をよく知っていたからである。

このところ、ディック・シェパードが警察や検死官の事務所から電話を受けるとき、犯行現場に呼ばれることはめったになく、もっぱら死体保管所に呼ばれることが多くなった。飛沫血痕やＤＮＡ鑑定などさまざまな専門分野の科学者が、かつて法病理学者が担当していた犯行現場での証拠集めのほとんどをしてくれるからだ。死の現場では、若手のＣＳＩが毛髪や繊維やほこりなどの痕跡証拠が落ちないよう、また汚染を防ぐために死体を袋に入れる。

もちろん現場に行くこともあり——「ときには現場を見ることが非常に有用なこともあります。特別な捜査をするためというより、シナリオを解釈するのに役に立つのです」——死体の位置や凶器や指紋、侵入口や出口などほかの証拠との位置関係を観察する。シェパードは、証拠の紛失や汚染にかなり気を配らねばならない。そのためよほどのことがないかぎり、死体に触れたり動かしたりすることはない。最近担当した事件では、階段の下で倒れていた女性を、警察は階段からの転落死とみていた。ディックは現場に出かけ、「もし死体が移動されたのであれば、彼女がどこにどのようにして横たわっていたかを調べました。検死時は、見つけた傷が階段から落ちてどこかにぶつけてできたものだと思っていました。けれど、現場に行ってみると、死体の側面にできた擦り傷は外の通りにいたときについたものだという説明がついたのです」

刑事たちはいつも死亡推定時刻を知りたがる。その情報で容疑者のアリバイを揺るがし、崩し、ときには裏づけることができるからだ。死後経過時間が長くなるほど、死亡した時間を正確に推定するのは難しくなる。推定時間の幅が狭いほど、捜査に有用なものとなる。

ディック・シェパードのような病理学者は死体を調べるとき、性的暴行を疑う理由がないかぎり、最初に直腸温を測定する。性的暴行が疑われるときは、温度計を腹部に突き刺す。かつては、死体は周囲の温度に達するまで一時間ごとに一度ずつ体温が下がっていくと考えられていた。たとえば、二〇度の室内で平均体温が三七度の人が死んだとすると、死亡時間が推定できる時間枠は一七時間である。だが、調査によって、次のような変動しやすい重大な要素がいくつかあることがわかった。痩《や》せている死体は太った死体より速く温度が下がる。表面積が大きいほど、冷却プロセスは速まる。死体の手足が広げられていたか、うずくまっていたかも影響する。服装も体温低下に影響を及ぼす。日陰か日向か。川の浅瀬か河原か、なども同様だ。とはいえ、早期に注意深く体温を測ることは検死の始まりとしては有用なことであるし、病理学者はノモグラムと呼ばれている複数の軸で描かれたグラフを用いて、周囲温度や体重などの変動しやすい要素を考慮することができる。

ディックが次に目を向けるのは、死後硬直だ。これこそ、〝硬い〟という意味のスティフ（stiff）が〝死体〟を示す俗語になった、気味の悪い由来である。硬直はサイクルが広く認識されている現象で、死後約二日間は病理学者の役に立つ。死後当初、死体は完全に弛緩《しかん》するが、三、四時間経つと、瞼《まぶた》、顔、首の小さな筋肉から硬直が始まる。硬直は上から下、頭部から足先へ、より大きな筋肉へと進行していく。一二時間後、死体は完全に硬直し、約二四時間、死の体位で固まったままになる。その後、筋肉が徐々に弛緩していき、始まった順番、つまり小さな筋肉から大きな筋肉へと硬直が解けていく。一二時間ほど経つと、すべての筋肉は完全な弛緩状態に達する。

しかし、この過程が死後硬直として充分に実証されているとしても、死亡時刻の指標としては非常に不完全なものである。周囲の温度が高くなるほど、このサイクルの各ステップが速く生じる。また、死体を曲げたり伸ばしたりすると、筋肉の線維が切れ、硬直が起こらなくなるが、これは捜査を混乱させるために殺人犯が用いる方法である。

死後硬直のあとには、地球上での死体の時間としてはもっとも威厳のない段階が続く。〝腐敗〟は魅力的な現象ではないかもしれないが、法病理学者は職務を適切にこなすために、この課程と親密になっておかねばならない。最初に、大腸の細菌が〝自己消化〟のプロセスを開始すると、それにつれて腹部まわりの皮膚が緑色を帯び始める。身体じゅうで細菌が増殖するにつれ、タンパク質がアミノ酸に分解されガスが生じ、死体を膨張させる。膨張は顔の造形から始まり、眼と舌が突き出てくる。

次に、赤血球が壊れてヘモグロビンが放出されるため、網目状の血管がマーブル模様のように浮きあがってくる。ガスは腹部を膨らませ続け、最後には流出するが、それはときに爆発するように流れ出てひどい臭いを放つ。そのころには、死体は緑がかった黒に変わり、鼻や口から体液が流れ出て、皮膚は〝腐りかけの巨大なトマト〟のようにはがれ落ちる。

そのあいだじゅう、内部器官は〝自己消化〟の助けを借りて、消化器から肺、そして脳へと徐々に液状化していく。ハエが目や口、開いた傷口など、死体の開口部に卵を産みつけると、孵化した蛆虫は肉を切り裂き続ける。

科学者は、死後経過時間を測定するために、さまざまな異なった方法を研究し、技術に磨きをかけてきた。しかし、法医人類学者のスー・ブラックは、これがいつも問題を簡潔にしてくれるとはかぎらないと言う。「情報を多く得れば得るほど、死亡時刻の推定が困難であることを思い知らされます。ふたつの死体が同じように同じ速度で腐敗していくことはないのです。一・八メートルほどしか離れていないふたつの死体でも、それらはまったく異なる流儀で腐敗します。それは死体の脂肪の量のせいかもしれないし、使っていたドラッグや飲んでいた薬のせいかもしれない。身につけている服の種類のせいかもしれない。あるいは別の死体よりハエを寄せつける独特の臭いを放っているせいかもしれない。なんだって影響を及ぼしうるのです」

頭痛のするような変動しやすい要素に戦いを挑むひとつの方法は、新たな手段を開発することだ。それが、テネシー大学の人類学研究施設が長い時間をかけて行ってきたことである。〝死体農場〟という名前でよく知られているこの施設は、腐敗を研究するために一九八一年にウィリアム・バースによって設立された。人体の腐敗と死体が環境といかに相互作用するかを系統的に研究するための最初の施設である。毎年、一〇〇人を超える人々の死体が死体農場に献体され、それらはさまざまに異なる条件に置かれ、腐敗するままに放置される。こうして研究者は、次のような一般的な経験則を導き出した。地上に置かれた死体の一週間は地中の八週間、水中の二週間に相当する。

テネシー大学法医人類学の准教授アールパード・ヴァースは、死後経過時間を推定する新たな方法を開発している。〝腐敗臭気分析〟では、腐敗のさまざまな段階で死体から発生する四〇〇ほどの明確な気体の同定が期待されている。多様な状況のもとで、それらの気体が発生するタイミングを知り、死体でそれらの気体を計測できれば、いままで可能であったよりもさらに正確な死亡時刻が割り出せるようになる。

死体農場などの研究施設で得られた研究の結果は、学術誌や研究論文などを通じて実践的な法科学の世界へと徐々に浸透していき、病理学者らはそうやって得た知識を用いて、より良好な証拠を犯罪捜査に提供することができる。病理学者がそれらの知識をもっともよく用いるのは死体保管所や病院で、目的は検死に絞られる。いかにして、そしてなぜその人は死んだのか。自殺か、他殺か、事故か、老衰か、それとも解明不能なのか。簡単に答えが出てくることなどほとんどない。誰かの頭を銃弾が貫通していたとしても、それは自殺かもしれないし、殺人かもしれないし、事故かもしれない。死体保管所に入ったとき、法病理学者は広い範囲に関心を向ける。そのあと徐々に小さな細かい部分へと焦点を絞っていき、その後それらのディテールを結果に盛りこむために、ふたたび視野を広くして全体を見る。検死の一般的な手順は、前世紀の初頭からほとんど変わっていない。

死体保管所に死体が到着すると、ディック・シェパードは写真を撮ろうと準備を整える。助手が輸送のために収められていたバッグから死体を出し、痕跡証拠が残っていないか、そのバッグを調べる。ディックは死体の衣服を脱がせると、それを写真に撮り、袋に入れて記録する。その後、毛髪を抜き、指の爪に挟まっているものをこそげ落とし、生殖器を綿棒でぬぐうなどして生体試料を採取する。このときになってようやく、慎重に指紋を採取する。指紋を取るために拳を無理やり開くと、死後硬直によって固く握られていた拳のなかにある、ごく小さな痕跡証拠を危険にさらすことがある。

そのあと、死体を洗い、見つけた傷痕やあざ、入れ墨、珍しい身体的な特徴はすべて記録する。「調べる順序は病理学者によってさまざまです」ディックは語る。「私は頭部から始めて、いつも左側から調べます。つまり頭部、胸部、腹部、背中、左手、右手、左足、右足というように。ひとまわりするあいだに、傷をすべて記録し写真に撮ります。パブで喧嘩をして亡くなった死体に二センチメートルの打撲が九七〇個あるときなどは、さすがに気がめいります。両足に無数の打撲傷があったと報告すればいいじゃないかって？　とんでもない」。単純とはいえない事件では、記録によって裏打ちされた厳格な調査方式が非常に重要なものになる。たとえば次に説明する、浴槽で亡くなったもうひとりの英国人女性の事件のように。

一九五七年五月三日午後一一時、ブラッドフォード出身の看護師ケネス・バーロウは緊急通話番号九九九番に電話し、妻が浴槽で意識を失っていると伝えた。ケネスは妻を浴槽から引っぱり出して、長いこと蘇生を試みたという。また、その晩、妻は熱を出して嘔吐し、苦しんでいたという話もした。捜査官らはキッチンで使用済みの注射器を二本発見し、不審に思った。ケネスは膿瘍《のうよう》を治療するためにペニシリンを使ったと説明した。検査でペニシリンの存在が確認された。

だが、病理学者のデイヴィッド・プライスは疑いを持ち続けていた。検死のとき、デイヴィッドはバーロウ夫人の皮膚を拡大鏡で隅から隅まで調べた。ついに、夫人の臀部《でんぶ》の左右にひとつずつ、注射針と一致するふたつのごく小さな穴を発見した。ケネスが説明した妻の苦しんでいた様子は低血糖症（血糖値が異常に下がった状態）に見られる徴候であったことから、デイヴィッド・プライスはケネスが妻に致死量のインスリンを注射したのではないかと考えた。当時、インスリンのための試験はなかったことから、プライスはバーロウ夫人の臀部にある注射痕周辺の組織を採取し、マウスにその組織を注射した。マウスはまもなく低血糖症で死んだ。バーロウは殺人罪で有罪になり終身刑が言い渡された。

死体の外表を細心の注意を払って調べたあとは、内部検査を開始する。病理学者は内部の傷だけでなく、自然死を引き起こしうる病気も探す。ディック・シェパードは死体の両肩から鼠蹊部《そけいぶ》へY字に死体を切り開き、肋骨と鎖骨をノコギリで切り、胸郭を取り除き、心臓と肺を露出させる。頸部を調べ、首を絞められたことを示唆する折れた軟骨などがないか探す。その後、臓器をひとつずつ（肝臓など）、またはひとまとめに（心臓と肺など）取り出し、表面を調べ、切開して内部も調べる。臓器は標本を保存する。「いまでは、内務省は、どの事件の死体であれ、主要な臓器はすべて顕微鏡で検査するように主張しています。それがたとえ野球のバットで頭を殴られた一八歳の子の事件でも」。念には念を入れよということだ。これはありがたく思うべきであろう。ディックはそれらの標本を研究所に送付する。つぎにディックは耳から耳まで頭頂部を切開し、頭皮をはぐ。そして、頭蓋骨の一部をのこぎりで切りはなし、頭蓋内の脳の状態を確認してから、脳を取り出してさらに細かく調べていく。

最後に臓器の切開部を縫い、慎重に死体のなかの元の位置に戻し、最初に切ったY字型の切り口を縫って閉じる。その後、刑事やほかの科学捜査の専門家に、不審に思った点や追跡調査が必要かどうかなど検死で感じたことを伝え、捜査にフィードバックさせる。検死は二回行われることが非常に多く、そのときは別の病理学者が、ディックが出した結果を確認する。骨の病理学者や神経病理学者、小児放射線医など各分野の専門家からすべての報告を受け取ると、ディックは検死官宛てに報告書を作成する。

極端な場合、ディックが行ったあとにさらに二回以上検死が行われることもある。二〇一〇年八月二三日、警察はロンドンのピムリコにあるフラットのバス・ルームで、赤いノース・フェイスのバッグを発見した。そのバッグは、ウェールズの数学の天才で、暗号解読者としてＭＩ６で働いていたギャレス・ウィリアムズのものだった。バッグのジッパーは閉められていて、外から南京錠がかかっていた。警察が南京錠をこじ開けるとなかに折り畳まれるようにして入っていたのは、三一歳のギャレスの裸の腐乱死体だった。

警察はこれを不審死と見なした。ギャレス・ウィリアムズの家族はＭＩ６か別の諜報機関がこの死にかかわっているに違いないと信じていた。ウィリアムズはハッキング・ネットワークに侵入しようと試みているチームの一員としてＦＢＩに協力していたからだ。

ディック・シェパードは検死を行った三人の病理学者のうちのひとりで、三人はウィリアムズが約七日前に死亡したことで意見が一致していた。ところが死因に関しては、絞殺や身体的な外傷の徴候が見つからず、死体の腐敗が非常に速くて特定が難しかった。そのバッグが見つかったのは夏で、しかもその家のラジエーターはすべて最高温度に設定されていたのだ。毒物学者は毒殺の徴候を見つけだせなかったが、死体の状況からしてそれを除外することもできなかった。とはいえ、もっとも可能性が高い死因は窒息死だった。

検死で、ウィリアムズの肘の先に小さな擦過傷が見つかった。これはおそらくバッグから出ようとしてもがいた結果ついたものだろう。ディック・シェパードは状況をまとめた。「バッグの鍵が閉められたあとはそのバッグから出られる可能性はない。問題は、ウィリアムズが自分で鍵を閉めたのか誰かほかの人がやったのか、である」

ピーター・フォールディングは元陸軍予備兵で、閉じこめられた空間から人々を救出することを専門にしている。フォールディングは二〇〇一年五月の死因審問で事件のものと同一の八一センチメートル×四八センチメートルのノース・フェイスのバッグに入って自分でバッグの口を閉じようと三〇〇回試したが、できなかったと話した。フォールディングはハリー・フーディーニでも「このバッグに自分を閉じこめるのは難しいだろう」と述べた。別の専門家もさらに一〇〇回試したが、失敗した。

しかし、ディック・シェパードは、ウィリアムズは窒息したと考え、「どちらかと言えば」そのバッグに生きているときに入ったと考えていた。発見されたとき、ウィリアムズの身体はきゅっと丸まった状態だったが、死後硬直の前の死体は「ぐにゃぐにゃ」として柔らかく、誰かがバッグに死体を詰めるのは非常に難しいというのがその理由だった。この理論を検証すると申し出た専門家はいなかった。また、最初の検死のときにウィリアムズの指から見つかったDNAがあり、警察がその後一年間、謎めいた地中海沿岸地方のカップルを追い求めていたが、この死因審問で、それはそのカップルのものではないことも明らかになった。試料を解析した法科学調査を請け負っている企業、LGC社の従業員が、データベースに間違ったDNAの詳細を入力してしまったのだ。そのDNAはじつは、現場にいたCSIのものだった。LGC社はこの間違いについて、ウィリアムズの家族に対し「非常に遺憾なこと」と伝えた。

ウィリアムズのフラットでは、二〇〇〇ポンドの価値のあるデザイナーズブランドの女性の服と女性の靴とウィッグが見つかっていた。捜査官はドラァグ・クイーン（派手な女装をした男性）たちの写真も見つけ、ウィリアムズが自己束縛ウェブサイトや閉所愛好（閉鎖空間を愛する人）に関するサイトを、死亡する数日前に閲覧していたという証拠も見つけていた。

検死官のフィオナ・ウィルコックスは、不法な殺人と判断するに足る証拠はないが、おそらく、ウィリアムズの死は自然死ではなく、ほかの誰かがウィリアムズをバッグのなかに閉じこめ、浴室に置いたと思われ、またバッグに入れられたときウィリアムズは生きていただろうと判断を下した。さらに、ウィリアムズが服装倒錯者「か、そういう類に関心があった」ことを示唆する証拠はないとつけ加えた。

答申の数日後に、一六歳の少女と二三歳の女性ジャーナリストが別々に、ウィリアムズと同じノース・フェイスのバッグに全身を入れようと試みた。バッグのなかに入り、脚を身体に引き寄せ、ジッパーをぎりぎりまで閉め、指をすき間から出して南京錠を閉めた。そのあと体を張って緊張させると、ジッパーはひとりでに閉まった。ジャーナリストはギャレス・ウィリアムズと似た体格だったが、何度もそのトリックを繰り返し、とうとう三分でそのトリックをやってのけられるようになった。

ピーター・フォールディングはこの離れ業を重要視しなかった。「私の結論は間違っていません。若い女性がバッグのジッパーを内側から閉めたからといって、この審問の信用はまったく揺るぎません。私たちもバッグを閉められる方法はほかにいくつもあることを認識していますが、彼女を含めほかの誰も、ＤＮＡや浴室への痕跡を残さずにそれをやってのけることはできません。それがこの事件の鍵なのです」

ディック・シェパードはこれに対し反論し続けている。「あの検死官が納得することはないでしょう。彼女は私に激怒していました。〝湯気を立てている〟という言葉が頭に浮かんだほどです。彼が自分でやったと私が考える一番の動機は、彼が孤独な生活を送る女装家で、仕事熱心な数学の変人だったことです。病理学のことは忘れてください。彼の心理状態はまともではなかったのです」

検死官がＭＩ６のスタッフが関与しているかもしれないと示唆したため、二〇一三年、ロンドン警視庁《スコットランドヤード》は内部調査を行った。一一月には、警視庁は調査の答申を得た。それは、ウィリアムズが自らバッグに入ったときに偶発的に錠がかかり、その結果死亡したという可能性があるというものだった。ディック・シェパードの見解が支持されたのだ。

謎めいた事件を解決するためには想像力を必要とすることがよくある。たとえば、女性の臀部の組織をマウスに注射した病理学者のように、あるいは、軍の専門家ができなかったにもかかわらず、小さなバッグに自らの身体を入れて、錠を掛けたジャーナリストのように。これらの人々はギリシャ語のオートプシーのもとの意味、〝自分自身で調べる〟を実践したのだ。実践で試されたばかりの新しい技術には興味がわくものだ。新たな技術によって、病理学者は袖をまくりあげなくても、これまでより深く人間の身体を調べることができるようになってきた。バーチャル・オートプシー（ＶＡ）は、スイスで製作された新たな医療可視化ツールで、ＣＴとＭＲＩスキャンを組み合わせて、死体の画像を３Ｄのコンピューター・モデルに変換させるものである。ドイツでこれを用いた病理学者は、従来の検死解剖では発見できない骨折と出血を見つけ出した。ＶＡには高解像度のスキャナーも含まれているが、それはつまり、皮膚を拡大して打撲傷や悪意のある注射の痕などをより明瞭に示せることを意味する。また、残された人は愛する人の遺体が冒瀆《ぼうとく》されている気分になる解剖のことを考えずにすむため、それらの人々の苦痛を和らげることにもなる。

昔ながらの法科学者には、ＶＡは効果が実証されていない目新しいだけのものだという人もいる。

だが、病理学研究室のメンバーが、若く技術に精通した人々に移行してくると、その装置が導入され始めた。二〇一三年一月現在、ドイツの大学の法科学施設三五箇所のうち三施設がその装置を所有している。法病理学者はまだその装置を、物理的な解剖を補完するものとして使用する傾向にある。しかし、実績は積みあげられつつある。スイスのアルプス山脈で転倒して死亡した登山家の事件では、砕けた神経頭蓋、折れた腰椎、折れた下腿《かたい》が、メスの傷ひとつつけずにすべて検出された。

バーチャル・オートプシーのもうひとつの利点は、それが作り出す3Dモデルによって複数の病理学者が別々に調査しやすくなり、今後の参照のために保存でき、陪審員たちに自分の目で判断してもらうために法廷で提示することもできるという点である。スピルズベリーはこのアイデアを気に入らなかっただろうが、彼の犠牲者たちならきっと大歓迎したに違いない。

第5章 毒物学

Chapter Five TOXICOLOGY

このはかない花のつぼみには
毒も潜んでいれば、薬になる力もある。
――『ロミオとジュリエット』第二幕三場

薬というのは恐ろしくあいまいなものである。キツネノテブクロという植物から抽出した少量のジギタリスは、不整脈を整える。しかし量が多すぎると、むかつきや嘔吐を誘発することがあり、心臓を破壊的に暴走させ死を招く。近代毒物学の創始者であるパラケルススは、一五三八年に本を書いたとき、この概念を簡潔に次の言葉で表した。「投与する量で毒になる」

毒は人間が互いに使ってきた非常に古い武器のひとつだ。科学が進歩するにつれて、毒物学者の仕事は、死にいたらしめる物質を特定して解毒剤を探すという方向へ発展した。この分野でとくに体系化に尽力した人物がいる。マチュー・オルフィーラである。オルフィーラは一九世紀初頭にスペインのバレンシアとバルセロナで学んだあと、薬の研究のためにパリへと移住した。薬の効果を調べるために、三年かけて数千匹のイヌで毒を試験した。イヌはひどく苦しんだ（麻酔薬が利用できるようになったのは一八四〇年代になってからだったし、麻酔薬を使っていたら、実験は台なしになっただろう）。まだ二六歳だったときに、百科事典のような『毒物学の一般体系、または毒の専門書』（一八一三年ごろ）を出版した。これには、既知の鉱物性毒、植物性毒、動物性毒がすべて列挙されていた。一三〇〇ページにも及ぶこの著作は、毒物学に関する主要な参考文献として四〇年間、使われ続けた。

オルフィーラはこの専門書の重要なセクションで、一九世紀の毒物といえばこれ、というイメージの物質、つまりヒ素の既存検査法の改善策について説明している。オルフィーラは激しい嘔吐によって、人の胃からヒ素のすべての痕跡が取り除かれてしまうことに気づいた。毒を与えたイヌの器官を調べたところ、血液の流れに乗ってヒ素は全身に広がることがわかった。また埋められた死体周辺の土壌のヒ素が死体に吸収されることがあり、存命中に毒を盛られたように見えることがある、ということも実証した。この専門書の出版後、毒物学者らは死体を発掘したときに周辺の土壌を検査するようになった。

一八一八年、オルフィーラは「自著の毒の専門書に含まれている非常に重要な情報を一般に広める」ために、『毒を飲んだ人の治療の手引き、加えてワインへの毒物や不純物混入を検出する方法と仮死状態と死亡を見分ける方法』を出版した。これによって人々は、偶発的な中毒による害は適切な応急処置で小さく抑えられることを知った。オルフィーラは一般大衆の無知を純粋に懸念しつつも、この新たな科学分野が金になりそうだということも認識していた。オルフィーラは自著の序章で「重要なのは、聖職者、知事、大規模な施設の長、家長たる父親、そしてこの国の住民が」毒物学についての知識を身につけることなのだ、と述べている。この本はドイツ語、スペイン語、イタリア語、デンマーク語、ポルトガル語および英語に翻訳され、それによってオルフィーラの評判は確固としたものになった。弁護士が法廷で毒物学者の証言を必要としたとき、オルフィーラがまず呼ばれるようになった。とくにルイ一八世の王室つき医師となってからは、なおさらだった。

一八四〇年に、オルフィーラは有名な事件――優美で洗練された女性相続人マリー＝フォルチュニー・ラファルジュの殺人公判にかかわることになった。ヨーロッパじゅうの人々が彼女の運命が決まるのを見にやってきた。

マリーはパリで貴族として育ち、学友たちが裕福な男性と結婚するのを目にしていた。二三歳のとき、自分もみんなと同じような結婚がしたいと望むマリーのために、叔父が、専門の結婚仲介業者を雇った。それはたやすい仕事だった。なんといってもマリーには、若さと美貌と、一〇万フランの持参金があったのだから。仲介業者は、フランス中央部のリムーザン地方で一三世紀の修道院を所有しているシャルル・ラファルジュに連絡を取った。

ラファルジュ家の地所の建物は崩壊しかけていたが、シャルルは一族の財産を取り戻そうと決意していた。鉄工所を建てて、そこで新たな製錬技術を発明した。この事業に金をつぎこんだが、軌道にのらず、とうとう溶鉱炉を閉鎖しなければならなくなった。一八三九年には、破産寸前まで追いこまれた。救済の道はたったひとつに思われた。裕福な女性だ。かくしてシャルルは、はるか遠いパリの結婚仲介業者と連絡をとり、プロフィールに金銭の問題は書かず、その代わりに評価額二〇万フランの地所についてのみ記載し、司祭からの熱のこもった推薦状を添えた。

マリーはシャルルと会ったが、すぐに嫌気がさしてしまった。不作法だし、「顔や姿がいかにも野暮ったい」と日記に書いた。だが、広い地所や、身体をゆったり伸ばせる高価なソファ、散歩にぴったりの芳しい庭のことを考えるのは大好きだった。それに大昔の修道院を所有している人ならきっとその魂に詩情が隠れているはずではないか。

出会って四日でふたりは結婚し、リムーザンへ向かう馬車に一緒にのっていた。シャルルがローストチキンを素手で食べ、ボルドー・ワインを瓶ごとがぶ飲みし始めると、マリーは御者とともに御者台にすわった。家に到着したとき、マリーはさらに大きな衝撃を受けた。義理の親は「ひどく田舎くさい恰好」で、調度品は「粗末で恐ろしく時代遅れ」で、家はネズミだらけだった。最初の夜、一八三九年の八月一三日、マリーは自室に閉じこもり夫へ宛てて手紙を書き、結婚から解放してくれと懸命に懇願し、「でなければ、私は持っているヒ素を飲みます……喜んで命を捧げます。でも、あなたの抱擁は受けません。決して」と訴えた。

気持ちが落ち着くと、マリーはある条件でシャルルと一緒に住むことに同意した。地所を修復するための充分な金を確保するまでは、婚姻を完全なものにはしないというものだった。ほかの家族の目には、このカップルはうまくいっているように見えた。マリーはゴシック建築の教会や修道院の遺跡を歩きまわるのを楽しんだ。家庭の幸せな場面を描写した手紙を学友に書き送った。だが、ネズミを退治するためにヒ素を買わねばならないことは黙っていた。

その後マリーは、全財産を夫に残すという遺言を書く代わりに、夫にも同じような遺言を書くように提案した。これは、新婚カップルにとってはごくふつうの行為だった。だが、シャルルは抜け目なく、こっそりとふたつめの遺言書を作り、全財産を母に残すという遺言を残した。

結婚から四か月後、シャルルは資金を集めるために、クリスマスにパリに出張へ出かけた。夫が家を留守にしているあいだ、マリーはシャルルの不在でどれほど寂しい思いをしているかを綴った愛情に満ちたラブレターと、手作りのクリスマス・ケーキを夫に送った。シャルルはそのケーキをひとかけら食べてまもなく、嘔吐した。シャルルはいくらか金を集めたが、まだ吐き気がおさまらないままリムーザンへ戻った。マリーは心配そうにシャルルを迎え、ベッドで寝るように言った。マリーは夫にトリュフや鹿肉を食べさせた。だが、病状が悪化したので、かかりつけの医者が呼ばれた。医者はコレラではないかと危ぶみ、家族はパニックに陥った。

翌日、シャルルは足に急性の痙攣を起こし、激しい下痢になった。どれほど水を飲ませても収まらなかった。ふたりめの医者が呼ばれたが、その医者もコレラという診断に同意し、体力をつけさせせるためにエッグ・ノッグ［訳注：牛乳、卵、砂糖で作る甘い飲み物。シナモンなどで味をつけ、アルコールを加えることもある］を飲ませるようにと助言した。だが、家族に雇われて、シャルルの看護をしていたアンナという女性は、マリーがエッグ・ノッグに白い粉を混ぜてからシャルルに飲ませていることに気づいた。アンナがマリーにその粉について尋ねると、オレンジの花で香りづけした砂糖「オレンジ・ブロッサム・シュガー」だという答えが返ってきた。けれどもアンナは疑いをぬぐいきれず、食器棚にエッグ・ノッグの残りを隠した。

一八四〇年一月一三日の午後、シャルル・ラファルジュは死亡した。このときすでに、アンナはシャルルの家族に自分が危惧していることを話していた。夫の死を冷静に受け止めているマリーの様子は、初めは威厳があると思われていたが、だんだんと疑いの目で見られるようになった。翌日、マリーはシャルルの最新の遺言書と信じているものを手に、公証人のところへ行った。

いっぽうシャルルのきょうだいは警察に向かった。シャルルの死から二日後、治安判事が地所にやってきて、マリーを逮捕し、捜査を開始した。地元の医者らが、シャルルが飲んだエッグ・ノッグ、死体の胃、嘔吐物を調べた。エッグ・ノッグと胃からは微量のヒ素が見つかったが、嘔吐物からは見つからなかった。

マリーにとって見通しは暗かったが、弁護士には考えがあった。「このような事柄については、マチュー・オルフィーラ氏こそが科学界の第一人者であることは存じあげています」と弁護士はオルフィーラに手紙を書いた。オルフィーラは返事の手紙で、地元の医師が用いたヒ素の試験は一七世紀に行われていたものだと説明した。必要な検査は、四年前に英国人化学者ジェームズ・マーシュによって開発され、オルフィーラが改良した検査だ。マーシュが、感度がきわめて高いヒ素試験の詳細について発表したとき、ロンドンの薬剤師学会誌『ファーマシューティカル・ジャーナル』は熱狂的にこう報じた。「いまこそ死者は、毒殺犯がもっとも恐れる証人となる」。マーシュの検査法にはいくつか問題があったが、オルフィーラはその問題のほとんどを解決していた。二年後にユゴー・ラインシュが発明した別の試験によって裏づけられ、マーシュの検査法は一九七〇年代にガスクロマトグラフィーと分光法を用いたさらに洗練された方法が開発されるまで、標準的な検査法であり続けた。オルフィーラの手紙を使って、弁護士が元の検査の信用を落とすと、裁判官はもっと現代的なオルフィーラの方法にしたがって再度検査を行うように地元の医師に命じた。

医師はシャルル・ラファルジュの胃、嘔吐物、そしてエッグ・ノッグを検査した。このときはなにも見つからなかった。

そのころまでに、検察側の弁護士はオルフィーラの『毒の専門書』を一冊手に入れていて、注意深く読んでいた。そして、激しい嘔吐によって胃からヒ素の痕跡がすべて取り除かれていることがあることをそのときには知っていた。さらに、血液が胃を通るときにヒ素が血中に入り、ほかの器官に移動することもわかっていた。そこで裁判官にシャルルの死体を掘り出して彼の器官を検査する必要があると話した。裁判官は同意し、地元の医師がまたマーシュの検査を行った。今回は多くの見物人の目の前で行われたが、人々のなかには「悪臭を放つ気体」のせいで気絶する者もいた。今回もまた、ヒ素は見つからなかった。法廷でこのニュースを聞き、マダム・ラファルジュは喜びの涙を流した。

最後の土壇場で、検察官は地元の医師にこのマーシュの検査をこれまでの仕事で何回行ったことがあるかと尋ねた。医師たちは一度もないと答えた。検察官は裁判官に、この試験は非常に重要なものなので、田舎の医者数人で判断することなどできないと強く訴えた。この任務に適した人物はただひとり、世界を牽引する毒物学者マチュー・オルフィーラ博士しかいないと検察官は主張した。特急列車で到着したオルフィーラは、即座に仕事に取りかかり、「肝臓、心臓の一部、ある程度の量の腸管、脳の一部など」器官の残骸を粉々にした。そしてこのとき、マーシュ試験のオルフィーラ改訂版で陽性結果が出たのだ。おまけにオルフィーラは、そのヒ素がシャルルの棺のそばの土壌に由来するものではないことを証明した。

マダム・ラファルジュは無期懲役を言い渡された。彼女は一八四一年に獄中で回顧録を出版して無罪を訴え、三六歳のときに結核で死亡するまで、その主張を変えなかった。

オルフィーラが行ったマーシュの検査法は、毒殺事件に対する戦いの――つまり、法医毒物学の正当性を示す、重大な分岐点と見なされるようになった。それでも、裁判の余波を受け、一般市民は混乱し、はたして法医毒物学は科学なのか、ある種の技術なのか、はたまたゲームのようなものなのか、心を決めかねていた。ある新聞が

マリー・ラファルジュ、夫シャルルをヒ素入りのエッグ・ノッグで殺害した罪で有罪になった。

これを簡潔に言い表している。「二日のうちに、被告人は科学的な評価によって無罪を宣言されたが、同じ科学の評価によっていまは有罪という判決が出た」。殺人の疑いのある事件に法医毒物学者がひとりかかわるだけでは、まだ仕事は半分しかすんでいないらしい。その法医毒物学者が適切な人物でなければならないのだ。

マリー・ラファルジュは、一九世紀の数多くのヒ素殺人犯のひとりにすぎない。マリーと同じ時代の毒殺犯たちの動機は、金や復讐、自己防衛、さらにはサディズムのためだった。フランス人はヒ素に〝遺産の粉（poudre de succession）〟とあだ名をつけ、もっともよく見られた殺人の動機は何かをはっきり示した。海峡の反対側の、イングランドとウェールズでは、一八四〇年から一八五〇年のあいだに九八件の毒物犯罪の裁判があった。これほど毒に満ちた一〇年が、一八三八年のマーシュの検査法が生み出された直後にやってきたのは奇妙に思えるかもしれない。だが真実は、この検査が発明される前は、検死官が単にヒ素の犠牲者の死を〝自然死〟と判断していただけという可能性が非常に高い。

というのも、ヒ素による殺人を立証するのは困難だったからである。ヒ素はほとんど無味（わずかにやや甘い味がするという人もいる）で臭いもなく、あらゆる種類の店で安く手に入れることができた。人間の身体はヒ素を排出することができないため、重金属が被害者の全身に蓄積され、自然な病気がゆっくり悪化していくのに似た経過をたどる。ヒ素が消化器に入った人々は、さまざまな重症度で種々の症状や徴候に苦しむ。よだれ、腹痛、嘔吐、下痢、脱水、黄疸《おうだん》はすべて、ヒ素中毒の結果現われうるものである。反応があまりに多様なため、殺人犯はかかりつけの医師から疑われることなく、一度ならず毒を盛ることができる。そして医師たちはそのときどきで、でたらめにコレラか赤痢、腸チフスという診断を下す。頭の切れるヒ素殺人犯は、被害者が急に激しく苦しみながら死ぬと疑いを招くと考え、一度に大量のヒ素を飲ませるのではなく、長い時間をかけて少しずつ与えるほうを好むため、たいていは短期より、長期的な方法を選ぶ。

この問題に対して、一八五一年に議会はヒ素法を可決し、市販のヒ素を購入しにくくした。販売者を登録制にして、購買者は署名をして購入の理由を通知しなければならなくなったのだ。また、医療用か農業用でないかぎり、砂糖や小麦粉と間違えないようにヒ素はすべて灰色か紺色の色をつけることになった。

しかし、ヒ素法とマーシュの検査法でも、殺人を企てる人をみな阻止できるわけではなかった。一八三二年、メアリー・アン・コットン（旧姓ロビンソン）は、イングランド北東部のダラム近くの村で生まれた。九歳のとき、父親が鉱山の縦坑に転落したあと死亡し、一家は苦境に立たされた。メアリー・アンは聡明な少女で十代のときから地元のメソジストの日曜学校で教えていた。

一九歳のとき、メアリー・アンはウィリアム・モウブレイという名前の坑夫の子を妊娠した。ふたりは職を求めて州じゅうを渡り歩いた。メアリー・アンはこの放浪期間に、五人の子供を出産したが、四人が死亡した。この四人はおそらく自然死だった。

一八五六年、夫婦は北に戻った。ここでメアリー・アンはモウブレイの子をさらに三人もうけたが、その子らは全員下痢で死亡した。メアリー・アンは悲しんでいたが、三人の子すべてにかけていた生命保険の請求は忘れなかった。その後、モウブレイは炭鉱事故で足に怪我を負い、自宅で静養しなければならなくなった。するとまもなくモウブレイは具合が悪くなり、〝腸チフス〟と診断され、一八六五年の一月に亡くなった。メアリー・アンはプルデンシャル保険会社の事務所に出かけ、最近モウブレイにかけるように勧めた、生命保険の保障金三〇ポンドを受け取った。

その後数十年にわたって、メアリー・アンは英国史のなかでもっとも多産の女性連続殺人犯になった。いったい何人をヒ素で毒殺したのか、はっきりした人数はもはや決してわからないだろうが、自分の母親、四人の夫のうち三人（残りのひとりは生命保険をかけることを拒否した）、恋人ひとり、一二人のわが子のうち八人、そして七人の継子《ままこ》を入れて、少なくとも二〇人は殺害している。

一八七二年、メアリー・アンは、リチャード・クイック－マンというこれまでの労働者階級の夫よりはるかに裕福な間接税庁の職員に目をつけた。行く手を阻むのは、七歳になる継子、チャールズ・コットンだけだった。叔父のひとりに里子に出そうとしたが、うまくいかなかった。そこでチャールズを地元の救貧院に連れていった。救貧院の院長が、メアリー・アンが同伴して世話をしないかぎり子供を入れることはできないと拒否したとき、この子は病気がちで院長が気持ちを変えてくださらないかぎり、「ほかのコットン家の子供たちと同じように」死んでしまうだろうとメアリー・アンは言った。

ほかの選択肢もすべて失敗に終わると、メアリー・アンはチャールズを毒殺した。救貧院長はチャールズの突然の死を耳にすると警察へ行った。チャールズが亡くなる前に診ていた医者が検死を行ったが、毒物の証拠は見つからなかった。そこで、検死官は自然死と判断した。だが、その医者はチャールズの胃と腸を保存しておき、のちにラインシュ法で試験を行った。すると致死量の毒が検出された。

過去数年間にメアリー・アンの犠牲者となったと思われる複数の死体を掘り出したところ、高濃度のヒ素がそれらの死体から見つかった。メアリー・アンの弁護士は、チャールズが自室の壁紙に塗られた緑色の塗料からヒ素のガスを吸入したと主張した。だが、掘り出された死体から得た証拠とほかの証人の証言が重視され、メアリー・アンは殺人罪で有罪になり死刑を宣告された。いまとなっては、それまで誰もメアリー・アンを疑わなかったことが驚くべきことに思えるが、チャールズを毒殺するまでのメアリー・アンは非常に慎重かつ巧妙で、魅力をふりまき、ひんぱんに名前と住む場所を変えていたため、見つからなかったのだ。さらに、彼女が生きていた時代の労働者階級の乳児死亡率は、五〇パーセントという高さだった。

だが、メアリー・アンがいったん絞首刑に処せられると、彼女の悪名は確実なものになった。「メアリー・アン・コットン、縛り首でおっ死《ち》んだ」で始まる俗謡が作られ、関連記事が数か月のあいだ新聞を賑わせた。目的は金だけだったのか。もっと恐ろしい力が働いていたのか。同じことが起こりうるのか。なぜ長いあいだ捕まらずにいたのか。毒殺をして逃げおおせている犯人がほかにいるのではないか。

ヴィクトリア朝時代の人は、愛らしさと優しさを振りまき、お茶に砂糖をもう一杯いかがと夫に勧

めながら致死量の毒を盛る、この女毒殺者の姿に魅了された。読者はこの文字どおりの妖婦を見て、魅力と恐怖と興奮とが入り混じった感情を覚えた。じつを言うと、一九世紀の英国では、配偶者の殺人で有罪になる人の九〇パーセント以上が男性だった。しかし夫は妻を刺し殺すか絞め殺すことがはるかに多く、いっぽう妻が毒を使った間接的な殺人を行う割合は夫の二倍多かった。

とはいえ、いつもそう単純な事件ばかりではない。ヒ素は日常生活にあふれていたのだ。ヒ素剤塗料は、子供のおもちゃや本の表紙、緑の壁紙やカーテンに使われていたし、化粧品販売業者は化粧品にヒ素を入れ、精力増進剤やニキビ薬、安物のビールには成分のひとつとして含まれていた。その結果、突然死の事件では、誰かを不当に殺人罪で起訴することがないよう、毒物学者は死体に含まれていたヒ素の量に敏感にならねばならなかった。

何年ものあいだ、製造業者らは、ときにはその有害な作用を知らずに、ときにはほかの誰にもその作用を知られないようにと願いながら、さまざまな有毒成分を自分たちの製品に使用してきた。二〇世紀初頭に成し遂げられた、ふたりのニューヨークの医師の功績は、毒殺を企てる者だけでなく怠慢な企業にとっても永続的に重大な意味をもつ。

一九一八年、チャールズ・ノリスという人物が世界初の組織的な監察医制度を立ち上げた。ノリスが初めてニューヨーク市の監察医長となり、異常死や不審死を遂げた人の死体を捜査する責任を担うことになったときのことだ。それまでは、法病理学は〝選ばれた検死官〟が扱う領域とされ、それらの検死官はたいてい医師の資格のない床屋か、せいぜいよくて葬儀屋だった。科学捜査の歴史家ジャーゲン・ソーンウォルドによると、一八九八年から一九一五年にニューヨークで検死官に選ばれ任務を果たした人々の内訳は、「葬儀人が八人、政治家が七人、不動産業者が六人、床屋がふたり、肉屋がひとり、牛乳配達人がひとり、酒場の店主がふたり」だった。そのころの制度は腐敗していて、形だけで役に立たなかった。だがノリスの時代になると、監察医長とそのスタッフは、医師と「熟練した病理学者や顕微鏡検査専門家」でなければならなくなった。

ノリスは、アレキサンダー・ゲトラーに病理化学者として、米国で最初の法医毒物学研究所の設立を依頼した。ゲトラーは毒を検出するためにさまざまな技術の発明に取りかかった。また密造酒による中毒が異常発生したときには、活性成分を同定するための新たな方法を開発した。未知の毒にかかわる事件を扱うたびに、近所の肉屋から肝臓の一部を手に入れて、毒を注射し、それを抽出して同定できるまで実験を繰り返した。

ゲトラーは六〇〇〇を超える脳を調べ、「科学的な初の酔いの尺度」を考案した。これ以降、病理学者らは突然死や不審死を扱うとき、アルコールの有無を調べるために脳組織を検査するようになった。そのほかの物質では、クロロホルム、一酸化炭素、青酸カリ、血液、精液に関する検査法も考案した。したがって、科学の発展の産物そのものが裁判にかけられたとき、ノリスとゲトラーが専門家としてそれを精査することになるのは当然の成り行きだった。

話は一八九八年にパリで、マリー・キュリーがトリウムとポロニウム、ラジウムという三つの放射

性元素を発見し、その後それらの元素の特性を開発したことに端を発している。一九〇四年ごろには、医師たちはガン腫瘍を小さくするためにラジウム塩類を使い始めており、それを〝ラジウム療法〟と呼んでいた。それは新たな奇跡の物質と見られていた。ラジウム水、ラジウム・ソーダ、ラジウム顔用クリーム、ラジウム白粉《おしろい》、ラジウム石鹼などが大流行した。広告掲示板は、その光り輝く成分、肉体と魂の若返り薬の広告であふれていた。

ラジウムの慈しみ深い光線を超えるものはなにもないと思われた。USラジウム・コーポレーションは薄緑色の光を放つように腕時計の文字盤にラジウムの塗料を塗った。第一次世界大戦が終わるころ、暗闇で光る腕時計は米国じゅうのファッションに敏感な人々の手首を飾り、USラジウム・コーポレーションは大繁盛していた。

ニュージャージー州オレンジのこの会社の工場では、文字盤塗装工員が一日あたり約二五〇個の文字盤に塗料を塗っていた。工場長は行員にその高価な塗料を時計に塗るときはできるだけ丁寧にするようにと指導していた。工員らは唇でブラシの先をとがらせるようにと教わった。工員は若い女性たちで、休憩時間になると、その塗料を爪に塗ったり、髪の一部に縞《しま》になるように塗ったりしていた。なかには歯に塗って不気味な笑顔をしてみせる人もいた。

ところが、一九二四年になるころ、オレンジの工場の文字盤塗装工員たちが病に倒れ始めた。彼女たちの顎の骨は腐りかけていた。股関節は脱臼し、足首にひびが入って歩けなくなった。赤血球濃度が低いせいでいつも疲れていた。九人が亡くなった。事業への影響を心配したUSラジウムは調査のためにハーバード大学の科学者のチームを雇った。科学者らはそれらの死は工場の仕事と「関連がある」という結論を出した。利益に大きな影響を及ぼすことを恐れ神経質になった経営幹部はその報告の発表を阻止した。しかし、ほかの科学者のチームもそれらの労働者に関する試験を行っていた。

法病理学者のハリソン・マートランドはその報告を読み、さらに調査してみようと決意した。マートランドは職場の安全に関する熱心な運動家で、ニトログリセリンが爆発物の工場で働く労働者にとって有毒であることや、未熟な電子工業分野で用いられていたベリリウムが致命的な肺疾患を引き起こす可能性があることを示す研究を発表していた。このふたつの化学物質はマートランドの論文発表後まもなく規制された。

“アルフレッド・キュリー博士の製法で作られた”ラジウム入りフェイス・クリームの当時の広告。

マートランドはオレンジの労働者を対象に生存者の身体と最近亡くなった人の死体を調べ、一九二五年に研究結果を発表した。ラジウムの構成要素はカルシウムと構造的に関係しているとマートランドは説明した。ラジウムを摂取すると、身体内でそれはカルシウムのように処理される。一部は代謝され、一部は神経や筋肉に送られ、その多くが骨に蓄積される。だが、カルシウムは骨を強くするが、ラジウムは放射線で骨を攻撃し、骨の中心で血液を作る骨髄を破壊し、小さな穴を開ける。その穴は時間とともに大きくなっていくのだ。

その年、元従業員の小さなグループが勇気を持って一歩踏み出し、USラジウムを訴えた。〝ラジウム・ガールズ〟（マスコミはすぐに彼女たちをこう呼び始めた）は三年間の法的な論争を経て、ようやく裁判の日を迎えた。

その間、マートランドはニューヨーク市監察医局のチャールズ・ノリスに裁判の証拠を集めるよう依頼した。ふたりは、二五歳で死亡した元文字盤塗装工のアメリア・マッジアの死体を掘り出す計画を立てた。勤めていた最後の年のアメリアは、体重が減り、関節痛に苦しんでいた。その後、顎が割れ始め、顎の骨のほぼすべてを取り除かねばならなかった。検死官の言葉によると、「潰瘍性の胃炎」で一九二三年九月に死亡した。

ノリスはアレキサンダー・ゲトラーに、頭蓋骨や足、右脛骨など、アメリアの骨の分析を依頼した。ゲトラーのチームはそれらの骨を炭酸ソーダの溶液に入れて三時間煮た。そのあと大きなものは五センチメートルほどに、のこぎりで切断した。ゲトラーはそれらの骨をX線フィルムが置かれた暗室に運んだ。X線フィルムの隣に骨を密閉して置き、別の死体から取り出した比較用の骨を同じように置いた。一〇日後、ゲトラーが結果を確認するために戻ると、アメリア・マッジアの骨のまわりのX線フィルムは眩しいほど白い点がいくつもついていたが、比較用のフィルムはなにもなかった。ゲトラーはこの実験の結果を発表した。

訴訟が長引くにつれ、ラジウム・ガールズの病状は悪化した。五人の女性たちのうちふたりはアメリアの姉妹のクインタとアルビナ・マッジアだった。クインタは両方の股関節を骨折し、アルビナはベッドから出られなくなった。そのころには、片方の足がもう片方よりも一〇センチメートル短くなっていた。別の女性、キャサリン・シャウブはもし裁判で金が得られたら、それは葬式のバラを買うのに使ってほしいと願った。

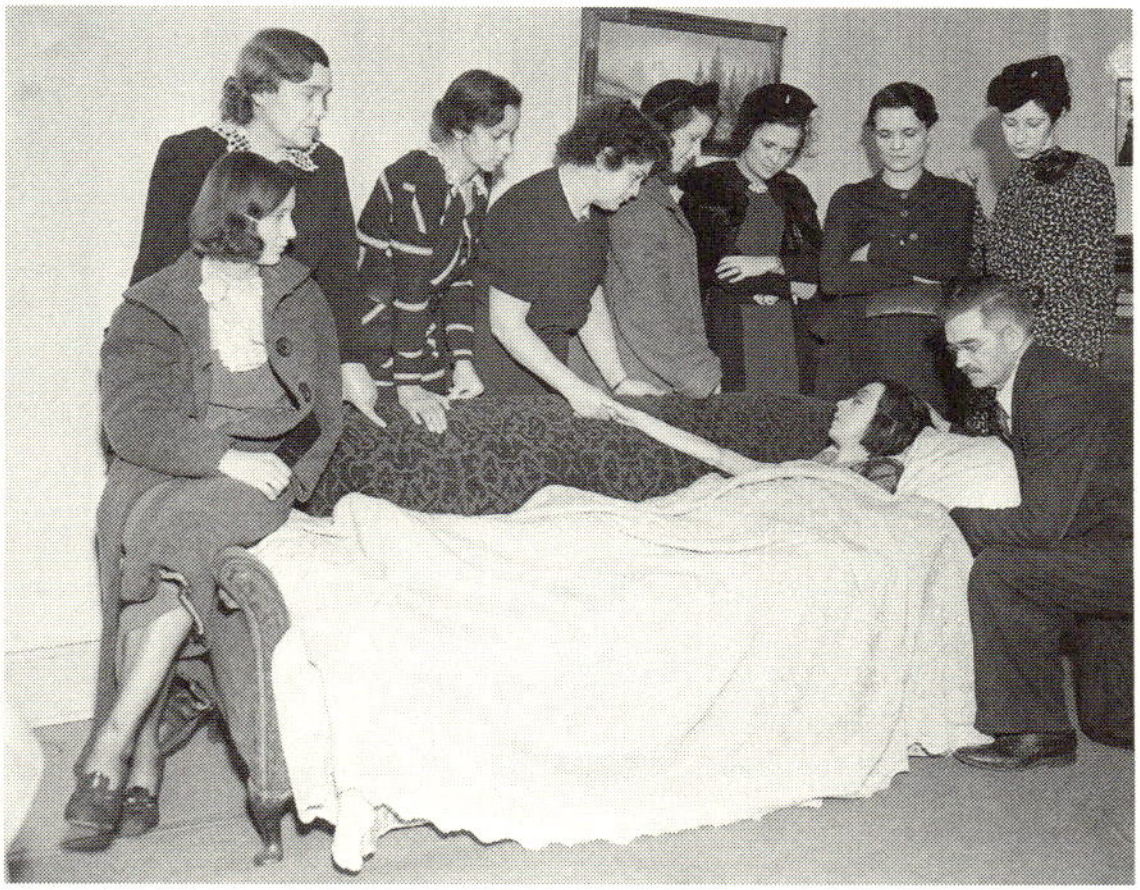

“ラジウム・ガールズ”のうちの9人。夜光塗料を時計の文字盤に塗る仕事によって命にかかわる放射能中毒に侵された。

USラジウム側の弁護士は、女性たちはもう工場で働いていないのだから訴えることはできないと主張し、さらに時間を稼ごうとした。しかし、検察側はマートランドとゲトラーの研究結果を使って、ヒ素や水銀などの従来の毒素はしばらくのあいだ身体に有害な影響を与えるだけだが、ラジウムは体内に一生留まるのだと主張した。ラジウム・ガールズが息を吐いてみせたところ、五人全員の呼気にラジウムから生じる気体であるラドン・ガスが含まれていた。

法廷はUSラジウムの申し立てを退け、裁判を前へ進めるよう主張した。これによって、和解が促され、女性ひとりにつき、一万ドルの現金の支払いと一年ごとの年金の支払い、無料の治療が行われることになった。和解は安くすんだ。その年のうちに少なくともふたりが亡くなったからだ。

ラジウム・ガールズの悲しい物語は、デボラ・ブラムの『毒殺者の手引き』（二〇一〇年）で語られている。雇用者が非難され、被害者にいくらかの正義がもたらされるまでにかかる時間は、毒に曝《さら》されている産業労働者の現代の問題を示している。『ヒ素の世紀』（二〇一〇年）の著者、ジェームズ・C・ウォートンは次のように書いている。「ヒ素入りのロウソクや紙、布と同様に、危険が認識される前に商業として成り立っていたものは、それらの使用を縮小しようとするいかなる試みも、確実に製造者から抵抗を受け……また、政府の介入にイデオロギー上反対する政治家からは攻撃されるか無視され……」

ゲトラーの法医毒物学研究所は、ほかの研究所のモデルとなった。科学者らの力を合わせた取り組みによって、追跡不能な毒のリストは、実質的にはもうなにも残っていないほど短くなった。だが、凶器としての毒の使用は少なくなり、先進国では産業労働者の労働環境が改善されたとはいえ、ヘロイン、コカイン、メタンフェタミンなどの〝薬物乱用〟によって傷害を受けたり死亡したりする人々の数は多いままである。これは、法医毒物学者が近年もっともかかわることが多くなった領域である。

ロバート・フォレストはシェフィールド大学の法化学の名誉教授で、英国の法医毒物学を先導する権威である。ロバートが科学捜査の道に足を踏み入れたのは、シェフィールドで最新の分析サービスにさまざまなハイテク装置を組みこんだ、臨床毒物学のサービスを立ちあげたときだった。ロバートが率いる分析チームは、ヘロインの代用として用いられるメタドンによる死亡が急増したことを受け、ほかの仕事のあいまに検死時の検体の分析を開始した。

その後、地元の検死官から連絡があり、科学捜査に協力してもらえないかと頼まれた。「そして、もちろんわずかながら賃金を払うとも言われ、私は科学捜査への協力を開始し、そこからこのサービスは成長していきました」と彼は言う。その仕事はまだ目新しく困難なものだったが、ロバートの専門知識は深まった。ほとんどの毒物は、顕微鏡を使ってさえも、体組織内では目に見える違いを示さないため、ロバートは病理学者から供給された血液、尿、臓器、毛髪、そしてより最近では足の爪の試料を化学的に検査する必要があった。

メタドン中毒は急性ではなく慢性化していることがあるが、それは被害者の毛髪から明らかにすることができる。毛髪は一か月に約一センチメートル伸びるので、ロバートは毛髪試料を一センチメートル単位で切り、薬物摂取のタイムラインが得られるようにひとつずつ分析する。この技術は薬物スクリーニングに役立ち、薬物を悪用した暴行の捜査にも有用である。「その調査方法が役に立つのは、つぎのような例です。ある子持ちの売春婦がいたとします。彼女はお客の相手をしているとき、子供を静かにさせておかねばならず、子供に少量のメタドンを与えています。ところがある日、過剰に与えすぎてしまったのです。その女はほかの誰かが子供にメタドンを飲ませたに違いないと主張するのですが、子供の毛髪に数か月にわたって摂取されていた大量のメタドンが含まれていることがわかると、その主張は妥当なものとは言えなくなるのです」

とはいえ、これは絶対確実な手法でない。たとえば、明るい色の髪は濃い色の髪よりメラニンが少ないため、薬物を含有する量が少ない。また、染毛や縮毛矯正など美容上の処理は、薬物の痕跡を消す傾向にある。それでもやはり、毛髪はとくに死後も安定して残っているため、薬物含有量の有用な指標となる。

ロバートには、長年のうちに徐々にわかってきたことがある。それは、身体のほかのほとんどの部位では、死後に薬物濃度が著しく変化することである。「結果を読み解くのは、簡単なことではありません」ロバートはそう認めている。科学的なコンセンサスとして、以前は死体の血液は「生存時の血液」と同じ毒物学的結果をもたらすとされていた。「いまでは、それは真実ではないことがわかっています。死体の血液を調べるときは、非常に気を使わねばなりません。とてつもなく困難な作業なのです」

死体のなかでどれほどの量の毒がどの部位で見つかるかは、どのように摂取されたかによって異なる。吸入されたのなら、ほとんどが肺で見つかる。筋肉内に注射されたのなら、ほとんどが注射された部位周辺の筋肉に残っているだろうし、静脈に注射されたのなら、すべてが血液中に留まり、胃や肝臓ではほとんど、またはまったく見つからない。飲みこまれたのなら、ほとんどが胃や腸や肝臓で見つかるだろう。ロバートは次のように説明している。「死後に採取される標準的な試料は血液です。残念なことに、よく目にすることなのですが、英国南部の病理学者は検死で、胃の内容物をいつも採取するわけではありません。けれど、胃の内容物は途方もなく役に立ちます」

毒物学に関しては、英国人の生活の多くの面と同様に南北は分裂したままのようである。

毒物学はときに死体内の異物を同定する以上の役割を果たすことがある。不審死をめぐる状況を再構築する助けにさえなるのだ。公的機関の職員が誰かを不当に殺害した場合、高い倫理基準が要求される。その職員の仕事が病気を患って弱っている人の世話であればなおさらだ。

シスター・ジェシー・マクタヴィッシュは三三歳の看護師で、グラスゴーのルチル病院の老年科病棟で働いていた。一九七三年五月一二日、ジェシーは米国の連続テレビ・ドラマ〈鬼警部アイアンサイド〉を見ていた。そのエピソードでは、年老いた患者の親戚が看護師に金を払って、死を招く注射を使ってその患者を殺すように頼んでいた。翌日、ジェシーが同僚の幾人かとこの番組について話をしたとき、同僚のひとりがインスリンによる毒殺なら痕跡が残らないと言った。その番組から三週間後、ジェシーの病棟の患者たちが次々に亡くなり始め、六月だけで五人が亡くなった。

七月一日、六人目の患者、八〇歳のエリザベス・ライオンがふいに亡くなった。エリザベスの死亡を確認した医師は、なにかがおかしいと感じた。そこでジェシーの病棟の患者と話をしたところ、ひとりの患者がジェシーを恐れていた。ジェシーに注射をされたとき、「恐ろしい気分」になったため、何を注射したのかと尋ねると、看護師は注射の中身は消毒した水、つまり偽薬だと答えたという。ほかの職員は、ジェシーが患者の記録になにも記載せずに注射をすることがよくあると明かした。最近の死亡はみなジェシーの病棟で起こっていたため、ジェシーは霊安室では「シスター・バークとヘア」〔訳注：バークとヘアは連続殺人犯で、殺した死体を解剖用に医学校に売っていた〕として知られていると、ジェシー自身が訪問者に話しているのを聞いたという証言もあった。

ジェシーは停職になり、医師に処方されていない薬を、さらに三人の患者に注射し、うちひとりを死なせたとして告発された。当時、体内のインスリンを測定する技術はあまり発達していなかった。それでも、病理学者はエリザベス・ライオンの両腕の皮膚に針の跡があり、その組織に過剰なインスリンが含まれていたことを示すことができた。

ジェシーは一九七四年の六月に裁判にかけられ、エリザベス・ライオンの殺人罪と、ほかの三人の患者に不法な注射を打って危害を加えた罪で有罪になった。さまざまな看護師と医師らがジェシーに不利な証言を行った。看護師のひとりは、当時インスリンを処方されている患者がひとりもいないにもかかわらず、病棟の隣の部屋に空のインスリンの小瓶があったことを記録に残していた。別の看護師は、ジェシーが「そうしたければ、死体を掘り出してみればいいのよ。そうしたところでインスリンの痕跡は見つからないわ」と語っていたと証言した。ジェシーは終身刑を言い渡された。

五か月後、ジェシーはこの有罪判決を不服として上訴した。ジェシーの弁護士は、最初の裁判官、ロビンソン卿が陪審員に事実を伝えず、判決を誘導したと主張した。その事実とは、告発した警部はジェシーが自白したと証言したが、実際はそんな告白はしていないというものである。その警部はジェシーの受け答えをテープに録音していなかったが、ジェシーが、「私は、ミセス・ライオンが痛みと惨めさから解放されたいと望んでいて、腸にも問題を抱えていたので、インスリンの溶液を半cc

注射しました」と言ったと裁判で主張していた。ジェシーはこの発言を否定し、消毒した水の注射のことしか話していないと主張した。ジェシーは、もしインスリンを注射したことを認めれば、州裁判所で五ポンドの罰金が課せられるだけですむと警部から言われたと話した。上告審の裁判官はロビンソン卿の陪審員への誘導を認め、評決と刑罰を取り消した。

ジェシーの名前はスコットランドの看護師登録簿から削除された。少しあとにジェシーは結婚し、結婚後の名前で、一九八四年に看護・助産・地域保健のための中央審議会の専門登録簿に再登録した。

ジェシー・マクタヴィッシュの有罪判決は取り消された。だが患者にモルヒネを投与し自身で死亡証明書を書くということを常としてきた悪名高い医師の場合は、このように罪を逃れられることなど問題外だった。

ハロルド・フレドリック・シップマン（〝フレッド〟と呼ばれていた）は一九四六年にノッティンガムの公営住宅団地で生まれた。聡明な少年で、進学試験での成績もよく、地元で一番優秀な少年向けのグラマースクール、ハイ・ペイブメント校の奨学金を獲得した。彼の母親はいつも近所の人々よりも自分が一段すぐれていると感じていて、フレッドもそう感じるべく育てられたため、少年は仲間から孤立していた。母親から溺愛されていたので、母親が肺癌になり、ゆっくり苦しみながら彼のもとから去っていったときは打ちのめされた。当時は、午後になると医者がやってきて、母の痛みを和らげるためにモルヒネを注射した。フレッドはいつもそこにいて、母親が穏やかに眠るさまを見ていた。一九六三年に母親は亡くなった。フレッドが一七歳のときだった。

リーズ大学医学部での最初の年、つまり一九六五年に、シップマンはプリムローズ・オクストビーというショーウィンドウの装飾をしている一六歳の少女と出会い、結婚した。三か月後に娘が生まれた。まだ学生でいながら、夫であり父であるシップマンは、お産のときの鎮痛剤として用いられることの多いペチジンの依存症になった。医師の訓練の一環として、この医学生は四人グループでさまざまな薬剤で実験するように言われた。ふたりが薬を摂取し、ほかのふたりがその作用を監視するのだ。おそらくこれでその薬剤に溺れてしまったのだろう。

シップマンは長いあいだペチジンの処方箋を偽造し続け、とうとう静脈が崩壊してしまった。中毒を治すために精神治療を受けていたが、一九七五年にその治療を中止していた。表面的には、四人の子供と愛情深い妻のいる、どこにでもいそうな中流階級の家庭的な男に見えた。患者はシップマンをいい医者だと思っていたし、一部の同僚は彼のことを傲慢でよそよそしいと感じていたものの、職場では概して好かれていた。最初の職場はリーズの西にあるトッドモーデンで、一九七四年からはヨークシャー、その後、一九七七年からはランカシャーのハイドで働いた。

しかし、シップマンの正体は親切な家庭医とは正反対だった。二五年間、一か月におよそひとりの割合で患者を殺害していたのだ。決まって、高齢の独居女性の自宅を訪れ、致死量のモルヒネを注射し、彼女らを椅子かソファに座らせ、きちんと服を着せ、暖房を強くしておいた。そして次の日、その家に戻り、死亡を宣告し、死亡推定時刻は前日に訪問したときよりかなり遅い時間にした。これができたのは、部屋の熱で死体が温かいまま保たれ、死亡時刻の証拠となる死体の温度低下が妨げられたからである。シップマンは死因を心不全か老衰として、最近までこの患者を診てきたため死後解剖は不要と断言した。

一九九八年になると、ハイドの地域住民のなかには疑いを持ち始める人もいた。地元のタクシー運転手のひとりは、老婦人たちをいろいろな場所へ乗せて行っていたが、シップマンに診てもらった直後に亡くなっている人が多いと気づいていた。シップマンの近所の一般診療医のリンダ・レイノルズは、シップマンの患者は自分の患者より亡くなる人が三倍多いことに気づいた。シップマンは監視されていることに感づいた。そこで、つぎの犠牲者数人は、火葬されずに必ず埋葬されるローマ・カトリック教徒の女性に限定した。火葬の前には、ふたりの医師が死体を確認し検死解剖が必要となるような不審な点がないか確認するからだった。

シップマンの最後の犠牲者は八一歳のハイドの元町長、キャスリーン・グランディだった。キャスリーンは、シップマン自身が言うには、六月二四日に検査のために採血しようと自宅を訪問したときは「すこぶる健康」だった。だが翌日、高齢者のための昼食会の手伝いに現れなかったキャスリーンの家を、ふたりの友人が訪ねてみると、キャスリーンはリビング・ルームのソファに横たわって死んでいた。友人たちは警察を呼び、警察はシップマンに知らせた。シップマンは家にやってくると、すばやく診察をして、死亡証明書の死因欄に「老衰」と書いて署名した。シップマンはキャスリーンの診療記録も偽造し、咳止めのコデインを乱用していたことを示唆する観察結果をつけ加えた。コデインは死亡後に分解されてモルヒネになる。毒物試験でモルヒネが発見される可能性が高いとわかっていたのだ。

キャスリーンは遺言どおり埋葬された。しかしその後、遺言には彼女の全財産の三八万ポンドの遺

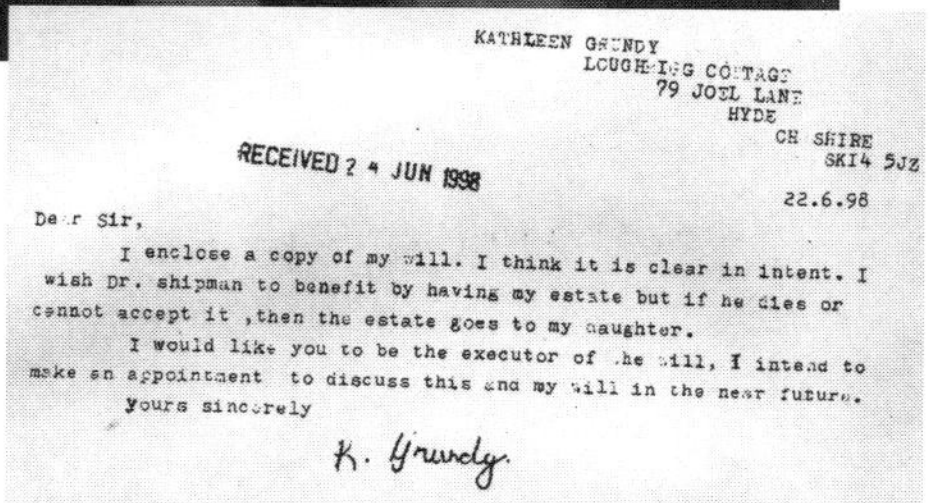

KATHLEEN GRUNDY
LOUGHRIGG COTTAGE
79 JOEL LANE
HYDE
CHESHIRE
SK14 5JZ

RECEIVED 2 4 JUN 1998

22.6.98

Dear Sir,

I enclose a copy of my will. I think it is clear in intent. I wish Dr. shipman to benefit by having my estate but if he dies or cannot accept it ,then the estate goes to my daughter.

I would like you to be the executor of the will, I intend to make an appointment to discuss this and my will in the near future.

Yours sincerely

K. Grundy

連続殺人犯のハロルド・シップマンと最後の犠牲者キャスリーン・グランディの偽造された遺言に同封されていた（挟まれていた）手紙。手紙はのちにシップマンの診療室にあったタイプライターの文字と一致した。

産をハロルド・フレデリック・シップマンに遺すとされていることがわかった。「私の資産もお金も家もすべて、私のお医者様に遺します。家族は困窮していないし、私やハイドの住民に対する先生のこれまでのご尽力に報いたいのです」と遺書にはあった。キャスリーンの娘は、この遺言書を見てショックを隠せなかった。母親がこんなことを書くなんて「思いもかけないことだった」のだ。娘が警察に通報すると、警察は死体を掘り出し、検死の実施を命じた。その間に、捜査官らは遺書にシップマンの指紋がひとつあるのを発見し、遺書とシップマンの診療室に置かれていたブラザー社製の使い古された手動式タイプライターとのつながりも見つけ出した。

キャスリーンは八月一日に掘り出された。葬式の六週間後だった。法病理学者ジョン・ラザフォードが検死を行ったが、明らかな死因はなにも見つからなかった。ラザフォードは左足太ももの筋肉と肝臓の検体を法医毒物学者のジュリー・エヴァンズに送付した。太ももの筋肉は身体のなかでもっとも安定した組織で、毒物の痕跡を見つけるのに適した部位なのだ。ジュリー・エヴァンズは太ももと肝臓を、質量分析法を用いて検査した。この方法を用いれば試料中のさまざまな化学物質の濃度がグラフで示されるのである。九月二日にエヴァンズは、キャスリーン・グランディは致死量のモルヒネによって死亡したという報告を行った。

モルヒネは医療用のヘロインで、強力で依存性の高い鎮痛薬であり、通常は末期疾患の終末段階の患者にのみ処方される。シップマンは偽の処方箋で得たモルヒネや、癌で死亡した患者が使っていたモルヒネをこっそり手に入れて備蓄していた。モルヒネは中枢神経系に作用し、痛みを和らげ気分を穏やかにする。静脈に注射されると、呼吸はすぐに緩やかになり、その後意識を失い死にいたる。殺人に用いられれば、痛みを感じることなくすみやかな死が訪れる。それでも理不尽に人の命を奪っていることに変わりはない。

モルヒネは死後長いあいだ死体に残存することがわかっているため、検死官はシップマンの患者の死体をさらに一一体掘り出すように指示した。すべての死体に致死量のモルヒネが含まれていた。シップマンは逮捕されて、一九九九年一〇月四日に裁判にかけられ、一五件の殺人とキャスリーン・グランディの遺書偽造の罪で告発された。シップマンは終身禁固刑に処されたが、二〇〇四年にベッドのシーツで縄を作り、監房の窓の格子で首を吊った。

シップマンの審問会の議長は高等裁判所女史判事のジャネット・スミスだったが、この審問会では、シップマンが医師をしていた期間に診た患者で死亡した人、計八八七人をすべて調査した。二〇〇五年のスミスの最終報告で、シップマンは自分の患者のうち二一〇人を殺害し、さらに四五人の殺人の可能性があると推定された。これによって、シップマンはこれまで有罪を宣告された犯人のなかでもっとも多くを殺した殺人犯となった。犠牲者の大多数は高齢者だったが、四歳の患者も犠牲者のひとりではないかという「きわめて重大な疑い」がある。一般大衆からは、シップマンをなぜもっと早く捕まえられなかったのかという怒りがわき起こり、医学界や法医学界では自己分析が行われた。

いかにして、フレッド・シップマンはこのような抜け目のない怪物になったのか。それはなぜなのか。キャスリーン・グランディを殺害するまで、シップマンは金銭的な利益を求めて殺人を犯したことはなかった。おそらくこの謎が解けることはないだろう。シップマンは最後まで殺人の方法については嘘をつきとおし、自分で自覚している動機についても語らず墓場まで持って行ってしまったのだ。

シップマンはひょっとすると、ジョン・ボドキン・アダムズ医師に影響を受けたのかもしれない。アダムズは、サセックスのイーストボーンで裕福な患者一六〇人をモルヒネで殺害した罪で一九五七年に起訴された(彼は無罪放免となったが、ここ最近の見解では、彼はおそらく有罪だろうという結論が下される傾向がある)。しかし心理学者らは、モルヒネが母親に及ぼした鎮静効果を見て過ごした子供のころの午後を、要因のひとつに挙げている。法化学者のロバート・フォレストは医療関係者の殺人事件についていくつか論文を発表し、医師というのは社会の一階層の人々にすぎず、「とくに道徳心の強いカリスマなどではない」と述べているが、これは核心を突いている。医療の仕事に就く一般的な理由には、知的好奇心、利他主義、高い社会的地位と財政的な安定などがある。だがロバートは、一〇〇万人にひとりがもっと暗い感情に基づいてその世界に入っていると推定している。つまり「明らかな神経症的心理状態で、加害者はスリルを求め、精神病に罹《かか》っている可能性もある」という。シップマンのような人物は、「患者を殺すまではその患者を巧みに操り、管理できるところが興味深い」。逮捕された日に尋問されたとき、シップマンが示した傲慢な態度や、殺したいと思う相手を自らの手で死にいたらしめる権利を持っていると信じている様子からして、この男は生と死を操る力を行使することに喜びを感じ、永遠に神の役割を演じられると考えていたようである。

ありがたいことに、殺人を企てる人の多くは、医療専門家のように危険な薬物を手に入れることはできない。また近年、現代的な毒物学者はヒ素のような金属性毒物を容易に同定してしまうため、殺人者がそれらに手を出す可能性も低い。現代の殺人者が選ぶ毒物は、植物由来のもので、ときに信じがたい方法でそれらを使う。作家として、私はアニック城のポイズン・ガーデンからアイデアを得て、ある連続殺人犯を創造したことがある。犯人は野菜の毒に魅せられ、それが致死性であることを数人の犠牲者で証明するのだ。

ところが、私が考え出した犯罪より奇妙な事件がある。それは、ゲオルギー・マルコフの事件だ。

一九七八年九月七日、マルコフはロンドンのウォータールー橋のバス停に立っていたとき、右太ももの後ろに鋭い痛みを感じた。マルコフは一九六九年に西側に亡命したブルガリアの反体制派の作家だった。そのときマルコフは、BBCワールドサービスの仕事に行くためにバスを待っているところだった。BBCでブルガリアの共産体制を風刺した番組に出演していたのだ。マルコフがあたりを見まわすと、ひとりの男が地面から傘を拾いあげて、タクシーを呼びとめて立ち去るのが見えた。マルコフはハチに刺されたような痛みを感じた。職場に着いたとき、足に小さな赤い腫れができていた。その夜になって足に炎症が起こり、熱が出た。翌朝、マルコフは救急車で病院に運ばれた。医師がX線写真を撮ったが、なにも異常は見つからなかった。抗菌薬が大量に投与されたが、マルコフは四日後に死亡した。

検死官は毒殺を疑い、検死解剖を依頼した。病理学者のルーファス・クロンプトンは、マルコフの臓器のほぼすべてが損傷を受けていることに気づき、急性敗血症で死亡したことを確認した。また、待ち針の頭ほどのごく小さな球状のものがマルコフの太ももの皮膚のすぐ内側に見つかった。その球には小さな穴がふたつ開いていた。

クロンプトンはその小球とそれが見つかった周辺の組織を毒物学者のデイヴィッド・ガルに送った。ガルは試験をいくつか行ったが、毒を同定できなかった。マルコフが呈したひと続きの徴候や症状に基づいて、その弾丸にはリシンが含まれていたのだろうと考えた。リシンは、ひまし油に使われるトウゴマの種から抽出される物質で、青酸カリより五〇〇倍以上強力な毒だ。マチュー・オルフィーラがイヌを使って行った実験を見習って、クロンプトンはブタにリシンを注射することにした。彼は次のように観察している。「マルコフとまったく同じ徴候が現れた。ブタはマルコフと似たような死にかたをした。血液の試料からは同じように、ほかの毒物では生じない高い白血球数が見られた」

リシンを飲みこんでも、ひどい症状が出るが死にいたることはない。だが、注射や吸入、粘膜から吸収された場合、数粒の塩ほどの量でも成人男性を殺すことができる。リシンは細胞でのタンパク質生成を阻害するため細胞死を引き起こし、重要な器官に損傷を生じさせる。症状や徴候は数時間遅れて現れ、高熱、痙攣発作、深刻な下痢、胸の痛み、呼吸困難、むくみなどが生じ、三日から五日後に死亡する。解毒剤はない。ヒ素のように症状が自然死に似ているため、この毒物は長年のあいだ毒殺者に好まれている。

マルコフの事件では、何者かが小球に穴を開けて、二、三粒のリシンを挿入し、三七度（人体の温度）で溶解するように作られた砂糖のコーティングで密閉したのではないかとクロンプトンは推定した。この小球の弾を発射させるために、暗殺者はエアライフルのように作動し、傘のように見える機器を用いたに違いない。マルコフが撃たれる一〇日前に、これと同じような犯行が同じ種類の小球弾を使って行われ、パリに住むベルギー人亡命者の命が狙われた。だが、このときの被害者は小球のコーティングが一部しか溶けなかったため、生き延びた。

マルコフはそれまでに二度、命を狙われたことがあったため、警察は彼の殺人はベルギーの秘密警察によって、またおそらくロシアのＫＧＢの支援を受けて、組織的に行われたのではないかとみた。一九九〇年に、二重スパイのオレク・ゴルジエフスキーは、ＫＧＢが毒を供給して、傘銃を製造したと主張した。一九九一年にソビエト連邦が崩壊すると、その翌年にベルギーの情報部の元長官は、旧体制に指示された暗殺の詳細を記した一〇巻の記録文書を破棄した。マルコフを殺したのは誰なのか、それはおそらく二度と明らかにならないだろう。

一般の市民はそれほど精巧ではない方法で、植物の毒を用いる傾向がある。二〇〇八年に、西ロンドンのフェルサムで、三人の子の母親である四五歳のラクバー・シンは一六年間交際していた恋人のラクヴィンデール・チーマに捨てられた。友人たちから〝ラッキー〟と呼ばれていたチーマは、ラクバー・シンの半分の年齢の女性と交際を始めていた。ラクバーは失恋した。そのあとラッキーは新しい恋人とバレンタイン・デーに結婚すると発表した。ラクバーは、彼がほかの女性と一緒にいると考えながら一生辛い思いをするくらいなら、いっそ彼を殺してしまおうと考えた。ラクバーはヒマラヤ山脈のふもとの丘陵地帯に位置するベンガルに一か月間滞在し、世界でもっとも危険な植物と考えられている、美しい花をつけるヨウシュトリカブト（別名インディアン・トリカブト）から抽出された毒とともに戻ってきた「偶然にも、J・K・ローリングの『ハリー・ポッターと謎のプリンス』（静山社）で、リーマス・ルーピン先生が狼人間に変わるのを止めるために、スネイプ教授が英国のトリカブト（ウルフスベイン）を用いている」。

二〇〇九年一月二六日、予定されていた結婚式の二週間前に、ラクバー・シンはフェルサムのラッキーの家に侵入し、余ったカレーが入っている容器を冷蔵庫から出し、それにトリカブトを加えた。

翌日の夕食に、ラッキーと婚約者がそのカレーを食べた。ラッキーはそのカレーが気に入ったらしくおかわりしていた。まもなく、ふたりは嘔吐し始めた。婚約者はその後なにが起こったか、つぎのように思い返した。「ラッキーは私に言いました。『ひどく気分が悪いよ。顔が麻痺しているみたいだ。触っても何も感じないんだ』」。そのうちに、ラッキーは手と足も動かせなくなった。どうにか九九九番に電話をして、元恋人の女性に毒を盛られたようだとオペレーターに話した。ふたりは病院に救急搬送されたが、ラッキーは病院で死亡した。

トリカブトは心臓やほかの内臓の働きを止める。激しい嘔吐のあと、被害者はアリが身体じゅうを這っているような感覚に襲われ、その後、四肢の感覚を失い、呼吸がだんだん遅くなり、鼓動が弱まり、心臓のリズムが乱れてくる。だが、そのあいだじゅう意識ははっきりしている。ラッキーの婚約者が二日間、薬物誘発性の昏睡状態に陥っていたとき、毒物学者のデ

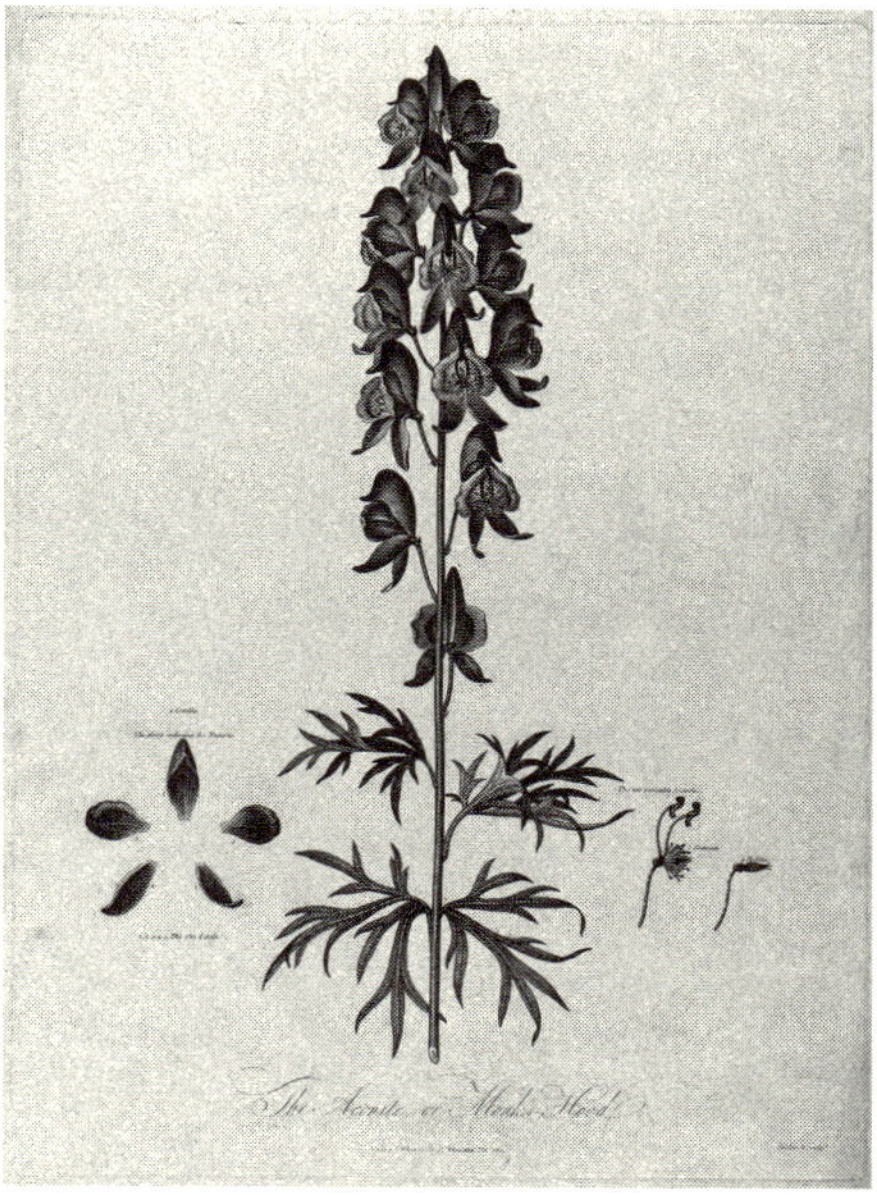

アコニットは、ヨウシュトリカブトやトリカブトとしても知られる。トリカブト中毒の症状は、吐き気、嘔吐、四肢の焼けるような痛みやうずき、呼吸困難などである。治療しなければ、2〜6時間以内に死亡する可能性がある。

ニス・スタンワースは毒を追跡しようとしていた。法化学者のロバート・フォレストは次のように説明した。「幸運なことに、デニスには調査を続けるのに充分な検死解剖の材料がありました。外国産の植物毒を探し始めてやっと、トリカブトを見つけたのです」。その婚約者は異常な心臓のリズムを整えるためにジギタリスを与えられ、完全に回復した。

警察がラクバー・シンのフラットを捜査すると、コートとハンドバッグのなかにトリカブトが含まれた茶色の粉の袋がふたつ見つかった。ラクバーは首にできた発疹の薬だと主張したが、殺人罪で有罪となり、二三年の懲役刑を宣告された。

毒物学者はときおり、体内に入る前の毒との対決を迫られることがある。火災現場の捜査官ニーヴ・ニック・ダエドは、第2章に登場した調査官で、火災と爆発物と薬物を専門に扱う分析化学者でもある。ニーヴは何かにコカインが含まれているかどうか知りたいとき、まずは単純なイエスかノーの答えが出る色試験を使う。「小さな試験管に入れて、それに試験薬を振りかけます。青色に変わったら、コカインが含まれています」。次はガスクロマトグラフィーなどもっと洗練された技術を用いて、ドラッグの濃度を調べる。

タイからきた捜査官がニーヴのもとを訪れたとき、貧しい国ではこのふたつ目の試験を実施する余裕がないのだと聞かされた。ニーヴは、それらの国の人々がドラッグの濃度にかかわりなく、カラー試験だけに基づいて逮捕されるのだと知った。そこでニーヴたちは、より安価な解決策を考案した。

「スマートフォンを使って試験結果の色を写真に撮り、カメラを調整すると、その色から試料のなかのドラッグの暫定的なパーセンテージがわかります。スマートフォンで撮影しているので、画像にＧＰＳ座標をつけることができ、それを転送することもできます。私たちはいま、米国と協力して、ドラッグ試料を没収した現場のライブマップを世界規模で作成しています。最前線で行われる科学捜査の技術の多くは国によって差がありますが、複雑な技術を用いる必要はありません。じつのところ、非常に単純な方法で問題が解決することもあるのです」。コカイン濃度を調べるための色試験など、二世紀前のマチュー・オルフィーラには想像もつかなかったことかもしれないが、オルフィーラならこの洗練された方法をきっと歓迎しただろうと考えずにはいられない。

第6章

Chapter Six

FINGERPRINTING

指紋

こうして主は、証《あかし》の板二枚、すなわち神が指で書かれた石の銘板をモーセに授けられた

――『出エジプト記』三一章一八

法科学を支配している原則は、前世紀の初頭にエドモン・ロカールによって定められたとおり、「あらゆる接触には痕跡が残る」である。しかし、それらの痕跡を分析し、分類し、理解する方法を知らなければ、痕跡があっても犯人を捕まえるときにたいして役に立ちはしない。科学者が新たな発見をするにつれ、検出技術は進歩してきた。そして指紋から身元を特定する技術は、犯人に法の裁きを受けさせるための方法として草分けであり、新聞のヘッドラインをよく賑《にぎ》わせた。

法科学は指紋法から始まったわけではないが、指紋法はほかの分野とは違った発展のしかたで一般大衆に科学捜査のイメージを植えつけた。また、非常に理解しやすいため、法廷もただちにそれを採用した。一九〇〇年代の初期、法律を守る一般市民は、自分のものではないものにこっそり触れた泥棒を密かに同定できるというこの概念に魅了された。小指の先のパターンのおかげで、鈍器で人の命を奪った殺人者を絞首台に登らせることができるし、一群の隆起やループのユニークな配置のおかげで一瞬気を弛《ゆる》めた犯人を、否応なく有罪判決に導くことができるのだ。

指紋の個体性という概念を理解した最初のヨーロッパ人は、ウィリアム・ハーシェルという青年だった。一八五三年、ハーシェルは東インド会社で働くために船に乗り、イングランドを出発した。東インド会社はインドの大部分を事実上支配していた。四年後、銃のカートリッジに用いられる油の種類についての争いを発端として、同社のインド人兵士の一団が英国人司令官に対して反乱を起こした。その後〝インド大反乱〟と呼ばれたこの謀反は国中に広がり、広範囲で暴動事件が起こったが英国軍からの猛烈な報復を受けた。騒ぎが収まったとき、東インド会社は植民地の権利を英国に引き渡し、会社従業員の多くがインドの行政部に移動になった。ハーシェルはベンガルの農村地域の担当になった。

謀反の残虐行為によって気分が高揚したままの多くのインド国民は、英国の領主の生活をできるだけ困難なものにしようと決意していた。仕事に行くのも、税金を払うのも、英国の農園を耕すのもやめてしまった。

ハーシェルは二五歳の野心家で、市民の反乱のせいで自分の業績に傷をつけられるのはごめんだと考えていた。ハーシェルが担当になって最初に決定したことのひとつに、道路の敷設がある。ハーシェルは地元の男性コウナイと、計画のための設備供給の契約を交わそうとして書類を作成した。そのとき、ハーシェルは実に奇妙なことをした。

「コウナイのてのひらと指を、自分の公式印章に使っている自家製のオイル・インクに軽くつけ、契約書の裏にてのひら全体を押しつけた。ふたりで手相占いに関する冗談を言いながら、コウナイの手形ともう一部の契約書につけた私の手形とを比較した」。ハーシェルはコウナイの手形をつけたとき、身分証明のことなどは考えておらず、ただ保険のようなつもりだった。「怖がらせて、自分の署名でないと拒否する気を起こさないようにした」

ハーシェルはその手形のアイデアをヒンズー教のサティーという慣習から得たのかもしれない。サティーは当時でもまれな風習で一八六一年には違法とされたが、亡くなった夫の火葬用に積まれた薪の上で妻が生きたまま焼かれるというものだった。妻は死に場所へ向かう途中で〝サティーの門〟を通り抜けるとき、手に赤い染料を塗って門に手形をつける。手形が浅い浮き彫りのようになって目立つようにまわりの石細工模様は削り取られる。

二〇年後、ハーシェルはコルカタ近くのフーグリーの行政官に任命され、裁判所と刑務所、そして年金の担当者になった。詐欺というと現代の犯罪と思いがちだが、ハーシェルは一四〇年前にそれを意識していた。年金受給者の指紋を取るというシステムを立ちあげ、本人が亡くなったあと、他人が不正に彼らの年金を受け取れないようにした。また、服役を宣告された人々の指紋も取って、有罪になった罪人が金を払って他人に服役させるのを防止した。

外見の特徴で分類して犯罪者を特定するという概念は、さまざまな司法行政で関心を集めつつあった。ハーシェルがシステムを開発していたちょうどそのころ、パリの警察事務員だったアルフォンス・ベルティヨンは、次々とやってくる囚人の多さに圧倒されていた。そこで人を測定する科学、人体測定学を用いて系統的に人々を特定しようと考えた。ベルティヨンは頭部の幅や肘から中指の先までの長さなど、一一の身体測定箇所を選び、ふたりの人間がこの一一箇所の測定値がまったく同じである確率は二億八六〇〇万分の一だと計算した。ベルティヨンはファイルカードに個人の測定値を記録し、カードの中央には正面と横向きの顔写真二枚を貼りつけた。このようにして犯罪者の顔写真《マグショット》が撮られるようになった。

いっぽう東京では、スコットランド人の医療宣教師が指紋に関する実験を始めていた。ヘンリー・フォールズは、古代の陶工が自作の壺に手の指で模様をつけているのを知った。また、粉をそこに振

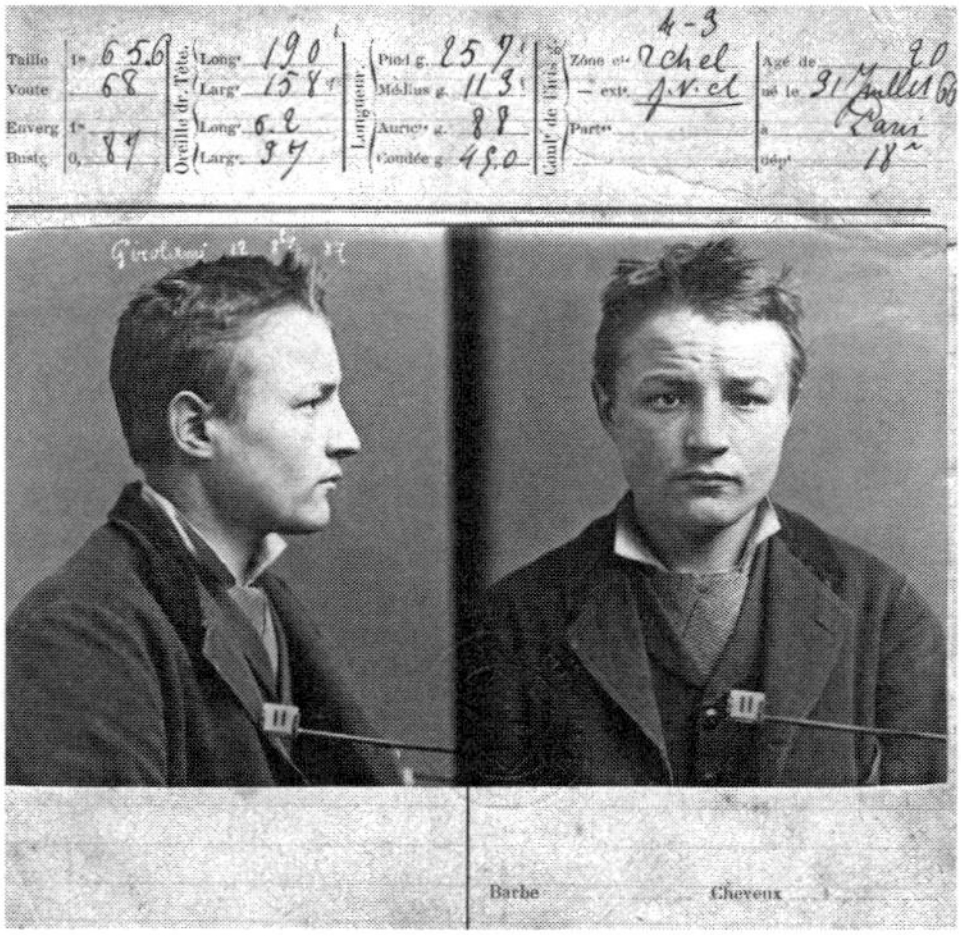

詐欺で逮捕された21歳のジョージ・ジロラミのベルティヨン式人体測定法の記録。

りかけると微妙な紋が見えてくることを発見し、その技術を使って、泥棒で告発された男の潔白を証明した。フォールズが真犯人に、泥棒に入られた家の窓ガラスについていた指紋とその男の指紋とがそっくりなのを示すと、男は泣き崩れて罪を告白した。フォールズはさらに観察を行い、一〇本の指から取った指紋に基づく指紋分類法を考案した。フォールズは、そのシステムを用いた指紋科を立ちあげるようロンドン警視庁《スコットランドヤード》に提案したが、そのアイデアははねつけられた。

ヘンリー・フォールズはそれでも屈することなく、チャールズ・ダーウィンに手紙を書き、指紋分類法について詳述している。ダーウィンはこのアイデアに興味をそそられたが、この仕事はもっと若い人のほうが適任だと感じ、その手紙を従弟のフランシス・ゴルトンに渡した。ゴルトンは一〇年かけて指紋について研究し、このテーマで初めて『指紋』（一八九二年）という本を著し、そのなかで弓状紋、蹄状《ていじょう》紋、渦状紋のいずれかを含む八つの基本的な指紋パターンを定めた。また、どの人間の指も、それらのカテゴリーのひとつにそれぞれ独自にあてはまることを示した。

クロアチア生まれの警察官ファン・ブセティッチはゴルトンの本を読んで、アルゼンチンのブエノスアイレス市で逮捕された男の指紋を採取し始めた。ブセティッチは〝指紋検査法〟と呼ぶ一〇本の指の分類システムを自ら考案した。それは多くのスペイン語圏の国々でいまなお使用されている。また、刑事事件で用いられるだけでなく、国内の身分証明書の検証形態として、アルゼンチン政府にすぐに導入された。

だが、ブセティッチのシステムはまもなく、ある事件で厳しく不穏な試練にさらされることになった。一八九二年六月二九日、ブエノスアイレス近くの村で、四歳のテレサ・ロハスと六歳の兄のポンシアーノが自宅で無残に殺されているのが見つかった。彼らの母親、フランシスカは生きていたが、喉が切られていた。

フランシスカは警察に近所の住民、ペドロ・ベラスケスが家にいきなりやってきて、子供たちを殺し、彼女の喉を切り裂こうとしたと話した。警察は一週間ペドロ・ベラスケスを拷問したが、ベラスケスはアリバイを主張し続けた。殺人のあった時間に友人たちと一緒に出かけていたというのだ。自白が取れずに失望していたアルバレス警部補は現場の家に戻った。このとき、アルバレスはドアの枠に茶色の斑点がついているのに気づいた。血のついた指紋かもしれないと考えたアルバレスは木のフレームから血のついた部分を取り、ベラスケスから取った指紋と一緒に、ブエノスアイレスで指紋鑑定の施設を開設したばかりのファン・ブセティッチのところへ持ちこんだ。

ブセティッチは自信満々でこの指紋はドアの枠のものとは一致しないと報告した。そのあと、ブセティッチはフランシスカ・ロハスの指紋を採取した。それらは同一のものだった。血のついた指紋という不利な証拠を突きつけられ、フランシスカはわが子ふたりを殺し、疑われないよう自分の喉を切って、無実の男に罪をなすりつけようとしたことを自白した。子供嫌いの恋人と結婚するチャンスをつかもうとしていたのだ。花嫁になるつもりだったフランシスカは、指紋証拠に基づいて有罪を宣告された最初の人物となり、終身刑を言い渡された。

ロハスの事件後、アルゼンチンはベルティヨンの人体計測方式をやめて、指紋による独自の犯罪記録を組織的に取るようになった。まもなく、ほかの国もそれにならい始めた。翌年、ベンガルの警察署長エドワード・ヘンリーは、親指の指紋を人体計測による犯罪記録に加えた。ベンガルでは、ウィリアム・ハーシェルが四〇年前に指紋システムを導入して以来、民間では指紋が公式に使用されていたが、警察は一度もその利点を活用してこなかった。インド人の警察官アジズル・ハックとともに働きながら、ヘンリーはゴルトンのシステムを改良し、捜査官が指紋の身体的な特徴を利用できるシステムを作り、ユニークな参照番号をつけた。これらの番号はその後、警察本部で一〇二四個の分類棚のうちのひとつに指紋を保管するのに用いられた。新たな指紋が採取されると、その特徴がコード化され、適切な分類棚を確認し、以前に保管されたものと一致しないかが調べられた。一八九七年、〝ヘンリー式分類法〟は英領インド全域で採用された。

一九〇一年に、ヘンリーはロンドンに呼び戻され、ロンドン警視庁《スコットランドヤード》の捜査課（ＣＩＤ）を率いることになった。ヘンリーはさっそく指紋局を設置し、これによって再犯が防げると信じて、犯罪者の指紋を記録した。犯罪者の身元を記録する信頼のおけるシステムができる前は、偽名を使って初犯のふりをすることで、厳しい刑罰を避けるというのが常習犯のあいだでよく使われるやり口だった。最初の年だけで、指紋局は六三二人の常習犯の偽名を見破った。

新たに技術が開発された場合によくあることだが、一般大衆の意識に最新の法科学技術を根づかせるためには、センセーショナルな事件がひとつ必要とされる。指紋が科学捜査の舞台でスポット・ライトを浴びたのは、導入から四年後の一九〇五年のことだった。三月末の月曜の朝、ウィリアム・ジョーンズは、ロンドンのデットフォード・ハイ・ストリートにある勤め先の、チャップマンの絵の具店に向かっていた。一六歳のその少年は、八時半にもかかわらず、絵の具屋のドアが閉まったままで鍵がかかっていることに驚いた。店主とその妻は店の上階に住んでいて、いつもは早起きの客のために七時半に店を開けているのだ。ウィリアムは、夫婦が病気になったのではないかと考えた。ふたりは七一歳と七五歳なので、充分ありそうなことだ。ノックしても返事がないので、ウィリアムは肩で店のドアを乱暴に押した。ドアは頑丈でびくともしなかった。つま先立ちになってシャッターのすき間から店内をのぞいてみた。店の奥の暖炉のそばで、一脚の安楽椅子が横向きに倒れているのが見えた。

ふいに不安に駆られたウィリアムは、走って友人を呼びに行った。友人を連れて急いで戻ってくると、ドアを壊した。倒れた椅子の下敷きになって店主のトーマス・ファロウが倒れていた。頭を割られ、血が暖炉の灰に浸みこんでいる。そのあとの検死時、病理医は頭部と顔面を六回、おそらくバールで殴られているという見解を示した。

アルバート・アトキンソン巡査部長は現場に最初に到着した警察官で、上階のベッドに横たわっているアン・ファロウを見つけた。ひどく殴られていて、意識を失っていたが、まだなんとか息がある。ファロウ夫妻のベッドのわきの床には扉の開いた空っぽの金庫が転がっている。ウィリアムの話では、ファロウ氏は月曜にいつもその金庫を銀行に持って行き、店の毎週の売上げ金約一〇ポンドを預けていたらしい。

この事件の担当になったのは、メルヴィル・マクノートンという男で、CIDの長だったエドワード・ヘンリーの後任だった。一八八九年にロンドン警視庁《スコットランドヤード》にやってきた最初の日、マクノートンは新たなボスから、前年に起こった未解決の切り裂きジャックによる連続殺人事件のことを聞いた。マクノートンはその後、職を退くまで、デスクの上に切り裂きジャックに切り刻まれた被害者の写真をつねに貼っておき、それを見て、もっと努力しなければという思いを新たにしていた。それでも、経験を積んだ刑事なら誰でもそうであるように、マクノートンにも未解決のままの担当事件があった。CIDに所属して三日後、マクノートンは川岸に沿って集められた女性のバラバラ死体の一部を拾いあげていた。犯人はその後も見つからないままで、その事件は〝テムズの謎〟と呼ばれた。

トーマス・ファロウが残忍に殺害された事件に戻ろう。マクノートンはこの事件を必ず解決してみせると決意した。この殺人事件は地元の人々を震撼《しんかん》させていた。デットフォートは、公害で汚染された人口密集地帯で、病気と犯罪が日常にあふれていたとはいえ、冷血な殺人はまれだった。

老夫婦がパジャマ姿で発見されたことと、ウィリアムに発見されたのは死後まもなくのことだろうという病理医の見積もりから、トーマスは朝早くにうまく言いくるめられて玄関のドアを開けたのだろうと警察は考えた。襲撃者はすぐにトーマスを襲い、その後二階へあがって金庫を見つけたのだろう。刑事たちは、階段の上に見つかった血だまりから、トーマスが懸命に、無防備な状態で寝ている妻のいる上階まで犯人を追いかけたと推測した。ところが襲撃者は無情にも彼の息の根を止め、冷酷にトーマスの妻を黙らせ、金を取って逃げたのだろう。

マクノートンは金庫を注意深く調べ、内側のトレイの底に脂ぎった指紋がついているのを見つけた。ハンカチを手にあてて箱を持ちあげて紙で包み、指紋局へ持ちこんだ。世間から嘲笑を受けるかもしれないという危険は重々承知していた。一九〇二年に指紋の証拠によってハリー・ジャクソンという強盗が逮捕されてはいたが、指紋はまだ手相占いの一種のように見られていた。誰もが、ジャクソンの裁判で用いられた指紋鑑定法の有効性に納得しているわけではなかった。その有罪判決を聞いたあと、「うんざりしている行政長官」と署名した何者かが『タイムズ』紙に次のような手紙を送っている。

「かつては世界でもっともすぐれた警察組織として知られたロンドン警視庁《スコットランドヤード》だが、皮膚の奇妙な畝を用いて今後も犯人を追いかけるつもりなら、ヨーロッパじゅうの笑いものになるだろう」

指紋局長のチャールズ・コリンズは、拡大鏡でトレイを調べ、指紋のサイズとその隆線の傾きから、汗ばんだ右手の親指だと判断した。また、その指紋には、アトキンス巡査部長とファロウ夫妻から採取した指紋とはまったく異なる違いがあったので満足を覚えた。それらの違いは、親指の指紋が一致する容疑者に対する論拠の強化になるだろう。

指紋局は設立してまだ四年だったが、すでに九万件近くの指紋が巨大な木製の整理棚に保管されて

1946年、CIDのアシスタントがロンドン警視庁の指紋記録と新たな指紋とを照合している様子。

いた。コリンズは該当する分類棚を調べてみたが、一致する指紋は見つからなかった。

五日後、捜査にもうひとつ打撃となる出来事があった。アン・ファロウが、受けた傷のせいで亡くなったのだ。マクノートンは彼女が意識を取り戻して、襲撃者について話してくれれば、と期待していた。

だがその後、マスコミのおかげで刑事たちの捜査に突破口が開けた。新聞でこの殺人事件の記事を読んだある牛乳配達人が目撃情報を寄せてきたのだ。午前七時一五分にチャップマンの絵の具店を去る男ふたりを見かけ、ドアが半開きになっていると大声で呼びかけたらしい。すると、ひとりが振り向いて「ああ、いいんだ」と応え、歩き去ったという。牛乳配達人はふたりの外見をくわしく説明した。ひとりは黒っぽい口ひげを生やし、青色のスーツを着て山高帽をかぶっていた。もうひとりは茶色のスーツに縁なし帽だった。

その後、ある画家の目撃証言によって、なぜウィリアム・ジョーンズ少年がきたとき、正面のドアに鍵がかかっていたのかが明らかになった。画家は、顔じゅう血まみれの老人が、午前七時半にドアを閉めるのをちらっと見かけたのだ。マクノートンは次のように推測した。トーマス・ファロウは殴打されたあともしばらくは生きていて、殴られたときは階段の上にいたのだが、もうろうとした状態で階段をおり、ドアを閉めて、店の奥へと移動しようとして、そこで傷のせいで力つきたのだろう。

三人目の目撃者が現れた。ひとりの女性が、牛乳配達人の描写と一致するふたりの男が午前七時二〇分にデットフォード・ハイ・ストリートを走っているのを見ていた。しかも、警察にとって幸運なことに、その女性は男のひとりに見覚えがあった。茶色のスーツの男は二二歳のアルフレッド・ストラットンだったという。彼と一緒にいた男の描写はアルフレッドの二〇歳の弟アルバートの外見と一致した。警察がアルフレッドの恋人に聞きこみを行ったところ、アルフレッドは殺人の前日は食べ物を買うお金もなかったが、その翌日はパンとベーコンと薪と石炭を持って帰ってきたという。マクノートンにはこれで充分だった。ストラットン兄弟はトーマス・ファロウの殺人から一週間後に逮捕された。

だが、捜査の邪魔をする不運はまだしつこくつきまとっていた。牛乳配達人もその助手も面通しでストラットン兄弟を容疑者の列から識別できなかったのだ。チャールズ・コリンズがふたりの指紋を取っているとき、兄弟は虚勢を張って、くすぐったいと冗談を言っていた。

しかし、最後に笑ったのはコリンズだった。指紋を調べたところ、金庫にあった指紋とアルフレッド・ストラットンの親指の指紋が一致したのだ。

それでも検察当局は、まだ厄介な仕事が残っているとわかっていた。二センチメートルほどの汗の跡で、はたして陪審員を説得できるのか。この事件には多くの問題がのしかかっていた。冷血な殺人者ふたりの有罪判決。切り裂きジャック事件で傷ついたロンドン警視庁《スコットランドヤード》の名声の回復。そして、指紋

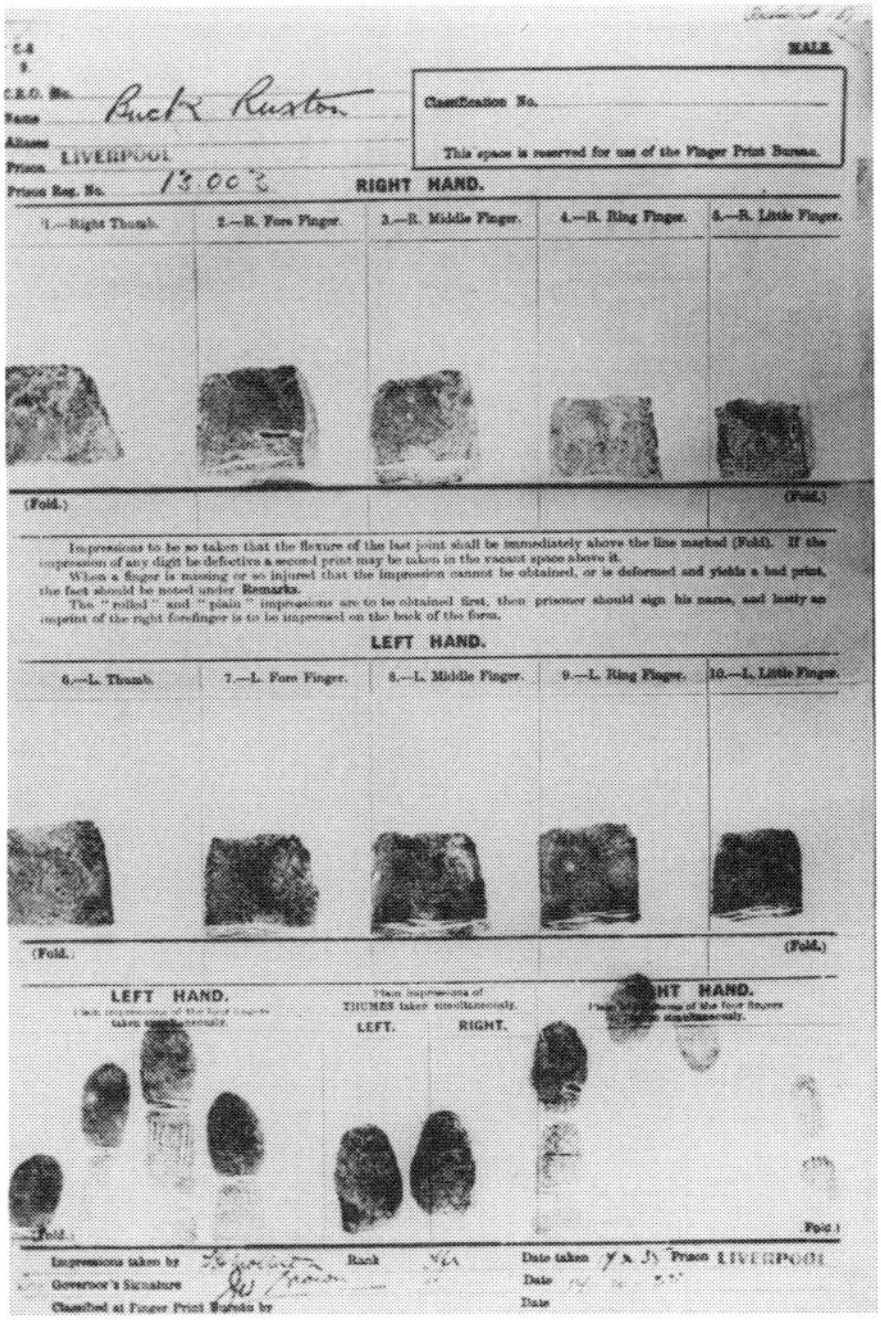

C.R.O. No.
Name Buck Ruxton
Aliases
Prison LIVERPOOL
Prison Reg. No. 13.003

MALE.

Classification No.

This space is reserved for use of the Finger Print Bureau.

RIGHT HAND.

1.—Right Thumb.	2.—R. Fore Finger.	3.—R. Middle Finger.	4.—R. Ring Finger.	5.—R. Little Finger.

(Fold.) (Fold.)

Impressions to be so taken that the flexure of the last joint shall be immediately above the line marked (Fold). If the impression of any digit be defective a second print may be taken in the vacant space above it.

When a finger is missing or so injured that the impression cannot be obtained, or is deformed and yields a bad print, the fact should be noted under Remarks.

The "rolled" and "plain" impressions are to be obtained first, then prisoner should sign his name, and lastly an imprint of the right forefinger is to be impressed on the back of the form.

LEFT HAND.

6.—L. Thumb.	7.—L. Fore Finger.	8.—L. Middle Finger.	9.—L. Ring Finger.	10.—L. Little Finger.

(Fold.) (Fold.)

LEFT HAND.
Plain impressions of the four fingers taken simultaneously.

Plain impressions of THUMBS taken simultaneously.
LEFT. RIGHT.

RIGHT HAND.
Plain impressions of the four fingers taken simultaneously.

(Fold.) (Fold.)

Impressions taken by
Governor's Signature
Classified at Finger Print Bureau by
Rank
Date taken
Prison LIVERPOOL
Date
Date

1936年にリバプール刑務所で取られたバック・ラクストンの指紋。

を主要な証拠として認めさせること。マクノートンと警視総監エドワード・ヘンリーは、自分たちがどれほど危ない橋を渡っているか痛いほどわかっていた。

皮肉にも、ヘンリー・フォールズが日本から帰国し、弁護側の証人になる準備を整えていた。フォールズには彼なりの思惑があった。第一に、ロンドン警視庁《スコットランドヤード》は彼の指紋局設立の要求を拒否した。その後ヘンリー法に基づいた指紋局を開局し、指紋鑑定の発展におけるフォールズの貢献を認めようとしなかった。フォールズは一本の指から取った指紋だけで疑わしい人物をひとり特定できるほど、研究はまだ進んでいないと主張するつもりだった。

チャールズ・コリンズは、引き伸ばした写真をいくつか腕にかかえて証言台に立った。陪審員に金庫から採取した不鮮明な指紋を示し、つぎにファロウ夫妻とアトキンソン警部補の鮮明な指紋を示した。それらの指紋は見るからに互いに異なっていて、陪審員はたいして説明を必要としなかった。つぎにコリンズは、アルフレッド・ストラットンの親指の指紋を見せた。金庫の指紋と似ていることは一目瞭然だった。コリンズは、類似しているポイントを一一箇所指し示した。陪審員たちは指紋にすっかり魅了された。

弁護側がコリンズに反対尋問したとき、彼は同じ指から採取したふたつの指紋は、押しつけられたときの圧力と接触角度が異なるため、まったく同一のものにはならないと、力強く主張した。その主張をしておいて好都合だった。弁護側の最初の指紋の専門家、ジョン・ガーソンが証言台に立ち、コリンズの一一箇所の類似点は信用できないと主張したからだ。類似するポイントまでの距離が、あるものはやや短く、あるものは長くなっているとガーソンは言った。また、ポイントをつなぐ線は曲がり具合が少し異なると述べた。

高名な検察側の弁護士リチャード・ミューアは、ガーソンの目の前にふたつの手紙を置いて、反対尋問を開始した。そのふたつの手紙はガーソンによって同じ日に書かれたものだった。いっぽうはストラットンの弁護士に宛てた手紙で、有利な証言をすると申し出ていた。もういっぽうは検察庁長官に宛てた手紙だったが、内容は同じだった。ミューアは、ガーソンが高い提示額を示したほうに証言を売る、金で雇われた証人だということを暗に示した。この告発に対してガーソンは「私は誰にも依存していない独立した証人だ」と答えた。が、その答えに裁判官は厳しい口調で「まったく信用できないタイプの」とつけ足した。ガーソンは信頼をぼろぼろに崩された状態で証言台からおりた。

ヘンリー・フォールズはつぎに証拠を示すことになっていた。フォールズは数千もの指紋を比較した結果、たったひとつの指紋で、地球上のたったひとりの人間がそれに一致すると言い切ることはできないという、強力な見解を示す準備を整えていた。だが、弁護側は、ガーソンのようにフォールズの証言もミューアにみごとに打ち砕かれてしまうのではと恐れた。そのため、フォールズが証言台に立つことはなかった。

二時間の審議のあと、陪審員は有罪の評決とともに戻ってきた。一九〇五年五月二三日、裁判が始まってから一九日後に、ストラットン兄弟はふたりとも絞首台へ送られた。こうして英国の司法制度は、まったく新しい科学的な証拠の世界に足を踏み出したのである。

一九〇五年までに、指紋局はインド、英国、ハンガリー、オーストリア、ドイツ、スイス、デンマーク、スペイン、アルゼンチン、米国、カナダで設立されていたが、それまで、指紋の証拠が有罪の証明に用いられたのは、ブエノスアイレスとロンドンのみだった。ストラットンの事件は、この証拠がいかに強力かを示すものだった。先例となった裁判の翌年の一九〇六年には、四人の英国人が犯行現場の指紋に基づいて起訴された。同じ年、ニューヨーク市警察（ＮＹＰＤ）は米国じゅうの警察署に指紋鑑定法を紹介した。

指紋を分類し一致するものを見つけるためのエドワード・ヘンリーの方式は、一九八〇年代にコンピューターによる自動指紋同定方式が導入されるまで、基本的に変わらぬままだった。それは、指紋鑑定人の仕事も同じだった。

まず、鑑定人は指紋とは何かを理解しておかねばならない。指の腹には山と谷が織りなす複雑な模様が存在する。その指の腹の部分にインクをつけて紙に押しつければ、象徴的な指紋のイメージどおり、複雑な模様をすぐに目にすることができる。私たちの指紋は、生まれる前から体の一部として備わっている。最初に現れるのは妊娠第一〇週目で、胎児はたった八センチメートルしかない。胎児の皮膚を形成する三層の組織のひとつ、基底層が、ほかの二層より速く成長するにしたがって、「大きな地殻プレートが圧縮されて歪むように」負荷を軽減するために山ができる。指の腹が平らならば、皮膚にかかる圧力が均等なので、隆線は平行になる。だが、指の腹は傾斜しているため、山は均等な負荷のラインに沿って作られ、大部分が同心円を形作る。隆線はてのひらや足の裏にも現われる。ほかの霊長類にも指紋はあり、進化生物学者はこれにはちゃんとした理由があると考えている。皮膚が伸びたり、形が崩れたときに、損傷から守るのに役立つのだ。谷の部分は汗を逃がし、ものをつかむときに滑らないようにする役目がある。また、木の樹皮など粗い表面に対して接触面積が増し、それで握る力が増す。

指でなにかの表面に触れると、その隆線が触れたものの表面に独特の模様を残す。一卵性双生児でも指紋は異なる。指紋鑑定法が実施されてから長い年月が経っているが、ふたつの異なる指から得た指紋で完全に同じ指紋を見つけた人はいない。

残された痕跡から人々を特定するのは、家族のなかでなら簡単だ。小さな泥だらけの足跡は靴を脱ぎ忘れた幼児のものだ。それより小さいのはイヌのもの。しかしこのような推論は容疑者が少数で、問題の指紋が肉眼で目に見えるほど明らかな顕在指紋である場合に成り立つ。目に見えない潜在指紋はずっと扱いにくい。汗や泥、血液、塵などの物質は、顕在指紋も、潜在指紋も形成しうる。表面が吸湿性であったりでこぼこだったりするほど、CSIはそれらの痕跡を検出しにくくなる。ビニール袋や人間の皮膚からの指紋の採取は、以前は不可能だったが、技術が向上し、いまは採取する方法が見つかっている。

英国のCSIは指紋を採取するために、もっとも損傷の少ない方法から順に論理的な順序で種々の手法を用いる。行動の手順は内務省の『指紋採取マニュアル』で規定されている。まず、CSIは、ロハスの家のドア枠にあった血のついた指紋のような顕在指紋を求めて室内の表面を調べる。必要に応じてそれらの写真を撮る。次にレーザーや紫外線をあてて、潜在指紋を照らし出し、写真を撮れるようにする。専用の照明でも効果がないときは、黒い粉をつけたブラシで慎重に指紋の上をなぞり、写真を撮り、粘着性のテープをその上に押しつける。それをはがしたら、〝ラスト〟という白いカードにそのテープを貼りつける。これはヘンリー・フォールズが行った、犯行現場から指紋を採取する古典的な方法で、今日でももっとも一般的に用いられている方法である。それでも指紋がまだはっきりとした姿を見せようとしないとき（多孔性の表面についたものに多いことだが）、CSIは人間の汗に含まれる塩分やアミノ酸に反応するさまざまな化学物質を用いて指紋を可視化する。

写真と粘着テープを貼りつけた〝ラスト〟はそのあと指紋鑑定人に送られる。鑑定人は個人認識が可能なほど充分に詳細な隆線が含まれているかどうかを判断する。指紋がぼやけていたり、不完全でないかぎり、鑑定人は関係者の指紋とそれを比較する。関係者とは被害者や警察官など現場にいる権利のあった人で、容疑者ではない人の指紋である。そのあとに容疑者となる可能性のある人の指紋を見る。これは主観的なプロセスにならざるをえない。鑑定人が誰も一致しないと判断したときは、指紋をスキャンし、それを幾何学的なパターンへコード化する。そのあと八〇〇万人の人々の指紋が保管されている英国のＩＤＥＮＴ１など全国のデータベースを使って、自動検索を行う。

　ＩＤＥＮＴ１はいわば現代版のエドワード・ヘンリーの分類棚だ。ＩＤＥＮＴ１とＦＢＩのデータベースはいずれもヘンリーの分類法と認証システムを少し修正したものである。コンピューター・プログラムは〝渦状紋がいくつありますか?〟など指紋についての一連の質問を行う。それぞれの答えには数値が与えられる。たとえば〝ふたつの渦状紋〟は二ポイントである。その数値はつなぎ合わされ、その指紋に総合的なコードが与えられる。ＩＤＥＮＴ１はこのコードをデータベース内の八〇〇万の指紋のコードと比較し、もっとも近い一〇件程度の指紋を鑑定人に示す。

　鑑定人はそのいずれかと一致するかどうか判断しなければならない。これも主観的なプロセスになる。隆線の全体的なパターンに類似性があれば、つぎは小さな識別ポイントに注意を向ける。これは〝細目〟として知られており、隆線の始まり、終わり、接触点などの部分である。その隆線の形状は独立して存在するか、ほかのふたつの隆線と小さな橋でつながっているか、など。

　一九〇一年に、ロンドン警視庁《スコットランドヤード》が指紋局を設立したとき、チャールズ・コリンズのような鑑定人は、英国の法廷で指紋が一致していると証言するには、一致した細目を少なくとも一二箇所見つける必要があった。一九二四年には、これが一六箇所に増加し、ほかの大部分の国より多くなった。その当時、指紋の専門家のほとんどは、一致箇所は八箇所で充分と考えていた。したがって鑑定人は、八箇所から一五箇所のあいだで一致する指紋を見つけたときは、それを警察に報告した。有効な手がかりになるかもしれないからだ。しかし一九五三年になるころには、すべての英国の警察が一六箇所の基準を採用していた。

ストラットン兄弟の事件以後、指紋採取に対する信頼は、世界じゅうの一般大衆や司法組織、警察のあいだで急速に高まった。そして多数の専門家を含む多くの人々にとって、それは絶対確実なオーラを放っているように思えた。法科学の教授ジム・フレイザーは『法科学』(二〇一〇年)のなかでつぎのように書いている。「指紋鑑定人の多くは、指紋による個人の識別は決定的なものになりうる。つまり一〇〇パーセント確実なものと見なしている」

指紋が明瞭なときは、鑑定人が間違った人を同定することはほとんどないだろう。しかし、指紋が汚れていたり、ほかの指紋と重なっていたり、血がついているときは、ひとりの鑑定人が一致している箇所があると見なしても、別の鑑定人はそう見なさないことがある。一九九七年に起きたある事件で、この指紋鑑定の主観的な性質が極限まで吟味されることになった。一月六日、スコットランドのキルマーノックの自宅で、マリオン・ロスという女性の死体が見つかった。マリオンは凄惨な殺されかたをしていた。複数の刺し傷があり、肋骨は砕かれ、喉には一本のハサミが刺さったままだった。CSIは証拠の回収に取りかかり、マリオンの自宅で二〇〇を超える潜在指紋を発見した。それらはスコットランド犯罪記録管理局に送られ、救護隊員、医師、警官など関係者の指紋が除外された。

台風の目となった指の跡は、浴室のドア枠に残っていた親指の指紋だった。ひどくぼやけてはいたが、指紋鑑定人は、この指紋を刑事課のシャーリー・マッカイ巡査（三五歳）のものだと自信を持って特定した。マッカイは捜査官が屋内の証拠を集めているあいだ、現場保全のために家の外にいるはずだったため、そのドアに触れるには、持ち場を離れなければならなかった。これは明白な不正行為だった。

警察官は犯行現場を扱う方法について充分な訓練を受けている。CSIは犯人が残した繊細な痕跡を損なわないようにつねに保護手袋をつけている。事件の重大さから、スコットランド犯罪記録管理局の三人の専門家が親指の指紋を調べ、指紋はマッカイのものであると確認した。それが本当なら、マッカイ刑事は職務を放棄したことになる。

いっぽう、殺人の第一容疑者としては、デイヴィッド・アズベリーという二〇歳の便利屋が特定された。捜査官はマリオンの自宅でアズベリーの指紋を見つけ、アズベリーの自宅のブリキ缶からはマリオンの指紋を見つけた。アズベリーは最近マリオンの家で仕事をしたので、指紋がついているのだと説明した。しかし、刑事らは逮捕に充分な証拠だと考えた。

アズベリーの裁判で、マッカイはいつなんどきもマリオン・ロスの家のなかにいたことはないため、その親指の指紋は自分のものではありえないと証言した。その犯行現場で作業していたほかの五四人の捜査官もみな、マッカイの証言が間違いないと確認した。それにもかかわらず、マッカイはストラスクライド警察を停職になり、最終的には解雇された。

ところがそれで悪夢が終わったわけではなかった。一九九八年のある朝早く、シャーリー・マッカイは逮捕されたのだ。マッカイは、女性警察官がじっと見つめるなかで服を着なければならなかった。そして、実の父親イアン・マッカイが以前警察部長をしていた警察署に連れて行かれ、裸にされて調べられ、監房に入れられた。マッカイは偽証の嫌疑を受けていて、八年の懲役刑になる恐れがあった。父親は傑出した警察官として長く勤めてきたからこそ、指紋証拠の整合性を信用した。つまり、父親は専門家を疑うより、愛する娘が嘘をついていると考えるほうが容易だったのだ。「指紋の証拠に基づいて絞首刑になっている人がいるんだぞ」父は娘にそう言った。

一九九九年五月、シャーリー・マッカイはスコットランドの終審裁判所である最高法院で裁判にかけられた。親指の指紋を調べたふたりの米国人専門家は、その指紋はマッカイのものではないと主張した。ひとりは、「数秒」で「明らかな」違いを見つけたと述べた。この証拠に基づいて、陪審員は偽証に関してマッカイを無罪とした。二〇〇二年八月に、デイヴィッド・アズベリーの殺人罪についても、指紋証拠が不完全であるということから、エディンバラの刑事控訴院で有罪判決が取り消された。アズベリーは刑務所で三年半を過ごしていた。

シャーリー・マッカイの無実が確定したあと、スコットランド犯罪記録管理局とストラスクライド警察の四人の警察官は職権乱用で告発された。マッカイはその後損害賠償訴訟を起こし、二〇〇六年に和解金七五万ポンドを受け取った。

だがそのときまでに、マッカイは愛した職を失い、数年間ギフトショップで働きながら重度のうつ病に苦しんでいた。父親のイアン・マッカイは現在、世界をめぐり、裁判所で提示される専門家の証拠の質をあげるための活動を行い、指紋の専門家たちの確信に満ちた態度に惑わされないようにと、人々に警告を発している。

二〇〇一年に、一六箇所の一致基準はイングランドとウェールズで破棄された。これはひとつにはマッカイ・アズベリー裁判での大失敗のせいであるが、実際には基準として機能していなかったせいでもある。指紋鑑定人は一致する箇所を一四箇所見つけたとき、ふたつの指紋が〝一致〟するようにあとふたつを探すことがある。そうなると違いでなく類似性ばかりを追いかけることになり危険である。一六箇所の標準が廃止されて以降、数値的な標準は存在しない。だが、ほかの専門家が、指紋鑑定人が下したそれぞれの決定に疑問をさし挟むことはめったにない。

キャサリン・ツイーディーは、指紋鑑識官に疑問を呈することを仕事にしている人々のひとりである。いまのところ、その職に就いている人はかなり少数だ。ツイーディーの最初の印象は、子供に人気のある教師といったところだった。好奇心が旺盛で聡明で、暖かい言葉で子供を励ましながらよいところを引き出してくれるような。だが、会って五分もすると、別の面が見えてきた。それは、きわめて理論的な議論を繰り出す冷徹なまでの知性と、ものごとを正したいという情熱だ。ツイーディーは、米国フロリダ州のマイアミ警察による〝顕在指紋鑑定上級講座〟を含め、英国と海外の指紋に関するさまざまな講座を修了した。現在は、ダラムに拠点を置く法医学コンサルタント機関で指紋を専門として、たいていは弁護側について働いている。そこでの仕事は、英国で行われている指紋鑑定のダブル・チェックなのだが、ダブル・チェックされる指紋鑑定はほんの一部で、それが占める割合はツイーディーが望んでいるより小さい。

「私は一九九〇年代の半ばからこの仕事をやってきました」と、ツイーディーは語る。「一科学者として指紋鑑定に携わるようになりました。でも、人々がなんの疑問も持たずに指紋鑑定を岩のように強固で絶対的な科学だと見なしていると思うと、髪をかきむしりたくなります。これはまったく科学ではありません。これは比較です」。指紋鑑定を裏づけるために用いられるレトリックはつねに科学的なトーンを保ち続けてきた。しかし、キャサリン・ツイーディーは、確実なものを求めて道を進んでいるからといって確実なものにたどり着けるわけではなく、ときには逆行していることもありうるのだということを、二〇年間人々に注意喚起し続けてきた。

マッカイの事件が落着した二〇〇六年に、スコットランドはイングランドとウェールズに続いて、一六箇所の一致基準を破棄した。二〇一一年に、マッカイ・アズベリーの大失敗についての公式調査の結果が発表された。今回の人物誤認は「ヒューマンエラー」であって、ストラスクライド警察側の職権乱用ではないとし、今後は指紋証拠は事実ではなく、「意見証拠」と見なし、「その真価」に基づいて法廷はその証拠を扱うべきであると推奨していた。

だが、このメッセージはすべての指紋鑑定人に浸透しているわけではない、とキャサリン・ツイーディーは語る。「意見は単なる意見にすぎないと考えるよう訓練されていないのです。ものごとを事実として見るよう訓練されてしまうと、灰色の部分もあるという認識に引き戻すのはきわめて困難です。多くの事件で一〇〇パーセント確実ということはありえません。得られた証拠は、ひとつの指紋の一部だけなのですから」

指紋が、ある人物と正確に一致した場合でさえ、捜査官がその意味を明らかにしようとしたときにミスが生じることがある。ツイーディーが仕事を始めたころに扱った事件で、ジェイミーという一四歳の少年が北アイルランドの住宅に強盗に入ったと告発されたものがある。ジェイミーの手形がその家の浴室の窓台から回収されたのだ。ツイーディーがジェイミーに会ったとき、ジェイミーはその家にはいままで一度も入ったことがないと言った。キャサリンは家に入って、それが真実かもしれない理由を見つけることができた。その家は、いかなるタイプの調査であれ徹底的に行うのは難しいくらい、悪臭を放って散らかり放題だったのだ。手形を調べると、たしかにジェイミーのものと明らかに一致していた。だが、誰かが浴室の窓によじのぼって出入りしたのなら、浴槽かシンクに足跡が残り、窓台のすぐ下のがらくたが乱れたはずだ。なのに、それらしい痕跡はなにもなかった。

犯行現場の捜査官はほかの部屋に入っていないし、外側のふたつのドアも調べていなかった。キャサリンは自分自身で調査を行ったが、ジェイミーと家のなかを関連づける証拠はなにも見つからなかった。

キャサリンの仕事によって活気づいたジェイミーの弁護チームは、この家の主人が自分の娘を無情にも誕生日に家から通りへ追い出していたことを突き止めた。娘は友人の家で数週間を過ごしていた。その後、両親が買い物に出かけているると知るが早いか、娘は家に戻って自分の鍵で玄関のドアを開けてなかに入り、大きなラジカセと金庫、服をいくつかとビデオ数本を持って出ていったのだ。

両親は家に帰ったとき、いくつかものがなくなっていることに気づき、警察に電話し、泥棒に入られたと報告した。捜査は始まったが浴室の窓枠の手形とともに終わった。それ以上疑問を持たれることはなかった。キャサリン・ツイーディーがジェイミーの友人に質問したとき、友人たちは、この家の裏のあたりでよくパイレーツという遊びをしていたと語った。パイレーツは鬼ごっこに似た遊びで、プレイヤーは鬼にタッチされないように両足を地面から離しておくゲームだ。ジェイミーはこのゲームが上手だったことが明らかになった。得意技は排水管をよじ登り、浴室の窓枠に片手でぶら下がることだった。ツイーディーの粘り強さがなければ、ジェイミーのすばしこい体は刑務所に着地することになったかもしれない。

ときに指紋はもっと恐ろしい状況で採取されることもある。二〇〇四年三月一一日、ラッシュアワーのピーク時、一〇個の爆弾がマドリードの四つの通勤電車で同時に爆発した。この爆発によって一九一人が亡くなり、一八〇〇人が負傷した。ＦＢＩはアルカイダの関与を疑った。

スペイン警察は複数の雷管が捨てられているのを発見した。それらが入っていたビニール袋に不完全ながら指の跡がひとつついていた。ＦＢＩのデータベースでその指紋を照合したところ、二〇件の一致候補が見つかった。

一致する可能性のある人物のひとりは、オレゴン州で事務所を構えている米国生まれの弁護士、ブランドン・メイフィールドだった。彼の指紋がＦＢＩの指紋データベースにあったのは、米軍に入隊したことがあるからだ。だが、対テロリストという観点でより重大な意味を持つのは、メイフィールドがエジプト人と結婚しイスラム教に改宗しているという点だった。また子供の親権に関する裁判だったとはいえ、ポートランド・セブンという、タリバン側について戦うためにアフガニスタンに渡ろうとしたグループのひとりを弁護したこともあった。さらにメイフィールドは、彼らと同じモスクで礼拝に参加していた。

ブランドン・メイフィールドの指紋は完全には一致していなかったし、パスポートの期限は切れていて、数年間海外へ旅行に行った証拠も見つからなかったのだが、FBIはブランドン・メイフィールドが爆破に関係していると判断した。そして、メイフィールドと家族を見張り始めた。

アトーチャ駅のすぐ外で爆発した列車の車両で手がかりを探すスペインの科学捜査官ら。2004年のテロ攻撃は、スペイン史上最悪の事件となった。

スペイン警察がその指紋証拠は退けるべきだと主張したにもかかわらず、FBI捜査官はメイフィールドの電話を盗聴し、自宅とオフィスに侵入し、デスクと財政記録を探り、コンピューターを調べ、彼を尾行した。メイフィールドが捜査対象になっていることに気づいて狼狽すると、FBIは逃亡を防ぐためにメイフィールドの身柄を拘束した。耐えきれないほど長い二週間が過ぎたあと、スペイン警察が指紋の一致する真犯人、アルジェリア人のオーフェン・ダウードを見つけた。

メイフィールドは米国政府を不当な身柄拘束で訴え、二〇〇六年に正式な謝罪と二〇〇万ドルの和解金を受けた。

FBIはのちに、メイフィールド事件を扱ったときの問題のひとつは、指紋の専門家たちが捜査時に、分析と比較の段階を切り分けていなかったことにあると認めた。なによりもまず、専門家はくわしく指紋を分析し、できるかぎり多くの詳細な情報を記述すべきである。それをしたあとで初めて、一致する可能性のある指紋を調べ比較しなければならない。分析と比較を同時に行うと、一致する指紋を探しているだけに、一致する部分にばかり目がいってしまうというリスクがある。ユニヴァーシティ・カレッジ・ロンドンの脳神経科学者イティエル・ドローは次のように見ている。「大多数の指紋に問題がなく、問題があるのがたった一パーセントのみだとしても、それは毎年数千ものエラーを生じさせている可能性がある」

二〇〇六年に行われた米国のある実験では、経験豊かな指紋の専門家も背景情報に影響を受ける可能性があることが示された。六人の専門家が、それぞれ以前に分析したことのある指紋を見せられた。しかしこのときは事件に関する特定の詳細情報も与えられた。たとえば、犯罪が起こった当時、容疑者は警察に身柄を拘束されていたとか、容疑者は罪を自白したとか。二回目の調査の一七パーセントで、専門家らはその情報が示唆する方向に決定を翻した。つまり、専門家らは事件の背景と判断を客観的に分離できなかったのだ。この種のバイアスは英国では起こりにくい。大部分の警察組織で科学捜査部門はほかの部門と切り離されているからだ。

キャサリン・ツイーディーなどの専門家によって疑問符がつけられているにもかかわらず、世界じゅうの裁判所では、指紋はいまだに絶対確実なものとして扱われ、たったひとつの指紋で人々は刑務所に送られている。人気の著書『科学捜査事件簿』（二〇〇四年）のなかで、作家のN・E・ジェンガは「捜査官は一〇〇かゼロ以外のパーセンテージのことは頭にない」と語っている。しかし、指紋鑑定の専門家、スイス人のクリストフ・シャンポは、指紋証拠は可能性という言葉とともにも扱うべきであり、ほかの法科学分野の証拠とあわせて用いるべきで、鑑識官は一致の可能性について自由に話し合うべきであると呼びかけた。また、全体的に指紋の重要性を一段階、落とすべきであるとも主張した。つまり、「指紋証拠は複数の指紋鑑定人によって示される、単なる補強証拠とすべきなのだ」

法科学がひとつの家族だとすれば、指紋は、一番いい肘掛け椅子にすわって、時代が変わっていることに気づかずに、ひとりで判断を下そうとする頑固な祖父なのだ。ほかの家族が、おじいちゃんはときどき人や場所や記憶を取り違えてしまうことがあると理解しているかぎり、彼の知恵は適切に用心深く扱われる。そうすれば、彼の家族に対する貢献は健全でバランスの取れたものになる。

第7章

Chapter Seven

飛沫血痕とDNA

BLOOD SPATTER and DNA

偉大なるネプチューンの海がわが手から血を洗い流してくれるだろうか。いや、この手は世界の海を淡紅に、蒼を赤に染めてしまう。

――『マクベス』第二幕二場

血、それは生命に欠かせないものである。血がなければ私たちは生きていけない。そして血は、ひとつの世代から次の世代へと財産や権力を脈々と伝える歴史を貫く糸でもある。大昔から人は、血を部族の印や一族の家紋のようなものとして理解してきた。共同体によっては、財産の相続が父から息子へではなく、父からその姉妹の息子へ受け継がれることがあった。これは、姉か妹の息子は同じ血筋であることを確信できたからである。その子の祖母は自分の母だということが、事実として確信できた。いっぽう自分自身の息子は、父親である自分の血を受け継いでいると確認することができなかった。

また、血は犯罪小説が生まれた当初からその脈打つ心臓だった。ドクター・ワトソンがシャーロック・ホームズを最初に見かけたとき、ホームズはテーブルにかがみこんでヘモグロビンの試験を完成させるところだった。この検査のすばらしさをなかなか理解できないワトソンに探偵はイライラする。「いいかね。これは、ここ数年でもっとも実用的な法医学上の発見なんだ。これが血痕の試験として絶対確実なものだということがわからないのかい。さあ、見ているといい」そう言うと、ホームズは指に針を刺し、したたり落ちた血の滴を使って試験を実際にやってみせた。

「犯罪事件では絶えずこの点が問題になっている」とホームズは言う。「たとえば、犯罪が起こってから数か月後にひとりの男性が疑われるとする。彼のベッドのシーツや衣服を調べると、茶色がかった染みが見つかる。それらは血の染みか、泥か、さびか、それとも果物の染みだろうか。これは多くの専門家を悩ませてきた問題だ。それはなぜか。信頼できる検査方法がなかったからだ。だが、いまやシャーロック・ホームズ法があるのだから、今後はこの問題が解消されるだろう」

アーサー・コナン・ドイルの最初の小説のタイトルはずばり、『緋色の研究』で、これはホームズがワトソンに向けて行った探偵業に関する講義に由来している。「人生という透明の糸の束には殺人という緋色の糸が混じっている。ぼくらの仕事は、そのもつれを解き、より分け、余すところなく日の目にさらすことなんだ」。その後まもなく、ふたりがブリクストン通りからはずれた一軒家に端を発する「緋色の糸」を発見したとき、ワトソンは現場を見て気分が悪くなりかけたが、アフガン戦争で軍医として従軍したことを考えると、それは正直言ってありそうもないことのように思える。とはいえ、かくいう私も流血と殺人を特色とする小説の著者でありながら、血を見ると吐き気をもよおすくちではあるのだが。

話を本に戻そう。ひとりの男性がベッドに寝ている状態で刺され、心臓を一刺しされていた。「ドアの下から、細くてカールした赤いリボンのようなひとすじの血が廊下へ伸び、向こう側の壁ぎわに小さな血だまりを作っていた」。このときは、ホームズの新しい検査は必要なかった。その代わりにホームズは、家のなかの物的証拠をすべて察知し、正体不明の犯人に対する警察官の見解に耳を傾けた。「殺人のあとも男はしばらくその部屋に留まっていたに違いありません。洗面器には血の混じった水が残っていて、シーツに血の跡がありましたから、犯人は洗面器で手を洗い、シーツでナイフの血を丹念にぬぐったんでしょう」

犯行現場で見つかった血液から過去の出来事を再現する方法は、〝血痕分析〟として知られている。コナン・ドイルの想像をはるかに超えて、したたった血は現代の専門家に多くのことを語りかける。

『緋色の研究』が出版される二年前に、ポーランドの法医学研究所のアシスタント、エドゥアルト・ピオトロフスキーがこの分野で最初の一歩を踏み出し、暴力行為が行われた方向を説明するための血痕解釈に関する論文「殴打による頭部外傷に由来する血痕の発生源、形状、方向、および分布について」（一八九五年）を著している。

ピオトロフスキーは生きているウサギを紙製の衝立《ついたて》の前に置き、その頭をハンマーで殴り、雇った画家にむごたらしい結果を描かせた。そうやって描かれたカラフルな絵はぞっとするほど正確だった。ピオトロフスキーはさらにほかのウサギを石や手斧を使って殺し、攻撃のときの立ち位置や角度を変えて、血痕の形状や位置にそれらがどのような影響を及ぼすのかを確認した。実験時にピオトロフスキーがどのように感じていたのかは知りようがないが、論文のなかで、高潔な目的をこのように書き記している。「犯行現場で見つかった血痕に最大限の注意を向けることは、法科学的証拠の分野では非常に重要なことである。なぜなら、それが殺人に光をあて、殺人が起こった重大な瞬間を説明してくれるのだから」

とはいえ、ピオトロフスキーの画期的な研究は、二〇世紀半ばまでほとんど注目されなかった。関心を集めるきっかけとなったのは、一九五五年に起こった事件だった。サミュエル・シェパードという名前のハンサムな医師が、オハイオ州のエリー湖岸にある自宅の寝室で、妊娠した妻を撲殺したとして有罪判決を受けた。シェパードは、「ぼさぼさ髪の侵入者」が妻を襲い、自分は後頭部を殴られたと主張した（その傷は自分でつけるには非常に困難な傷だった）。

最初の裁判と、一九六六年の再審で、カリフォルニア大学バークレー校の法科学者ポール・カーク

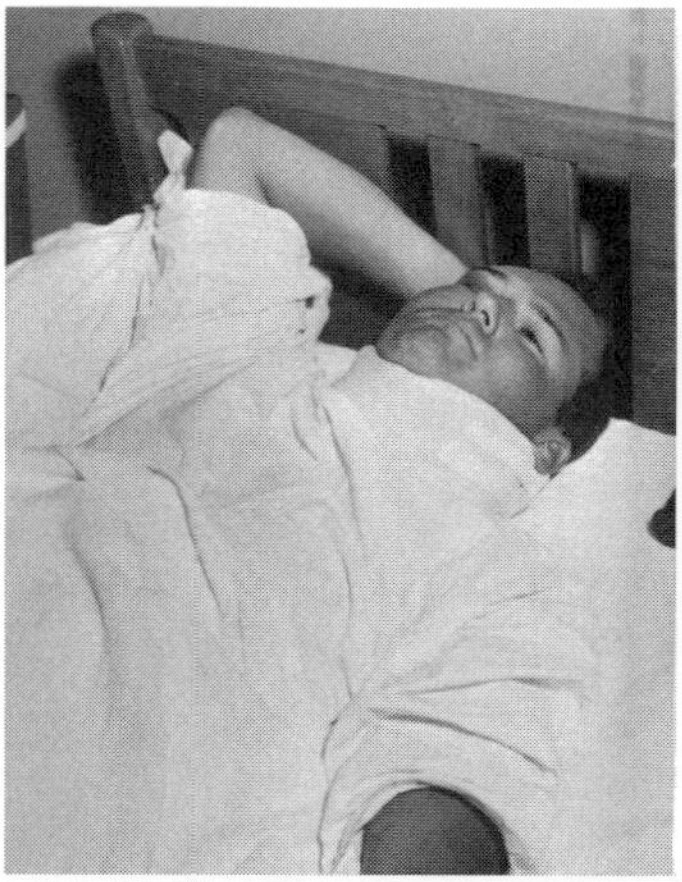

左上から順に：暴行を受けたあとのサミュエル・シェパード、彼の妻マリリン・リース・シェパード、頸部ギプスをはめて裁判で証言するシェパード。第二級殺人罪で10年服役し、1966年に行われた2度目の裁判で無罪となった。

は、弁護側の証人としてつぎのような証言をした。「凶器が頭部にあたったとき、血液は放射状に、全方向に、車輪のスポークのように飛散します」。カークは、ベッド脇の壁の、血に染まっていない部分を撮った写真を法廷で示した。犯人がシェパード夫人を殴ったときに立っていた側の壁だ。「殺人犯は返り血を浴びたはずなので、着用していた衣服のどこにも血痕がないということはありえません」

警察がシェパードの家に最初に到着したとき、シェパードはシャツを着ておらず、ひどく動揺していた。彼の身体についていた血痕は、ズボンの膝に付着していたものだけだった。シェパードはなぜシャツを着ていなかったのか思い出せず、「もしかしたらその男が欲しいと言ったのかもしれません。わかりません」と語った。のちにシェパードのサイズの破れたＴシャツが家の近くで見つかった。そのＴシャツに血液はついていなかった。再審でカークが説得力のある証言を行ったことが役に立ち、シェパードの有罪判決は翻った。シェパードは刑務所で一一年過ごしたのちに自由の身となった。

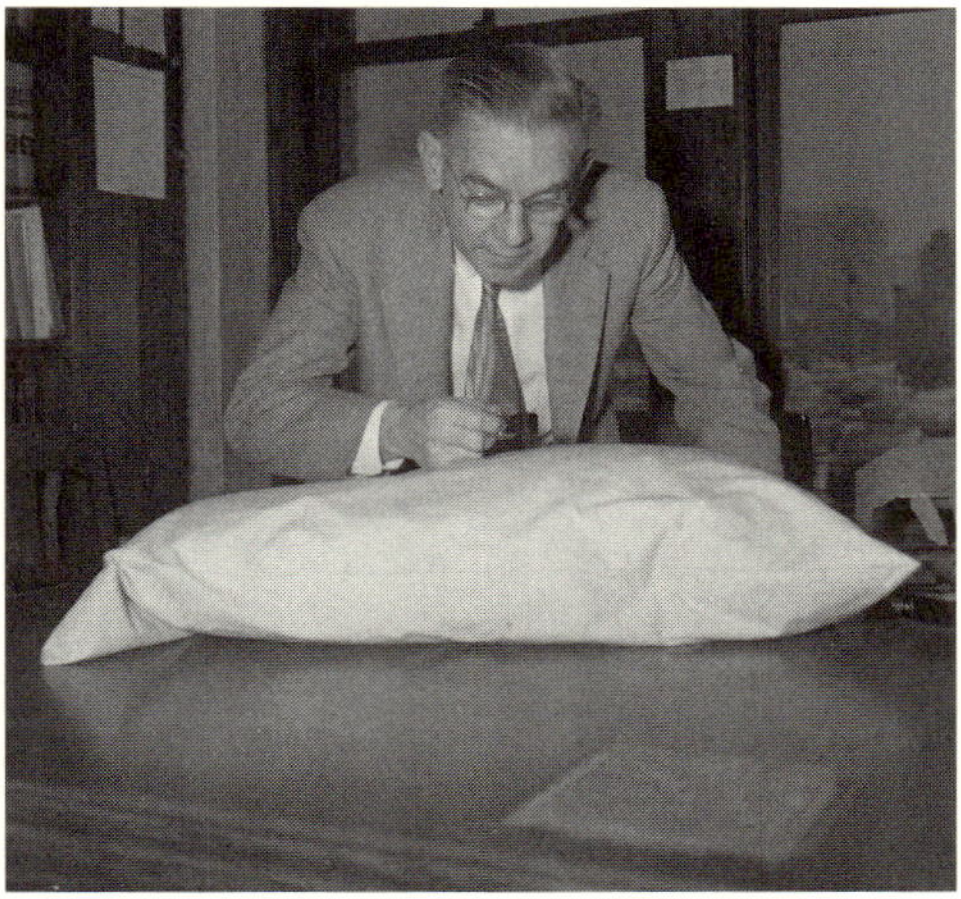

マリリン・シェパードの枕についた飛沫血痕を調べるポール・カーク博士。

五年後、米国政府は血痕分析についての初の現代的な手引き『人血の飛沫特性と血痕パターン』（一九七一年）を発表した。この手引きとそこに収められた六〇枚のカラー写真は、致死的な殴打がいかにして行われたのか、どこで行われたのか、使用された凶器の種類はなにか、殺人犯は返り血を浴びたか、殺人犯も出血したか、死後に死体を動かしたか、または死ぬ前に被害者が自分で移動したかについて、ＣＳＩが血痕から判断できるようになっている。

警察はいまだに飛沫血痕の分析を日々行っている。これまで、この分析は数千件の犯罪の解決に役立っている。しかし、一九八〇年代に血痕の重要性に地殻変動級の大きな変化が訪れた。遺伝子指紋法が発見されたのだ。いまや、〝なにで〟〝どこで〟〝どのように〟という血痕で明かされる疑問のリストに〝誰が〟が加えられるようになった。二〇世紀の初期以降、科学者は血液試料や精液から容疑者の血液型を特定できるようになってはいた。これは、容疑者かもしれない人々を限定するのには役に立ったが、一般集団にいくつかの血液型が生じるその頻度からすると、たいていは状況証拠として用いられるのみである。血液型はＤＮＡによって提供される法医学的証拠の可能性とはほど遠かった。

三二年間、ヴァル・トムリンスンは殺人現場で血痕を調査し、研究所でＤＮＡを解析してきた。一九八二年から閉鎖される二〇一一年まで、英国のフォレンジック・サイエンス・サービス（ＦＳＳ）で働き、それ以降はＬＧＣ社の科学捜査部門で働いている。トムリンスンは穏やかで温和な女性で、その外見からは想像できないが、血と親しい間柄にある。つまり、トムリンスンは血の飛散のしかたやその化学組成、それが伝えるメッセージを熟知しているし、すべての人の生活を支える遺伝子コードにも造詣が深い。トムリンスンは言う。「DNAにはある種の理論があります。奇妙なことですが、現場の作業は科学というより芸術に近いのです」

トムリンスンがノートを手に殺人現場に到着するころには、CSIはたいてい隅から隅まで写真とビデオを撮影し終えている。トムリンスンは語る。「入り口に立っている警官に『なぜ絵を描くんですか？　そんな必要はないのに』と言われ、何度も議論になったことがあります」

だが、風景を描く画家のように、トムリンスンは完全にその現場に没頭したいのだ。「休みの日には二〇〇枚くらい写真を撮ることもありますが、家に戻ると、それらはただのスナップ・ショットでしかありません。けれども、じっと立ってその現場を描いていると、その特別な側面に惹きつけられるのです。ゆっくり時間をかけて絵を描き、無関係なものを排除します。ただひとつを除いてほかはすべて無関係なものである場合、それを浮き彫りにできるのです。写真はテーブルの上にあるものすべてをただ示します。たとえば、血痕がついているコーヒー・マグなど、なにかひとつの物品だけを強調することはありません」

トムリンスンはある現場で「五、六時間」過ごすとき、現場の状況を整理し、論理を組み立てる。したがって、絵を描くという行為は絵そのものより重要なのだ。「すべての答えが得られなくても、少なくとも見たことについて話をすることはできますし、起こった出来事の順序が推定できます」

トムリンスンはこの結果を上級捜査官に伝え、そのあと法廷でも証言するが、そのとき、現場の絵を「写真と同じくらいよく使います。気を散らすだけの不要なものをすべて部屋から取り除き、重要なものだけを描くことで、陪審員の理解を促すことができます」と言う。

　犯行現場では、トムリンスンにとって血はなによりも重大なものである。ほかの液体と同じく、その動力学は物理学の原理の影響を受ける。血の滴が床に垂直に落ちた場合、人間や物体からゆっくりしたたった結果であることが多い。滴がある角度で進んだときは、楕円形の血痕になるが、これはたいてい拳や鈍器による殴打によって生じる。楕円が長く、細いほど、殴打の角度が鋭角だったことを示す。一群の血痕が表面に「車輪のスポークのように」放射状についているとき、それらはひとつの部位への一撃か複数回の殴打によって生じたものの可能性がある。トムリンスンのような飛沫血痕の専門家は血痕が付着した角度を計算することができるので、それぞれの血痕に糸を貼りつけて適切な角度でその糸を繰り出すと、繰り出した複数の糸が集束するポイントがある。そこが殴打の行われた場所である。したがって、集束ポイントが床に近い場所であれば、被害者は殴打されたとき、立っていなかったことになる。この〝ストリンギング・モデル〟の写真はその後、法廷で用いることが可能である。また、しぶきの付着角度を〝ノー・モア・ストリングス〟などのコンピューター・プログラムに入力して、犯行現場での殴打を３Ｄモデルで表すことも可能になった。

　死因はつねに謎というわけではない。撲殺や刺殺の現場では、死因は明らかである。そのような場合、上級捜査官は病理学者の検死解剖よりトムリンスンの分析のほうが事件をより浮き彫りにするとわかっている。飛沫血痕は一部に限定されているか（これは被害者が床に倒されたことを示している）。立っていて抵抗したのか（この場合は血痕が衣服に付着している可能性がある）。殺人犯はなんらかの理由で死体を引きずったのか（髪が後ろに広がるか着衣が皺になっている。場合によっては血の跡が床に延びている）。足首が重なっているか（これは死体をひっくり返したことを示している）。これらの質問の答えは容疑者の行動や被害者の死をめぐるまわりの出来事について、上級捜査官に有用な情報を与えてくれる。

上級捜査官らはトムリンスンから、容疑者にはどのような血痕が付着している可能性が高いかを、できるだけ早く聞きたがる。「最近出向いた現場では、部屋数の多い古いヴィクトリア朝の屋敷に大量の血痕がついていました。どの戸口にも血がこびりついていましたから、襲撃者が逃げた方向がわかりました。最終的に犯人たちは衣服を焼いていたのですが、それらを回収すると、まだ血痕がついていました」

警察は時間と戦いながら、急いで容疑者を見つけようとする。犯人たちが重要な証拠を処理してしまうからだ。しかし、血痕は多くの物的証拠と同じく、驚くほど排除しにくい。トムリンスンはときどき犯行現場から容疑者の自宅へと呼び出され、ドアや衣服を調べることがある。「容疑者らはすでにに掃除してしまっていることが多いため、私たちは洗濯機の中身を調べます」

法科学者たちはそう簡単に証拠を諦めたりしない。ジョン・ガーディナーは、二〇〇四年に妻を殺害したときの物的証拠を捨てようとしてその代償を支払うことになった（243ページ参照）。

しかし、血痕分析者はいつも有用な報告を行えるわけではない。絵を描いて犯行現場に没頭する時間が五、六時間も取れないときはとくに。「現場に出かけた科学者が『そこにある血痕パターンを見てほしいんだ。それだけでいい』と言われるという、ぞっとするような話を聞きます。私にとって、それは大惨事ですが、いつ起こってもおかしくないことですね。私たちは全体の絵の一部になるしかないのです」と、トムリンスンは語った。事件によっては、その現場をまったく訪れたことのない分析官が法廷で証言することがある。イースト・サセックスのヘイスティングスという沿岸の町で一九九七年二月一五日に始まった悲劇的で複雑な裁判がそうだった。

午後遅く、一三歳のビリー・ジョーは養父母の家のパティオにあるドアのペンキを塗っていた。彼女の養父で近所の学校の教頭を務めているサイオン・ジェンキンスは、近所のDIYショップからふたりの実の娘とともに家に帰ってきた。娘のひとりがパティオのほうへ近づきながらビリー・ジョーに話しかけたが、途中でその声は悲鳴に変わった。ビリー・ジョーがうつ伏せに倒れていて、頭が陥没しているではないか。サイオンがビリー・ジョーの顔をよく見ようとして娘の肩に触れると、ビリー・ジョーの鼻の穴から血の泡がふくらんで、つぎの瞬間それがはじけた。サイオンは九九九番に電話した。やってきた救急隊員は現場でビリー・ジョーの死を宣告した。

CSIはパティオの近くで、長さ四六センチメートル、幅一・五センチメートルの血に染まったテント用の金属ペグを見つけた。検死ではビリー・ジョーの頭蓋骨に一〇回以上強打された跡が見つかった。翌日、血痕分析官が現場を調べにきて、パティオの隣の壁、パティオのドアの内側表面、およびダイニング・ルームの床に放射状に広がる血痕を発見した。

疑わしい状況下で子供が死んだとき、警察はよく、その子供ともっとも近しい人々を慎重に見張り始める。サイオン・ジェンキンスの衣服とテント用のペグが解析のためにFSSへ送られた。二月二二日に科学者らは、ジェンキンスのズボンとジャケットと靴に、肉眼では見えないほどのごく小さな飛沫血痕が一五八箇所ついているのを発見した。これらの血痕はジェンキンスが娘を殴ったからついたのか。それとも、ビリー・ジョーが死の間際に吐いた息とともに飛んだ血しぶきがかかったのだろうか。

殺人から数日後、血痕分析官がジェンキンスの衣服についていた血は、彼が殴打した犯人であることと矛盾しないが、ほかの理由で血がついた可能性も否定できないという結論を下した。

ジェンキンスは二月二四日に逮捕され、裁判は六月三日に始まった。検察当局から依頼を受けた科学者は、血液を満たしたピペットで泡を作り、白い紙のすぐ横でその泡を破裂させた。泡は破裂すると細かいしぶきになって下方と横方向五〇センチメートルのところまで飛散したが、上方には飛ばなかった。つぎに、ブタの頭部に血を満たし、それをビリー・ジョーのそばで見つかったテント用ペグと同じタイプのペグで叩いた。この行為でオーバーオールに細かい飛沫血痕が付着した。

弁護側に依頼を受けた科学者も自分で実験をいくつか行った。自分の血を鼻に入れ、腕の長さだけ離した白い紙に向けて鼻から息を出した。このときも細かいしぶきが飛び散った。

検察当局は、ジェンキンスが様子を確かめるために娘をあお向けにしたとき、ビリー・ジョーはすでに死んでいて、呼吸はできなかったはずだと主張した。小児科医デイヴィッド・サウソールは「傷を負ってあえいでいる子供のそばに近づけば、子供が息をしていてまだ生きていることは疑いようがないし、そう報告するでしょう。見た目にもはっきりしていることなのですから」と証言した。しかし、脳にひどい外傷を負った場合に、呼吸器系が機能しなくなり呼吸が止まるのは正確にいつかということについては、神経科学者たちのあいだで意見がまとまらなかった。弁護側の病理学者は、ビリー・ジョーが養父に息を吐き出せるほどには充分長く生存できたと考えた。反対尋問で、弁護側の論拠の一部として証言を行ったふたりの血痕分析官が、ジェンキンスの衣服についた飛沫血痕がテント用ペグで殴った衝撃で飛び散ったものだという可能性はあることに同意した。

サイオン・ジェンキンスは無実を訴え続けたが、一九九八年七月二日に殺人の有罪判決を受けて、終身禁固刑に処された。その評決に喜んだ人々もいるが、そのほかの人々はほんのわずかな証拠で有罪判決が下されたことに衝撃を覚え、警察は犯人が身内にいるという推測に頼りすぎていると考えた。ヘイスティングスのジェンキンスの家の近くでは、不審者や疑わしい人物の報告が過去二年間に八五件あった。『ニュー・ステイツマン』誌はこの有罪判決を次のように激しく非難した。「警察は新たな容疑者を発見：その人物には精神病の既往と小児への暴力の記録があり、殺人のあった午後に近くをぶらついていたのを多くの人に目撃されている。警察が聞きこみに行ったとき、その人物はなぜか服の大部分を捨ててしまったようだった。真の殺人者が誰であれ、英国司法の気まぐれの結果、いまやこの人物にはほかの誰かの娘を殺す機会がある」

二〇〇四年にサイオン・ジェンキンスが有罪判決を不服として上訴したとき、弁護側から依頼を受けた病理学者はビリー・ジョーの肺の状態について新たな証拠を提示した。最初の検死では肺が過膨張状態にあることが明らかになっていた。これは、なにか（おそらく血）が空気の排出を妨げていたことを意味する。病理学者はなにかで上気道が詰まっていた場合、突然その詰まりが取れると、ビリー・ジョーの生死にかかわらず、ジェンキンスの服に血が飛散することがありうると述べた。再審が二回続き、そのいずれでも陪審員は評決に達することができず、二〇〇六年に、ジェンキンスは無罪になった。二〇一一年七月に、ジェンキンスはポーツマス大学で犯罪学の博士号を得た。現在は、複数の陳情団とともに、とくに、裁判に出廷する専門家はつねに充分に経験を積んだ公平な人物であるべきだと訴える運動を行っている。ビリー・ジョーの真の殺人犯はまだ見つかっていない。

一九八四年に、アレック・ジェフリーズはレスター大学の自分の研究室にいたとき、「これだ《ユリイカ》！という瞬間」を経験した。ジェフリーズは研究室の技術者の家族を比較するDNAの実験でX線写真をチェックしていた。結果を見ていたとき、個人のDNAのユニークな違いを明らかにできる技術をたまたま見つけたことに気づいたのだ。この偶然の発見以降、DNA鑑定（または遺伝子指紋法とも呼ばれる）は科学捜査の〝ゴールド・スタンダード〟になった。シャーロック・ホームズはヘモグロビンの検査方法を思いついたとき、自慢げにこう言った。「血液が古いか新しいかにかかわらず、この検査はちゃんと機能するようだ。この検査法が発明されていたなら、いま、お日様の下を闊歩している数百人の犯罪者がずいぶん前に罰を受けていただろうね」。この言葉が発表されてから一〇〇年経たないうちに、現実世界の刑事たちは犯行現場で見つけた血が誰のものかわかるようになったのである。このような知識は、罪を示すことができるばかりか、それと同じくらい重要なことに、説得力のある無実の論拠にもなりうる。たとえば、レイプ現場で見つかった血が被害者のものでも容疑者のものでもなかった場合、少なくとも探すべき人物がもうひとりいることになる。その人は重大な情報を握っているかもしれないし、真犯人かもしれない。米国だけでも刑務所（一部は死刑囚監房）で苦しんでいた三一四人が、新たなＤＮＡ鑑定による証拠のおかげで身の潔白が証明された。

遺伝子指紋法は、一九世紀の変わり目に開発された身体的な指紋鑑定法よりも、ずっと人々を驚かせた。一般的には、遺伝子指紋法はほかの物的証拠のどれよりも目立って勝ち誇ったように立っているイメージがある。法科学者アンガス・マーシャルは次のように語った。「米国の伝説的な裁判があります。その裁判では、陪審員らが裁判官のところに戻ってきてこう言ったんです。『飛沫血痕は証拠として認めない。ＤＮＡを確認したい』と。自白を扱っているも同然の裁判だったのに、それでも陪審員たちはそれを信じなかった。ばかばかしい話ですよ」

この一件が示唆しているとおり、ＤＮＡ鑑定はいつも純粋に肯定的な発展を見せているわけではない。しかし、アレック・ジェフリーズは彼の発見の二五回目の記念日に、いまや遺伝子指紋法はジェフリーズが誇りに思えない方面で使われているのではないかという質問を受けたとき、次のように答えた。「大量の犯罪者を捕まえ、三〇年以上も刑務所で服役していた無実の人の潔白を証明し、移民の一家を再会させた……この技術がもたらすのは、悪いことよりよいことのほうがずっと多いと私は言いたいね」

遺伝子指紋法の善し悪しを理解するには、その手法が事件解決に役立った最初の事件を再訪すべきだろう。それは、レスターシャーのナーボロウという静かで古びた村で起こった。一九八三年一一月二二日に、一五歳のリンダ・マンの死体が小道の脇で見つかった。暴行され、絞殺されていた。腰から下がむき出しの状態で、顔は血まみれだった。生物学者は彼女の死体から採取した精液サンプルは血液型がA型で、特殊な酵素分泌型を有する男性であることを突き止めた。この組み合わせになるのは男性のうち一〇パーセントのみだった。しかし、ほかに証拠はほとんどなく、事件は未解決のままになった。

三年後、一九八六年七月三一日に、ドーン・アッシュワース――またもや一五歳――が行方不明になった。彼女の死体はリンダの死体の発見場所から近い、テン・パウンド・レーンという小道のはずれで見つかった。リンダ同様、首を絞められ、暴行され、腰から下がむき出しの状態だった。

容疑者とされたのは、リチャード・バックランドという一七歳の少年だった。病院で運搬係をしているこの少年は、学習障害を有していて、過去に問題を起こしたことがあり、犯罪のあった現場近くで目撃されていた。尋問のとき、バックランドはドーンの殺人について、その死体の一般には知りえない部分の詳細まで明らかにした。まもなくバックランドは殺人を自白した。しかし、三年前のリンダの殺人については激しく否定した。

ふたりの少女の殺人犯は同一人物だと確信していた警察は、ナーボロウから八キロメートル離れたレスター大学のアレック・ジェフリーズに連絡した。ジェフリーズの名前はそのころ、〝遺伝子指紋法〟に関する地元のニュース記事に掲載されていた。ジェフリーズが精液サンプルを分析したところ、警察が正しいことがわかった。つまり、同一人物が二件の殺人を犯していたのだが、それはリチャード・バックランドではなかった。バックランドは自白したにもかかわらず、潔白であるとされ、ＤＮ

Aの証拠に基づいて無罪が証明された最初の人物となった。

警察はいまや殺人犯の遺伝子指紋を手に入れたが、唯一の容疑者を失った。警察はナーボロウの全成人男性五〇〇〇人に血液または唾液サンプルを提出するよう依頼した。リンダとドーンの死体から回収されたのと同じ特定の血液型を持つ一〇パーセントの男性について、ジェフリーズは完全な遺伝子指紋を確立した。これは、先例のない膨大な作業だった。とはいえ、六か月という時間と大量の費用をかけてもなお一致する者は見つからず、事件はふたたび迷宮入りした。

その翌年、ある女性が地元のパブでくつろいでいると、イアン・ケリーという地元の男性が友人たちに、血液サンプルの採取のときに、同僚のコリン・ピッチフォークのふりをして二〇〇ポンドを儲けたと自慢げに話しているのが聞こえてきた。パン屋の同僚でケーキ職人のピッチフォークから、自分の代わりにDNA検査を受けてくれと頼まれたという。おとなしいが癇癪《かんしゃく》持ちのその男は、過去に公然猥褻《わいせつ》罪で告発されたことがあり、警察に煩わされたくないと言ったらしい。その言葉の真偽のほどは定かではなかったが、二〇〇ポンドという現金は、ケリーの詮索したい気持ちを抑えるのに充分な金額だった。女性から話を聞いた警察は、ピッチフォークを逮捕し、DNAを採取した。結果が一致した。とうとう刑事たちは答えを見つけたのだ。

一九八八年、ピッチフォークは二件の殺人で終身禁固刑を宣告された。世界中の法執行機関と科学者たちが大きな関心を示した。ギル・タリーは、当時カーディフ大学の生物学部の学生だったが、解決不能と思われていた野蛮な殺人事件が、これほど洗練された科学的プロセスで白日のもとにさらされたことに息をのんだ。ギルは大学を卒業して学位を取ると、その後、フォレンジック・サイエンス・サービス（FSS）に入ってから博士号を取り、FSSでそのまま科学捜査の仕事を始めた。遺伝学的研究に革命的な変化が訪れたとき、ギルはそこで、いくつかの驚くべき技術開発に携わった。ギルがFSSに入ったとき、ヴァル・トムリンスンはすでにそこで六年間働いていた。トムリンスンは「DNA以前」の日々を次のように振り返った。

「どの検査も手作業そのものでした。個人防御具はまだ本当には考案されていませんでした。手袋もめったに使っていませんでしたね。精液斑の検査のひとつに、固まっているかどうかを手触りで調べるものもありました。別々のオフィスもなく、作業台が自分のオフィスだったので、汚れたショーツや血痕がついた物品を調べた同じ台で報告書も書いていました。

DNA鑑定を開始したばかりのころを思い出すとかなり笑えますよ。バケツ化学《ローテク》もいいところ。文字どおりバケツで化学をやっていました。バットに食塩水を入れて、放射性物質を用意して、DNA鑑定に使うなら、小さくても一〇ペンス硬貨大の血痕が必要でした。

私が働き始めたころは、ごく初歩の講義を除いて、公式のトレーニング

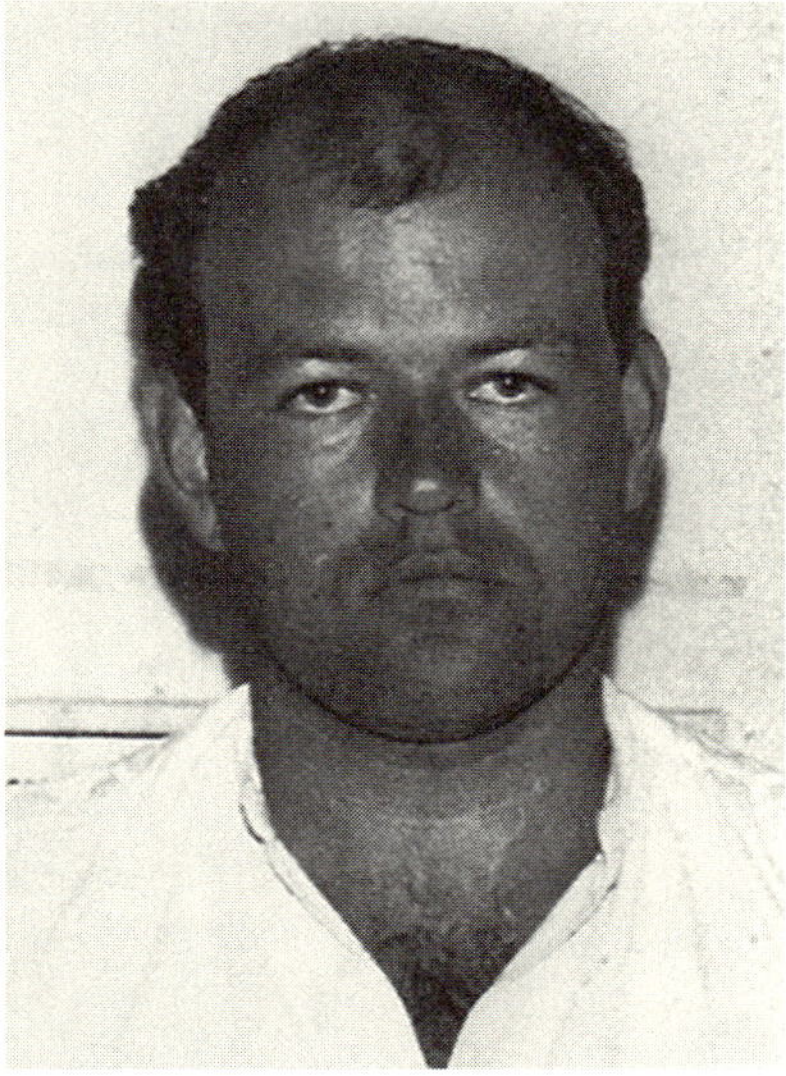

コリン・ピッチフォーク。英国で初めてDNAによる証拠に基づいて有罪判決が下された人物。

コースはありませんでした。だから熟練した科学者のそばで一緒に働いて、どこにでもついて行き、血中アルコール濃度検査から精液斑の検査、繊維分析、毛髪の分析までなんでもやりました。キジの羽毛に関する事件や、サケの密漁に関する事件も担当しました。めった切りにされたリーキ（ポロネギ）の事件も扱いました」［訳注：リーキの大きさを競うコンペでは競争が過熱しライバルのリーキを切る事件があるという］

ＦＳＳにきたとき、ギルはまだカーディフの大学生で、理論と実習を交互に繰り返すサンドイッチイヤーを過ごしていた。そのころ、遺伝学者の大部分は熱心に仕事に取り組んでいたが、自分たちが大変革を引き起こしていることにほとんど気づいていなかった。「コーヒー・ブレイクのときに話すことと言えば、まだジャム入りドーナツが残っているか、というような他愛のないことばかりでした」とギルは自嘲的に笑いながら言った。コリン・ピッチフォークの事件で、いかにＤＮＡが役に立つかが世の中に示されたときのことを、ギルはこう言った。「私たちは、これはたまたま注目された事件にすぎないと思っていました」

だが、その後、さまざまな技術革新が起こりＤＮＡの応用範囲はますます広がっていった。「毎回こう思うんです。『ああ、この技術は本当にいいわね、普段に使うにはちょっと高価だけれど、注目を集める犯罪事件にときどき使うことができれば、とても有効でしょうね』。けれども、その多くはしばらくするとぐっと値が下がり、ルーティンでも使えるようになり、強盗事件にさえ用いられるほどになるのです」

「バケツ化学《ローテク》」からのもっとも大きな脱皮は、キャリー・マリスによってもたらされた。マリスはカリフォルニアのサーファーでＬＳＤに夢中になったあと、ノーベル化学賞を獲得した。一九八三年に、マリスはハイウェイ１２８号線を車で走っていたとき、驚きの事実に気づいた。ポリメラーゼという酵素をＤＮＡに加えると、彼の言葉を借りれば「やつらは自分自身をコピーし始める」のだ。ポリメラーゼ連鎖反応（ＰＣＲ）を用いれば、非常に少ない量のＤＮＡを採取するだけで、それを充分な量まで増やして解釈することができた。科学者たちはまもなく、ＰＣＲを使って七〇年間未解決だった犯罪事件を解決し、化石になった恐竜の系譜や埋葬された王族の血筋を追い、遺伝病の診断を行うようになった。

ギル・タリーがＦＳＳで働き始めたとき、ＰＣＲの改良や活用に取り組んでいるのは彼女とその上司のふたりだけだった。ギルは、「最初からそこにいられたことで、大きな特権を与えられた」と考えている。従来の遺伝子指紋法は体液と毛髪に依存していたが、一九九九年になるころ、ギルの所属していたチームが、ＰＣＲを使ってはるかに感受性の高い方法を開発した。これは〝低コピー数（ＬＣＮ）ＤＮＡ鑑定〟として知られている。ＬＣＮ鑑定を行うには、容疑者かもしれない人の細胞が数個あればいい。はがれた皮膚の小片であれ、指紋から採取した汗であれ、封筒に貼られた切手から採取した乾いた唾液であれ、必要な身体物質の量は一〇ペンス硬貨の大きさから塩一粒の一〇〇万分の一まで劇的に低下した。

LCN鑑定は英国で捜査される犯罪事件に大きな影響をもたらした。とはいえ、広く受け入れられるにはまだ遠い道のりがあった。LCN・DNAが証拠として用いられたいくつかの裁判で議論が起こり、それは裁判官やコメンテーターからの異論を呼び起こし、法遺伝学者らはこの方法を擁護し、もう一度定義し直さねばならなくなった。

法廷でのLCN・DNAの役割を浮き彫りにした、ある係争中の裁判のきっかけは、北アイルランドの小さな町で起きた大規模な爆破事件である。一九九八年、聖金曜日和平合意［訳注：ベルファスト和平合意とも呼ばれる］が達成され、これでユニオニストとリパブリカンの武装組織間の対立は終結するだろうと思われていた。しかし、八月一五日に、真のアイルランド共和国軍（真のIRA）が、ティロン州オーマの繁華街で爆弾を破裂させた。爆破犯から地元の裁判所に爆弾をしかけたという警告の電話があり、警察はその警告に応じて、人々を町の中心に移動させていたが、本当はそこが爆弾のある場所だった。この爆発で二九人が亡くなり、犠牲者には数人の子供とまだ母親のお腹にいた双子たちもいた。二〇〇人を超える人々が負傷した。当時の北アイルランド大臣モー・モーラムはこれを「大量殺人」と言いあらわした。

三年後、建築業者のコルム・マーフィーは、爆発を引き起こした罪で有罪になり、一四年の懲役が下された。これが、長く苦しい、決着のつかない司法手続の始まりだった。二〇〇五年、警察が彼に行った取り調べの文書を偽造していたことが明らかになり、有罪判決が覆《くつがえ》された。翌年、警察はコルム・マーフィーの甥で電気技師のショーン・ホーイという男を逮捕した。この裁判での検察当局の申し立ては、攻撃に使用された爆弾のタイマーから見つかったLCN・DNAに基づくものだった。法遺伝学者は、そのＤＮＡが未知の個人よりもショーン・ホーイのものである確率は一〇億倍高いと言った。だが、目撃者の証言がなく、ほかに有力な証拠もなかったため、評決にはいたらなかった。

　ワイヤー判事が二〇〇七年一二月二〇日に判決を下したとき、判事は検察当局がＬＣＮ・ＤＮＡを、ほかの実質証拠を見つけるためのガイドとして使うのではなく、この事件の柱に据えてしまったことを非難した。また、警察と一部の科学捜査専門家らの「やみくもな捜査方法」に苦言を呈した。そして警察はその証拠を「補強」し、有罪を確保するために「故意に計画的なごまかし」を行うという罪を犯したとも述べた。ＬＣＮ・ＤＮＡ鑑定の妥当性を検証する論文は、ＦＳＳでその鑑定法を考案した人々が発表したものだけだと指摘した。最終的にワイヤーはこの手法はあまりに新しすぎるため、これを使用するかどうかについては迅速なレビューが必要だと推奨し、結果的には一六〇〇ポンドという費用が国の負担となる捜査になってしまった。

　ワイヤーの判決の翌日、検察庁（ＣＰＳ）はＬＣＮ・ＤＮＡ鑑定の使用を一時中断し、この手法が目的に適合しているかについてレビューを依頼した。一九九九年以降、この手法は英国と海外で二万一〇〇〇件の重大な犯罪事件、とくに未解決事件で使用された。ＣＰＳはＬＣＮ・ＤＮＡが使われている捜査中の事件を再度見直すよう指示した。それらのうちのひとつが、イングランドの北東部ティーズサイドのデイヴィッド・リードとテリー・リードの兄弟に関するものだった。

二〇〇六年一〇月一二日に、ある男が友人の元ボクサーで怖いもの知らずの男ピーター・ホーからボイスメール・メッセージを受け取った。男がそれを聞いてみたところ、マイク・オールドフィールドのニューエイジ・ミュージックが四分間流れているだけだった。もう一度再生して注意深く聞いてみると、ホーの押し殺したようなうめき声が聞こえてきた。ホーはミドルズボロー近くのエストンにある自宅のリビング・ルームで身体に五箇所の深い刺し傷を受け、血を流して死んでいた。警察はデイヴィッドとテリーを逮捕し最重要容疑者として告発した。兄のデイヴィッドはホーの武勇伝をやっかんでいたことがわかっており、ホーの兄弟が法廷で、今回の攻撃は数日前のパブでの乱闘の仕返しだと主張した。「あいつらは兄の家にやってきて兄を殺したんだ。殴り合いじゃ勝てなかったから」

トムリンスンはピーター・ホーのリビング・ルームを調べたとき、犯人自身が出血したことを示すものはなにも見つけられなかったが、ふたつの小さなプラスティックの破片を見つけた。「刺殺事件でナイフが凶器として使われたとき、必ず発見されるものです。強い振動と力がナイフの刃から柄に伝わり、柄の縁が欠けるのです」

ラボに戻ったトムリンスンはそのプラスティックの破片をじっくりと調べた。これまでの経験から、それらは安物のナイフからはがれたものだと判断した。そこから微量のＤＮＡが見つかった。ＬＣＮ鑑定によって、それがリード兄弟と一致することがわかった。

裁判で、弁護側は高名なプラスティックの学者、「ニューカッスル大学の上品な紳士」を呼んでいた。彼は事前にアルゴスに行き、プラスティックの柄がついている安いナイフを買っていた。そのナイフをある機械にセットし、柄が壊れるまでナイフをゆっくり曲げていった。その学者は法廷で、その強度を計測したところ、人間の手ではそれほどの強度は生み出せないことを確信したと説明した。したがって、ホーを刺したときにプラスティックの破片が落ちた可能性は低いと主張した。「法廷にすわってその話を聞いていました」トムリンスンは当時を思い返しながら言った。「その話は根本的に間違っていました。同じころ、ラボではもう一件、四本のナイフが使われた殺人事件を扱っていたのですが、その四本のうち三本は、柄のまったく同じ部分が壊れていました」

プラスティックの専門家は、骨と鋼、肉とプラスティックなどを用いて、生と死に関わる動的な事象を、現実とは異なるコントロールされたラボの環境で調査していた。トムリンスンにしてみれば、それは問題だらけのシナリオだ。「殺人は再現可能な実験ではありません。どれも独特な条件で起きることなのです」

リード兄弟は最後まで無罪を主張し続け、最低一八年の禁固刑に処された。法廷から連れ出されるとき、ふたりはにやにやしながら裁判官に礼を言っていたが、ホーの母親モーリーンは傍聴席で泣いていた。

リード兄弟に有罪判決が下されてまもなく、ワイヤー判事がオーマの爆破事件でショーン・ホーイを無罪とし、ＬＣＮ鑑定は厳しく精査されることになった。二〇〇八年一月にＣＰＳによってその使用が再度承認されたものの、二〇〇九年一〇月二〇日にリード兄弟が控訴院に上訴したときには、すでに疑いの種が蒔《ま》かれていた。リード兄弟の弁護士は、犯行現場から回収したプラスティックの破片にリード兄弟のＤＮＡがいかにして付着したかについて、ヴァル・トムリンスンが最初の裁判で推測をしたとき、行き過ぎた証言を行ったと主張した。

二〇〇九年一〇月に行われたリード兄弟の上訴裁判で、裁判所は元ＦＢＩの法科学者ブルース・ブドゥレの証言を聞いた。ブドゥレは、ＬＣＮ・ＤＮＡ鑑定には本質的に欠陥があるため、その結果は必ずしも再現可能でないと主張し、「信頼性の評価はまだ終わっていません」と述べた。また、プラスティックの破片が殺人に使われたナイフに由来することは認めたが、リードのＤＮＡは二次伝播《でんぱ》――つまり、リード兄弟と接触した誰かがそのナイフに触れた可能性があると述べた。

トムリンスンのような法科学者は、最新の研究に基づいた理論を頭に入れているのはもちろん、これまで蓄積してきた専門的な経験のデータベースを活用して目の前にあるものを理解しなければならない。ギル・タリーはこう述べた。「ここ数年、控訴院で興味深い判決が下されています。これらは、統計学的評価よりも法科学者が経験によって得てきた見解を明らかにすべきだということを示しています。科学者にとっては、やや奇異な気がするのですが、裁判官殿は科学畑の人ではないですから」。だが、大昔にシャーロック・ホームズもこう言っている。「犯罪行為には強い系統的な類似点がある。もしきみが一〇〇〇の事件の詳細をすべて知っていれば、一〇〇一件目の事件を解明できないわけはない」。ナイフの柄の破損とそこについていた微量のＤＮＡに関するトムリンスンの証言はいずれも、証拠を扱ってきた長年の経験に基づいている。それはデータであると同時に見解でもあり、技術であると同時に科学でもある。最終的に法廷はトムリンスンを信頼した。いっぽうＬＣＮ鑑定については、レビューによって、外部から妥当性の検証が行われるべきだという勧告がいくつかなされたが、最終的には、その手法は頑健で信頼に足るものだということが明らかになった。リード兄弟の控訴審では三人の裁判官が、状況証拠は充分強力で有罪を疑うのは妥当ではないとし、有罪判決を支持すると判断した。DNAがどのようにしてプラスティックに付着したかについてのトムリンスンの専門的な意見は「可能性があるというだけでなく……重要なものである」と裁判官は考えたのだ。

ほぼLCN・DNAのみに頼りきっていたショーン・ホーイに対する裁判とは対照的に、リード兄弟に対する論拠には、堅牢な補強証拠——たとえば、ピーター・ホーが殺人の二週間前にパブでデイヴィッド・リードを軽く一発殴っただけで倒し、彼のプライドを傷つけ怒らせたことなど——があった。犯罪捜査におけるDNAの地位については有効な教訓が得られている。つまり、DNAは論拠の重要な構成要素であるとはいえ、単なる一構成要素でしかないということである。このような教訓はほかにもある。

二〇一一年、イングランド北部の都市マンチェスターのプラント・ヒル・パークで、ある女性が暴力的にレイプされた。被害者のスワブ検査［訳注：綿棒で粘膜などをこすって細胞を採取する方法］で採取されたDNAは、イングランド南西部プリマス出身のアダム・スコット一九歳のものとされ、スコットはまもなく逮捕された。スコットはレイプ犯と小児性愛者のための特別隔離棟に入れられ、囚人たちから罵倒された。しかし、彼は犯罪が起こった夜は、数百キロメートル離れたプリマスにいたし、そもそもマンチェスターには足を踏み入れたこともないと頑なに主張した。

四か月半の獄中生活のあと、スコットは検査機関での相互汚染の不運な被害者だったことが明らかになった。数か月前にスコットはイングランド南西部のエクセターで起こった喧嘩に巻きこまれ、そのあとで警察に綿棒で唾液試料を取られていた。科学者はLGC社の科学捜査部門でその綿棒をトレイに入れていたが、そのトレイがマンチェスターの強姦事件の被害者から採取した綿棒を置くのに再度使われた。また、スコットの携帯電話の記録から、その電話は強姦事件が起こったときにプリマスにあったことが確認された。

政府の科学捜査業務監査委員のアンドリュー・レニソンは次のように述べた。「相互汚染はヒューマンエラーの結果です。この技術者は、妥当性の確認されたＤＮＡ抽出プロセスの途中で使用したプラスティックのトレイを廃棄するという基本的な手順を守らなかったのです」

アダム・スコットの事件は〝ハイルブロンの怪人〟と呼ばれた奇妙な事件の繰り返しである。一九九〇年代から二〇〇〇年代にかけてオーストリアとフランス、ドイツにわたって窃盗と殺人の現場で発見されたＤＮＡがあり、これは人間離れした女性の連続殺人犯と思われていた。だが、二〇〇九年に、ドイツで亡命を求める男性の焼死体からもこのＤＮＡが発見されたとき、政府当局は〝怪人〟は単なる検査施設での汚染の結果であるという結論を下した。ＤＮＡの採取に用いられた綿棒が認可された適切な綿棒ではなく、いずれも同じ工場の製品であることが追跡によって判明し、そこで働いていた数人の東欧の女性がこの〝怪人〟のＤＮＡの特徴と適合したのだ。

現実の指紋と同様に、遺伝子指紋は、単独で有罪判決を確保するのに充分な証拠と見なすべきでない。ギルの言葉を借りれば、「ＤＮＡは嘘をつきません。ＤＮＡはすばらしい手がかりになり、非常に強い証拠にもなりますが、［鑑定の］過程で人間との相互作用があります。したがって、エラーの

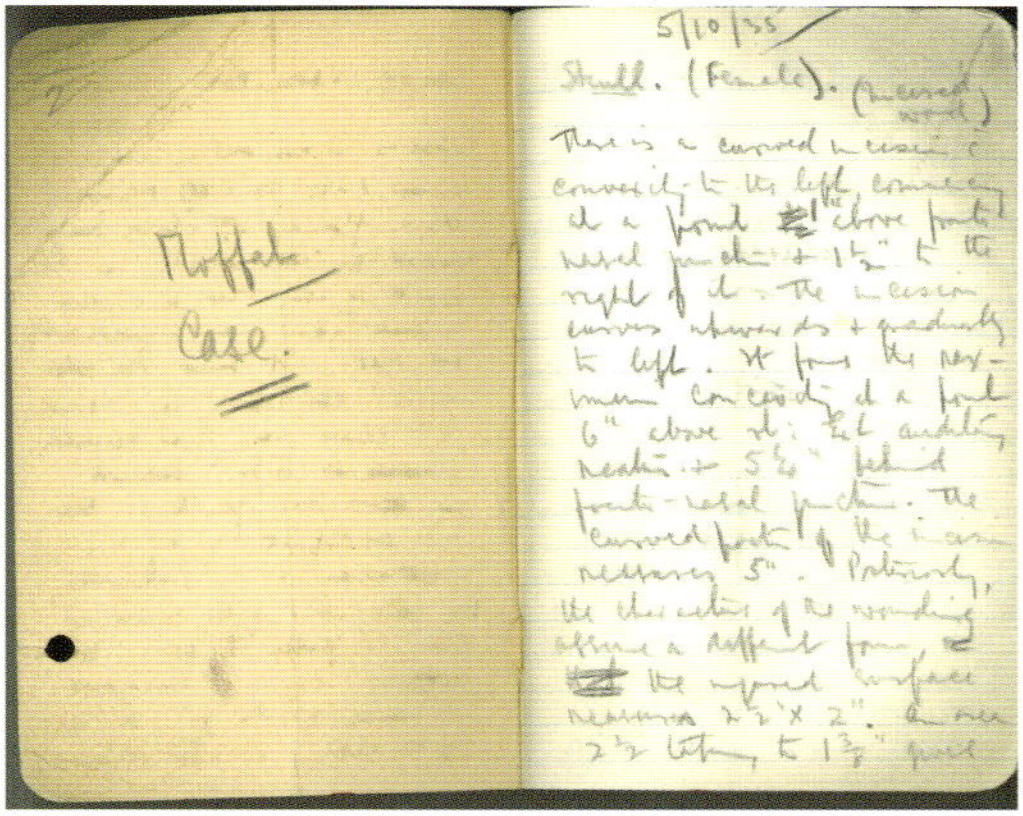

1

バック・ラクストン事件の主任法科学捜査官ジョン・グレイスター・ジュニアによる犯行現場の記録。

2

イザベラ・ラクストンと彼女のメイド、メアリー・ロジャーソンの死体が見つかったエリアを徹底的に捜索する警察官たち。死体はバラバラで、30以上の袋に詰められて回収された。そこから多くの人々がこの事件を“バラバラ殺人”と呼ぶようになった。

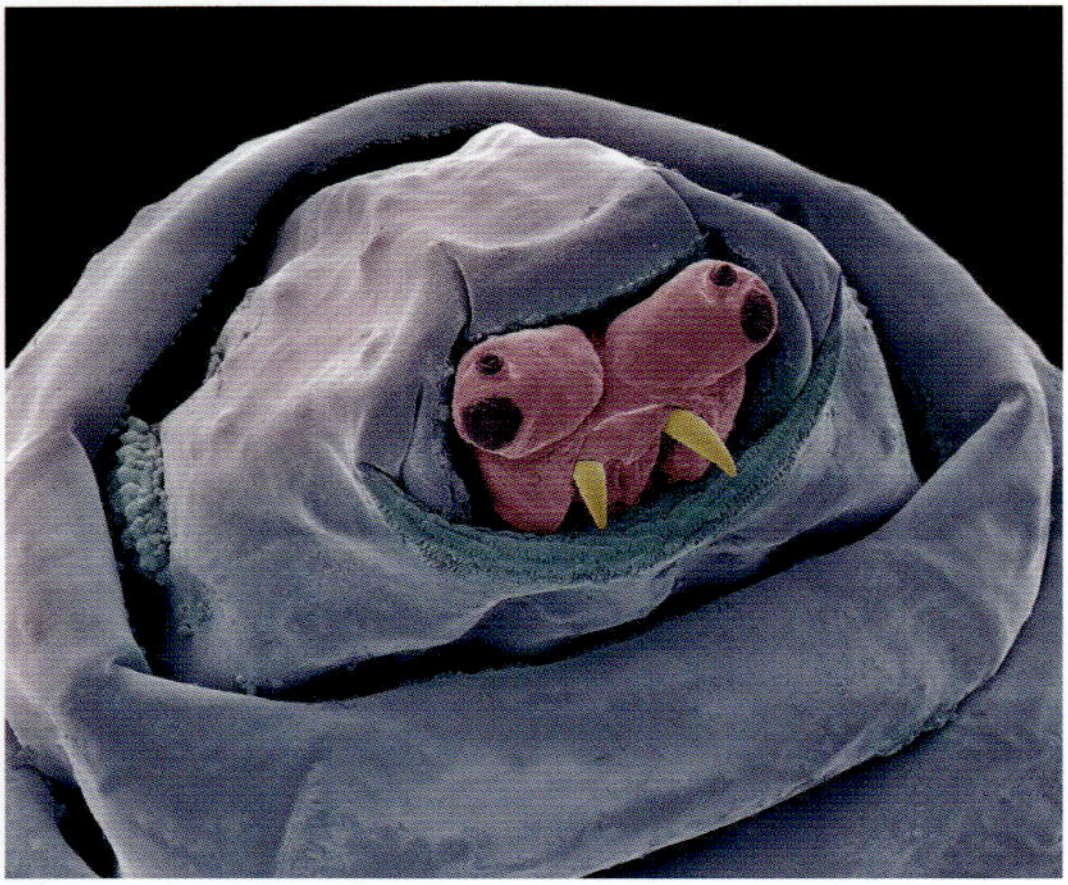

3
顕微鏡で見た蛆虫の頭部。尖った突起部分が見える。これを使って腐敗しかけている肉を削って口へと運ぶ。

4
腐敗しかけている肉を餌にするクロバエ（*Sarcophaga nodosa*）。クロバエは 100 メートル先の腐敗物の臭いを嗅ぐことができるため、昆虫界の究極の指標となっている。

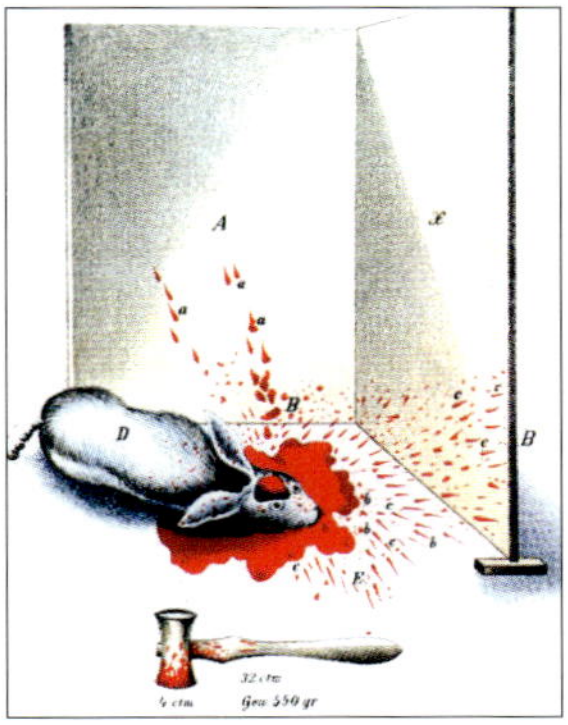

5

エドゥアルト・ピオトロフスキーの、血痕に関する独創的な論文に掲載された図。ピオトロフスキーは調査の一環としてさまざまな道具を使って動物を殴殺し、その影響を観察した。

6

テネシー大学の“死体農場”にて。研究のためにさまざまな環境にこのように死体が放置され、腐敗するに任せている。この画像は写真家サリー・マンの“遺されたもの（What Remains)”というシリーズの一部である。サリー・マン「タイトルなし」2000年、ゼラチン銀板プリント、76×97センチメートル、エディション数3。

7

ジェーン・ロングハースト殺害で有罪判決を受けたグレアム・クーツ。彼女の死後、数週間保管していた倉庫から死体を運び出すところが防犯カメラに映っていた。

8
宮廷夫人の死。18 世紀に描かれた日本画。死体が腐敗していく様子を九段階で描いている「九相図」の一部。
上：死体が腐敗していき、腐肉を食べる鳥や小動物の餌となる。
中：この段階になると肉はほとんど腐敗し、骨が見えている。死体を見おろすように藤の花が咲いている。
下：頭蓋骨と肋骨、手、背骨など、骨の一部だけが残っている。

9

ベティ・P・ガトリフ（275 ページ参照）。連続殺人犯ジョン・ウェイン・ゲイシーが殺害した身元がわからない 9 人の被害者のひとりの復顔を行っている（1980 年 7 月）。被害者の身元を明らかにするために復元された顔の写真が報道された。右側に見えるのは、完成した復顔像と人の顔面を覆っている組織の平均的な厚みを示すゴムがつけられた頭蓋骨。

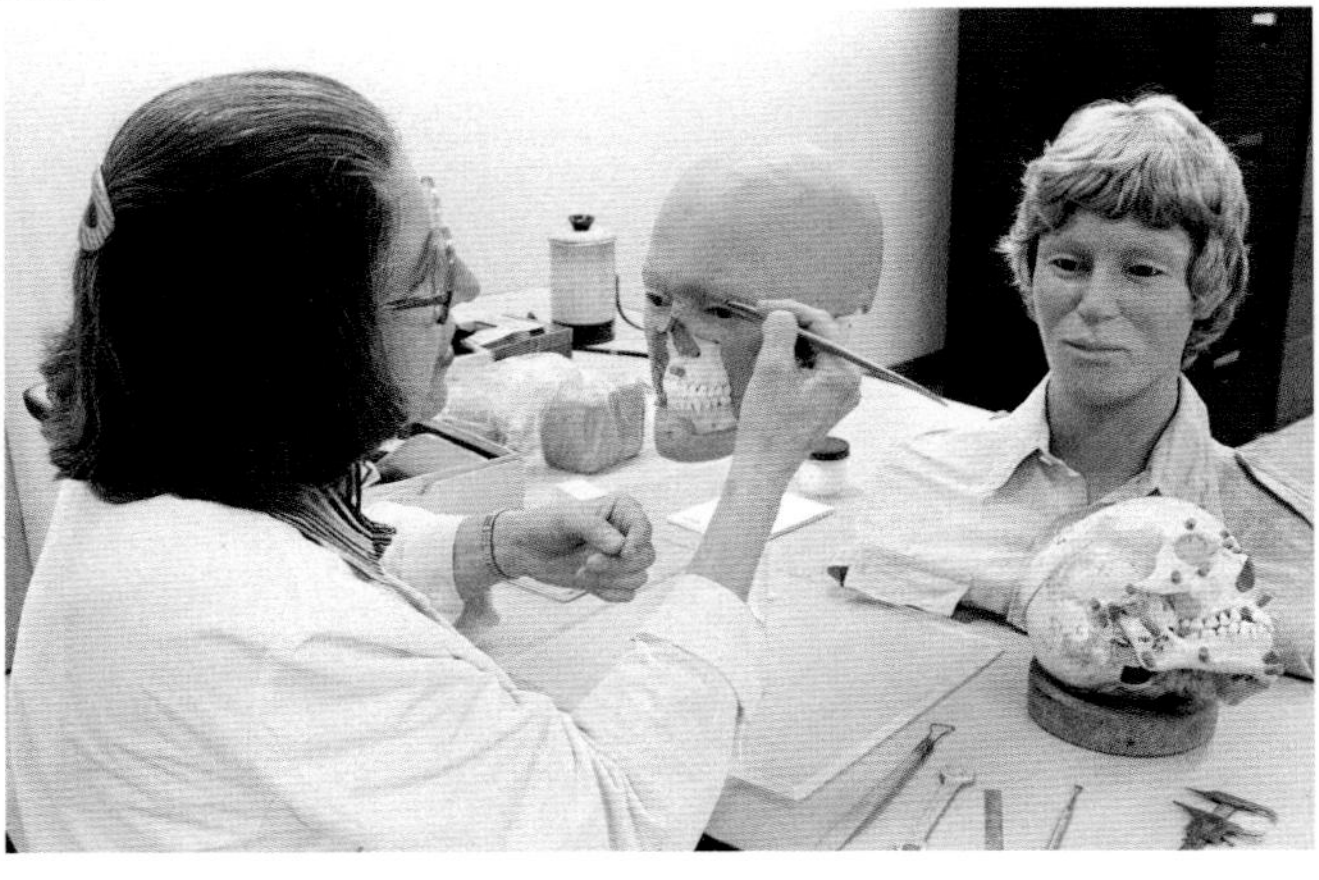

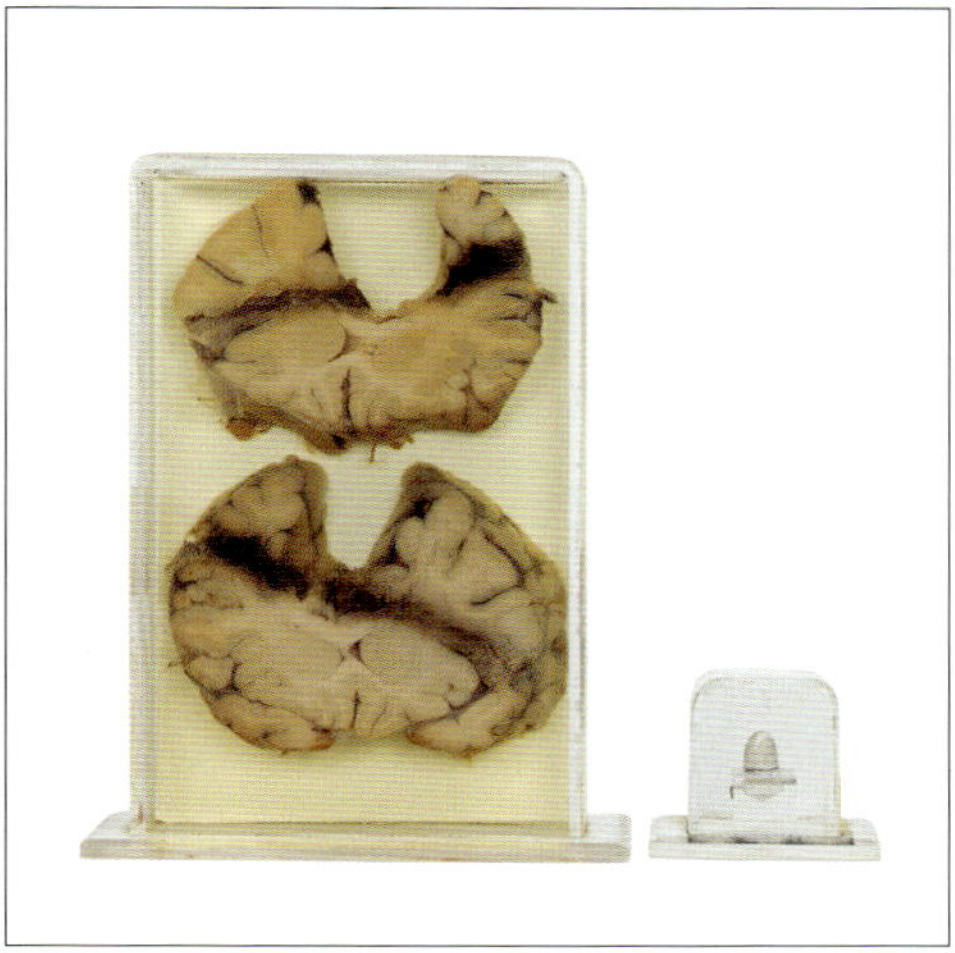

10

銃撃された被害者の脳の切片と弾丸（右側）。切片には弾丸の通った跡が見える。

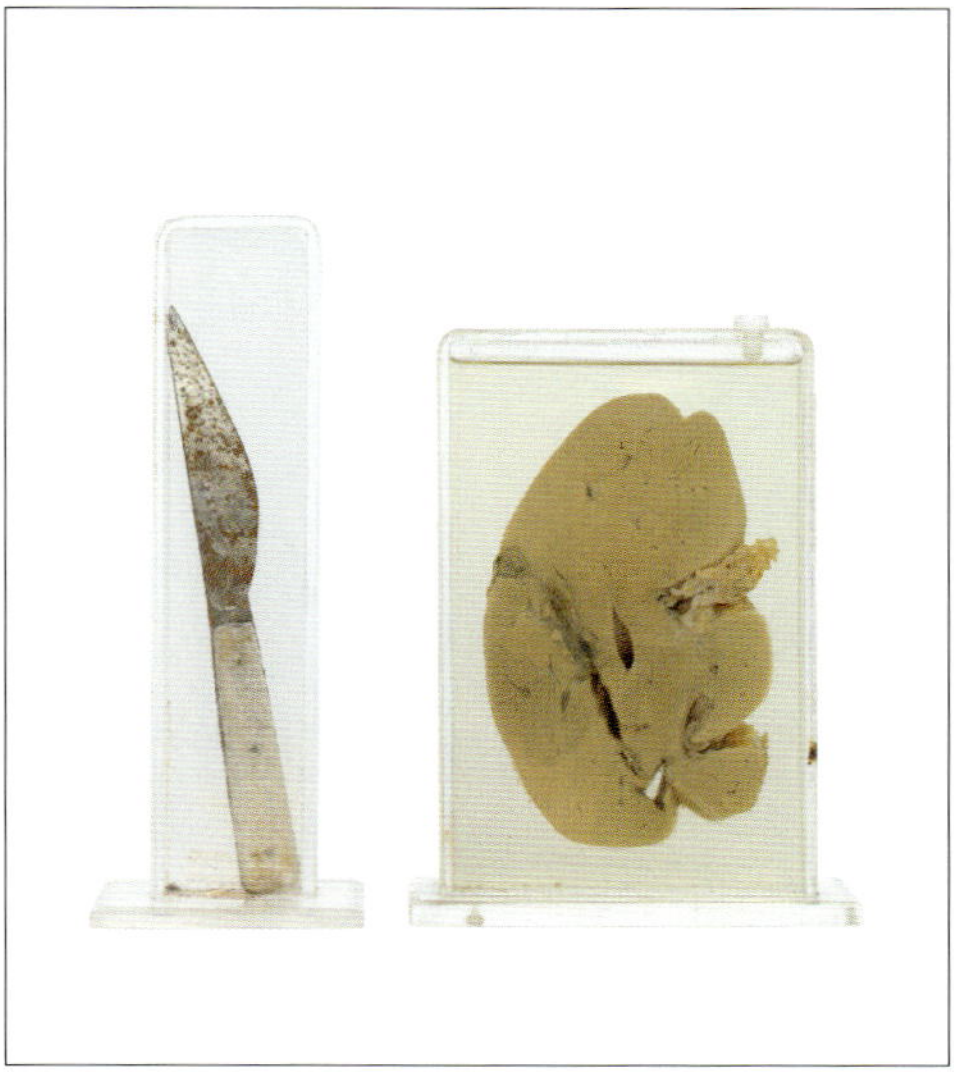

11

肝臓の切片と致命傷を負わせた凶器のナイフ（左）。

12

フランシス・ゲスナー・リーのドール・ハウス“謎の死を解き明かすためのナッツシェル研究”。新人警官の捜査訓練に役立つようにデザインされたこのドール・ハウスは、非常に細かい部分まで架空の犯行現場を表現している。

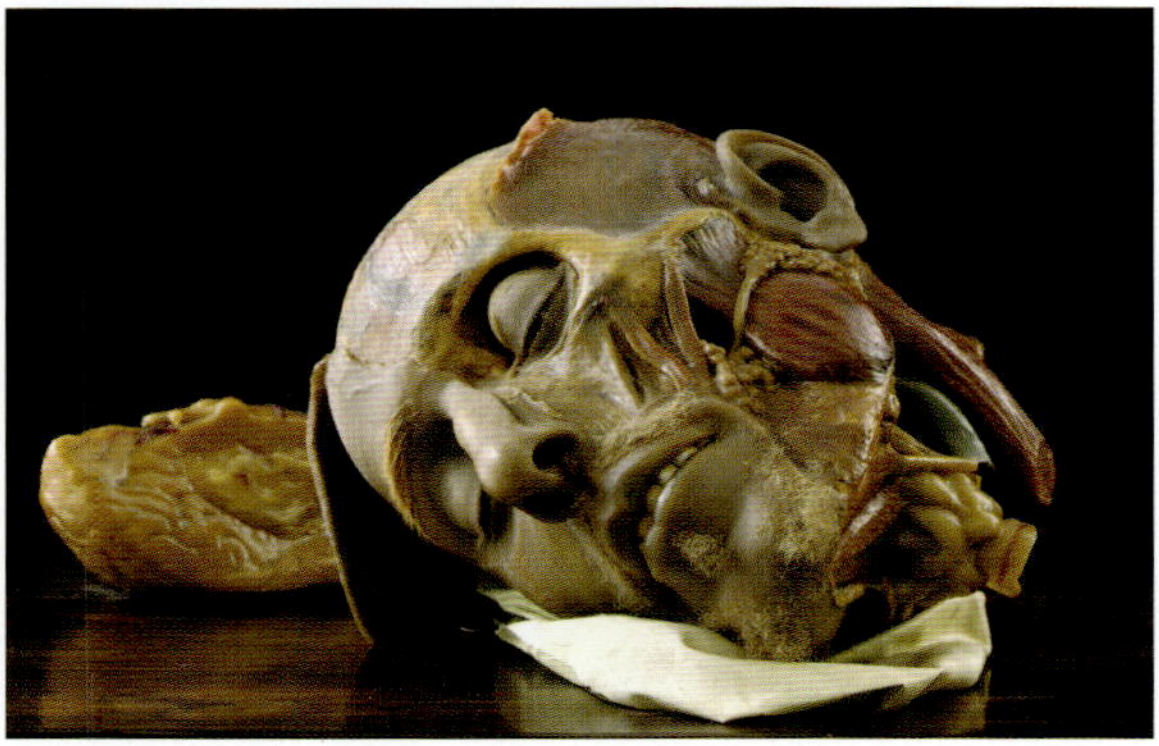

13

17 世紀の彫刻家ジュリオ・ザンボの手による蠟で作られた老人の頭部モデル。ザンボは詳細な解剖学的モデルを多く創作した。この作品では、本物の頭蓋骨に色をつけた蠟を数層重ねている。

率は非常に低いのですが、ゼロではありません……DNAは、捜査を省くための近道にすべきではありません」

いくつかの事件では、DNAは警察がよりかかる杖になることもあるが、多くの場合、DNAは新しい事件と古い事件の両方を解決する機会を作り、活力を呼び覚ます突破口となる。犯行現場で見つかったDNAが国のデータベースで完全に一致しなくても、いまやそれで行き止まりにはならない。なぜなら、血はひとりの人間の物語を綴っているだけではないからだ。

家族性DNA検査法は、残忍な未解決事件を再調査していたFSSのジョナサン・ウィテカーによって開発された。一九七三年、三人の一六歳の少女がレイプされ、絞め殺され、サウス・ウェールズ地方のポート・タルボットの近くの森に捨てられた。警察は二〇〇人の容疑者を徹底的に捜査してなお、犯人を挙げていなかった。その後、二〇〇〇年にウィテカーは、二八年前の犯行現場のサンプルを用いて、容疑者のDNA鑑定を行った。国のデータベースで遺伝子指紋の検索を行ったが、一致するものはなかった。それから一年後、ウィテカーは興味深いアイデアを思いついた。データベースに家族の似たようなDNA指紋があるのではないか？　ウィテカーは許可を取って、五〇パーセント一致するDNA指紋を検索し、それを見つけた。データベース上の犯罪者は車両窃盗犯だったが、ウィテカーは彼の家族のなかにもっと凶悪な犯罪者がいると確信していた。窃盗犯の父親、ジョセフ・カッペンは一〇年前に肺癌で死亡していたが、彼が最重要容疑者になった。墓地を掘り返すための令状が出され、ウィテカーはカッペンの歯と大腿骨から得たDNAを分析することができた。DNA指紋が一致し、犯人を罰することはできなかったが、三人の命を奪った連続殺人事件はようやく解決した。

捜査中の事件が家族検索によって初めて解決したのは二〇〇四年のことだ。マイケル・リトルという男性が大型トラックでハイウェイの陸橋の下を通りかかったとき、上から誰かがレンガを投げつけた。レンガはフロントガラスを割ってリトルの胸を直撃した。リトルはなんとかトラックを路肩に寄せたものの、心臓発作で亡くなった。科学者がレンガから得たLCN・DNAをデータベースで検索してみたところ、完全一致はなかったが、家族的なつながりをたどり、クレイグ・ハーマンに行き着いた。ハーマンは犯行を認めて、故殺罪で六年の有罪判決を受けた。サリー警察のグラハム・ヒル警部にとっては、有罪判決が引き出せた理由はただひとつだ。「この画期的な技術がなければ、今回の事件は解決できなかったに違いない」

ハーマンの有罪判決後の余波のなかで、アレック・ジェフリーズは、家族性DNA検索は、市民の自由に対して「むしろ厄介なことになる可能性のある」問題を引き起こしたと述べた。その反応は犯罪とつり合いが取れていなければならない。つまり、個人の人権と犯人を特定する必要性とのあいだに適切なバランスを保たねばならない。科学捜査の目的で家族性DNAを検索することは、多くの国ではまだ違法である。米国ではカリフォルニア州とコロラド州のみが許可しているが、捨てられたピザのかけらから抽出したDNAで家族性検索をしていれば、一九八〇年代後半から二〇〇〇年代前半までロサンゼルスを震えあがらせた、連続殺人犯でレイプ犯の〝グリム・スリーパー〟事件の犯人探しに役立っただろう。英国では、ＤＮＡの家族性検索は殺人と強姦事件の捜査にのみ用いられている。ハーマンの有罪判決以後、家族性検索法によって警察は重犯罪の容疑者五四人を導き出し、三八件の有罪判決を勝ち取っている。

それでも倫理的な問題は残っている。ニューヨーク大学の社会学者トロイ・ダスターは次のように指摘している。米国の投獄率は（いわゆる一部の当局者による人種差別を含む社会政治的理由によって）白人より黒人のほうが八倍高いゆえに、家族性の検索は黒人の犯罪者に有罪判決を下すのに役立てられる可能性がはるかに高い。英国の黒人の五人中約二人のＤＮＡ指紋が全国のＤＮＡデータベースに保管されているいっぽうで、白人は一〇人中約一人である。米国では、連邦のデータベースにあるＤＮＡ指紋の約四〇パーセントがアフリカ系米国人だが、この人種の国の人口に占める割合は約一二パーセントである。人口の約一三パーセントを占めるラテンアメリカ系のＤＮＡ指紋が、おもに不法移民の取り締まりによって採取されているため、まもなく同様のゆがみを示すことが予想される。

条件を公平にするためのひとつの方法は、全員のＤＮＡ指紋を得ることである。すでに英国の全国ＤＮＡデータベースには、六〇〇万人分のＤＮＡ指紋があり、市民に対する比率（一〇パーセント）は世界のどの国よりも高い。英国では逮捕者全員（犯罪で有罪になったか否かにかかわりなく）のＤ

NAが無期限にデータベース上に保存されていたが、二〇〇八年の欧州人権裁判所による決定で変更を余儀なくされ、二〇一二年から二〇一三年に、一七〇万人の無実の人間のDNA指紋がデータベースから削除された。アレック・ジェフリーズは二〇〇九年にこれを要求していた。「私の見解はシンプルそのもので……罪のない人々の情報はデータベースに入れるべきではありません。将来の犯罪者として烙印を押すことは、犯罪と戦う方法として適切ではありません」

かなり多くの犯罪が常習犯によって行われているため、全国規模のデータベースは警察にとって強力なツールである。二〇一三年に犯行現場で見つかったDNA指紋の六一パーセントが、データベースのDNA指紋と一致した。内務省はこれらの一致者のうち、どれほど多くが有罪判決になったかを記録していないが、警察にとってDNA鑑定は心強い助っ人で、なかにはこれを必須にすべきだと提唱する者もいる。だが、誤った推測を招くことのほうが多いと考えている人々もいる。複数の人々のDNAが犯罪とはまったく関係のない理由で、ひとつの犯行現場に存在することがある。科学者らがいまのように、微量の試料から結果を出せるようになってからはとくに。

この悪夢のようなシナリオに加えて、個人のプライバシーの問題と、六〇〇〇万人分のDNA鑑定を行う場合の膨大なコストの問題で充分、この案を保留する理由になるだろう。さらに、DNA鑑定の義務化によって、犯罪者が無実の人々に罪をなすりつけやすくなるのではないかと懸念を示す人もいる。ある弁護側の弁護士が法廷で、何者かが現場に被告のLCN・DNAを付着させたと主張し、被告は濡れ衣を着せられたのではないかという考えをヴァル・トムリンスンに示した。それを証明するために、弁護士はトムリンスンに仮説に基づいた質問を行った。

「この一件で誰かを陥れようとしたとき、あなたならどのようにしますか？」

「そんなことはできないと思います」とトムリンスンは答えた。

トムリンスンの経験では、でっちあげのほとんどは最初の時点で失敗する。「子供たちは自分たちの間違いを隠そうとして、大げさな態度を取ります。ほかの人に罪をなすりつけようとする人々は、誤った方法で多くの血痕をつけすぎたり、バケツ一杯のガラスの破片を残します。犯罪が起こって一週間後に回収された衣服の切れ端に残っているものなら、せいぜい小さな破片がふたつくらいのものなのに」。ほかのすべての強力なツールと同様に、ＤＮＡも誤った使いかたをされることがある。だが例のごとく、証拠の分析で重要なのは、単にデータを収集して、誰のＤＮＡがそこにあるのか、またはないのかを調べることではない。扱っている証拠を解釈する科学者らの技能が重要なのだ。この技能によって無罪の人が保護されるはずであり、実際にほとんどが保護されている。

もちろん、すべての犯罪者が自分の身分を隠したがっているというわけではない。政治的な闘争者やテロリストが罪を犯したときは、自分たちがやったと世界に知らしめようとする。マドリードの列車爆破事件では（１８８ページ参照）、最初からＤＮＡと政治がこの事件の中心にあった。総選挙の投票の三日前という攻撃のタイミングは、重要な意味を持っていた。爆破事件のすぐあと、現職政府はおそらく、スペインがイラク戦争にかかわった結果、爆破事件が起こったのではという憶測を抑えたい思いからか、バスク分離主義組織のバスク祖国と自由（ＥＴＡ）の関与を示す証拠が見つかったと主張した。しかし、三日後、〝欧州におけるアルカイダ軍のスポークスマン〟アブ・ドゥジャナ・アフガーニーは次のような犯行声明を出した。「これは世界、とくにイラクとアフガニスタンで貴国が引き起こした罪に対する反応であり……貴国は命を愛するがわれらは死を愛する」

一か月後、警察が一斉検挙する寸前に七人の容疑者が自分たちのアパートメントで爆弾を爆発させ、容疑者のうち四人とひとりの警官が命を落とした。科学者らは現場やそのほかの場所で見つけたＬＣＮ・ＤＮＡ（歯ブラシにあったものなど）と、国のデータベースにあるＤＮＡ指紋とを一致させられなかった。裁判官は、科学者にＤＮＡを用いて、まだ逃走中の容疑者が北アフリカ出身か欧州出身かを判断するよう命じた。これによって捜査官は、最終的に、アルカイダかＥＴＡのメンバーかにターゲットを絞ることができるだろうというのだ。

だが、地中海の両側にある南ヨーロッパと北アフリカは人種間の結婚があるので、当時の技術ではこのふたつの人種の区別はほぼ不可能だった。法遺伝学者クリストファー・フィリップスは新たな技術を開発し、死者にも逮捕者にも属していないＤＮＡ指紋のひとつが「ほぼ間違いなく」北アフリカ人のものであると結論をくだした。その後、家族性ＤＮＡ検索によって、それがオウヘイン・ダウードのものと示唆された。このアルジェリア人の指紋は、爆破現場近くにあったルノー・カングーの車内にあった未使用の雷管からも見つかった。

クリストファー・フィリップスは民族性の研究を行いながら、爆破に使用されたバンのなかで見つかったスカーフから得たＤＮＡを、「およそ九〇パーセントの予測精度で」青い瞳をした人物のものだと推測した。科学者らは、それらのＤＮＡから容疑者の身体的な外見に関する詳細をどんどん識別できるようになってきている。つまり犯行現場に残された痕跡から、どんな人がそこにいたかを、目撃者とほぼ同じくらい正確に割り出すことができるようになったのである。

　きっかけは赤い毛髪だった。二〇〇〇年代の初めに、ＦＳＳの科学者たちが、ある遺伝子（メラノコルチン４受容体）のスイッチが両親ともにオフだった場合、その子供は赤毛になることを突き止めた。ギル・タリーは、このような方法でＤＮＡ鑑定を行うことの倫理的な意味合いに注意を払っている。だが全体的には、「重要なのは正しい方法で鑑定を行うことです。赤毛のテストを開発していたとき、スコットランドの刑事たちが電話をかけてきてこう言いました。『銃の発砲事件があった。弾道学によってどの窓から発砲されたのかはわかった。その窓のあたりに煙草の吸い殻がいくつかあって、そこからＤＮＡ指紋を得た。その建物から赤毛の男が走り去ったという目撃者の話もある。だから、大量の個人のＤＮＡを検索してその煙草を吸った人物と適合するものがあるか調べる前に、その煙草を吸っていたのが赤毛の男だったかどうか教えてくれないか？』と。その段階では赤毛の男性かどうかを明らかにすることはできませんでしたが、これは、ＤＮＡ鑑定法がいかにして倫理的かつ適切に捜査に直接役立つかを示した非常によい例です。この方法なら、何か月も前に誰かが吸った関係のない吸い殻を解析するのに膨大な費用をかけずにすみます」

遺伝子指紋法は、有罪か無罪かを示す強力な指標であり、ウィリアム・ハーシェルとヘンリー・フォールズが一世紀前に指紋鑑定法を開発して以来、法科学界でもっとも大きな進歩を遂げた分野と言えるだろう。法科学の多くは主観的な解釈に基づいており、本書の指紋の章で探ってきたとおり、すべての人間と同様に、指紋鑑定家はときおり、見たいと願ったときにうまくパターンを見つけ出すことがある。それは科学捜査官にとって有用なスキルだ。裁判でそれが直感的な性質のものであると認識され、はっきり明言されているかぎりは。

ヒューマンエラーが入りこむ可能性はつねにあるが、DNAは非常にシンプルな形態であるゆえ、三〇年間の改良を経て、客観的な確率を用いて経験的なデータを解釈することで、主観的なバイアスの罠から私たちを引っぱりあげてくれる。たとえば、ギルがある犯行現場から得たDNAを解析し、それが容疑者と一致したとき、ギルは陪審員らに確信をもって、「観察しているDNA指紋が容疑者以外の誰かのものであるという確率は一〇億分の一であると言うことができます。この控えめな推定値は平均的な陪審員が理解できる数字です。数兆分の一と言っても、あまり意味はありません」。とはいえ、人生——そして犯行現場——はシンプルどころではない。ギルが指摘しているとおり、「事件では、ふたりの人間のDNAが混じっていることがよくあります。その場合は証拠の強さをじっくり評価し、検察側の仮説が真実なのか、弁護側の仮説が真実なのか、混じったDNAがどちらの仮説を最大限に示している可能性があるかを調べなければなりません」

法科学者には、DNAから学べることがまだたくさんある。現在、ヴァルとギルは、ひとりの人の一パーセント未満のDNAから得たDNA指紋を、英国内のデータベースのDNA指紋と一致させられるかどうか判断しようとしている。それがより速く、より安くできれば、「理論的には誰かのゲノム全体を解析することができるようになります」。可能性は無限だ。「ですが、それに挑戦する前に答えを出さねばならない、とても重大な倫理的かつ実際的な問題があります。科学捜査で集めた検体を用いて、罪を犯す傾向がある人々についての情報が得られるとしたら、その検体を調べたくなりませんか」

これは非常に不穏な意見である。たとえば、おもに男性に見られる〝戦士の遺伝子〟の存在はすでに明らかになっている。この遺伝子はストレス下での暴力や衝動的な行動と関連がある。二一世紀に生きる私たちは、生来的犯罪者説として知られるチェーザレ・ロンブローゾの一九世紀の〝犯罪人(uomo delinquente)〟説や、頭蓋骨のでこぼこから犯罪に走りやすいかどうかを診断するヴィクトリア朝時代の骨相学に戻ってはならない。それらはどう見ても、悪夢のシナリオでしかない。

とはいえ、DNA指紋はバランスよく用いれば、その未来は恐れではなく期待に満ちたものとなる。いまや一時間半たらずでDNA解析が行える装置が登場し、逮捕された容疑者の拘留が解かれる前に、そのDNA指紋を全国規模のデータベースで検索することが可能である。そしてもし、そのDNA指紋が未解決事件の犯行現場で見つかったDNA指紋と一致したなら、警察は連続犯罪を止められるのだ。ギルはこのように説明している。「窃盗の常習者は、逮捕されるとDNAから過去の犯罪も明らかになることがあると知っていて、保釈後、家族のためにさらに盗みを働いてから刑務所に入ることがあります。すべての罪をひとまとめに考慮してもらい、いっぺんに刑期を務めようとするわけです。また、深刻な犯罪を予防できたかもしれない事件もあります。警察に拘留されたあと解放された人が重大な事件を犯すという例です。警察がＤＮＡ解析の結果を早く知ることができれば、そういう人々は保釈されなかったでしょう」

いまのところ、犯行現場で日常的に見つかる微量のＤＮＡの解析には、一時間半はゆうに超える時間が必要であるが、「容疑者を特定するだけでなく、盗品が横流しされる前に犯人の自宅に向かえる日は必ずやってきますし、それほど遠い未来でもありません。そのときは、盗まれた品を被害者に返すことができるでしょう。その品は、被害者にとって思い入れのあるかけがえのないものかもしれません。これが実現するのは、本当にすぐのことで、はるか遠い未来の話ではないのです。もうまもなくのことでしょう」

盗人たちよ、せいぜい用心するがいい。

第8章

Chapter Eight

人類学

ANTHROPOLOGY

これまで奇妙なものをいろいろ見てきたが、これほど奇怪なものを目にしたことがあるだろうか……屈強なふたりの運搬人が証人のところに運んできたのは、いくつかの大きな箱で、そのなかには女性の死体の一部が入っている。瓶や葉巻入れ、紙の箱やブリキのバケツに詰められているのは、乾いた骨のかけらや不気味な溶液につかっている線維組織、さまざまな汚物や細粒、ぼろ布や衣服の切れ端……だがそこの証人席にすわっている厳粛な面持ちの教授が、次々と、干からびた骨やごみを解釈し、くわしく説明するのを聞いているうちに、それらは形を取り始め、命を吹きこまれ、ぼろきれが衣服に、衣服が人の姿に変わっていった。

――ジュリアン・ホーソーン

（一八九七年のルートガルト殺人事件について）

法科学でなにができるかを知って、私たちはみなすっかり夢中になっている。そこから人を惹きつける犯罪小説やスリリングなテレビドラマシリーズが生まれている。しかしときに、そのストーリーテリングの魅力に夢中になるあまり、この分野の捜査官らが目の当たりにしている犯罪の非道さを見失っていることがある。なかでも法医人類学者ほど厳しい現実に直面している科学者はいない。血なまぐさい戦争や自然災害が彼らの活躍の場であり、死者を家族のもとへ帰すのが彼らの使命なのだ。

一九九七年、コソボ。二〇世紀が幕を閉じようとしているとき、とくに激しい紛争が起こり、民族と宗教的な違いによってバルカン諸国が引き裂かれた。どちらの側も相手を悪者にして敵を人間以下のものと見なし、その土地を清めるために排除するべき害獣のように考えていた。それは必然的に残虐行為を招く考え方で、その行為を行うための時間と場所には事欠かなかった。私は、戦争が終わったあとにコソボを訪れた何人かの研究者と話をした。彼らの目には、まだとても口では言い表せない出来事の暗い影が潜んでいた。

想像してみてほしい。トレーラーを牽引する一台のトラクターがコソボの丘を下っているところを。運転しているのは、戦いが近くに迫ってきたと判断したひとりの農夫だ。トレーラーには農夫の家族が全員で一一人乗っていた。一歳から一四歳までの八人の子供が、母と祖母、叔母のかたわらにぎゅう詰めになってすわっていた。天気は晴れて明るく、恐怖は彼らの人生から永遠に切りはなせない存在になっていたものの、家族は穏やかに話をしていた。

だが、安全な場所へ逃げようとするこの行動によって、家族は危険な状況に陥った。どこかすぐ近くで敵がロケット・ランチャーを持って待ち構えている。それは戦場で目にするようなきわめて殺傷力の高い武器だ。子供でも半日あれば使いかたを覚えられる。YouTubeにはその使いかたを実演する動画がある。安価で、効率がよく、携帯しやすく殺傷力が高い。それは力が不均衡な戦いのアイコンであり、ベトナム以降のゲリラ戦の主軸である。たいていは、標的を跡形もないほど完全に破壊しつくす。

どこからともなくロケット弾が家族のほうへ飛んできて、爆発し、トレーラーを破壊した。乗っていた家族はただひとりを除いて全滅した。生き残ったのは農夫だった。農夫は爆発で片足を負傷し、ショックで茫然自失の状態だったが、足を引きずりながらその場から逃れた。あとになって、夜の闇にまぎれて爆発現場を這いまわり、ほかの一一人の家族を探し、血まみれのばらばらになった遺体をできるかぎり集めた。信心深いイスラム教徒だった農夫は、できるかぎり早く家族を埋葬しなければならなかった。悲嘆と傷に苦しみながら、どうにか浅い墓を掘り、家族の遺体を地面に埋めた。

一八か月後、法医人類学者のスー・ブラックは英国の法医学チームとともにコソボに到着した。オランダのハーグで国連によって設立された、旧ユーゴスラビア国際刑事裁判所の依頼で証拠を集めにきたのだ。この裁判は一九四五〜四八年にニュルンベルクと東京で行われて以来、初の国際的な戦争犯罪裁判だった。これまで一六一人が旧ユーゴスラビア国際刑事裁判所に起訴されている。七四人は判決を下され、二〇人の裁判はまだ進行中だ。ユーゴスラビアの元大統領スロボダン・ミロシェヴィッチは人道に対する罪で判決を下される前、二〇〇六年に死亡した。コソボでの英国チームの役割は、多くの墓を掘り返して大規模な虐殺行為を調査することだった。

スーはその農夫と会ったとき、「いままで出会った人のなかで、もっとも静かで威厳に満ちた男性」

だと思った。スーたちはトレーラーに乗っていた人々への理不尽な攻撃の決め手となる証拠を探していた。だが、家族を失った農夫にとって、はるか遠くのオランダの法廷のことなど、ほとんどなんの意味もなかった。彼はただ家族のことを静かに悲しみたがっていた。農夫は家族の遺体を掘り出しにきてくれたチームに感謝した。共通のひとつの墓にひとかたまりになって埋められていると、アラーが一人ひとりの家族を見つけられないので、それが辛いのだという。そして、ばらばらになった遺体を掘り出して、一一の遺体袋を返してくれないかと頼まれた。そうすればみんなを別々に埋葬できるからと。

コソボの共同墓地を発掘する法医人類学者たち。

農夫は知らなかったが、彼が願いを託した相手は、世界でもトップクラスの子供の骨に関する専門家のひとりだった。スーはX線写真の技師ひとりと写真家だけを残してほかの人は追いはらい、一二のシートを間に合わせの墓のそばに広げた。「はっきり特定できないものがあるとわかっていたので、一二番目のシートが必要でした。それぞれの袋にただ何か小さなかけらを入れて、父親の気持ちを鎮めるという誘惑にもかられました。もちろんそれは道徳的にまったく間違ったことです。でも、なにより司法上容認される行為ではありません。私たちがそこに行ったのは法医学的な目的があったからで、人道的支援のためではないのです。私たちの目的は、証拠を集め、解析し、示し、法廷に立ったときに、私たちがしたことを正当化できるようにしておくことなのです」

スーの頭に浮かぶのは、弁護側の専門家が死体袋のひとつを開いて、死体の一部ではないものを見つける場面だ。そうなれば、検察側の信用はがた落ちになる。

だからスーは仕事に取りかかった。一八か月経っているので、腐敗は仕事を終えていて、スーが扱わねばならない部分的な死体はほとんど骨になっていた。成人の骨は大きくて数も少なかったので、それぞれを区別しやすかった。八人の子供はずっと難しかった。スーは苦労して骨の欠片を分けていった。数時間後、六人の幼い子供たちを特定した。残りは二組の腕だったが、それは一四歳の双子の少年たちのものだった。「彼らのものはほかになにもありませんでした。上腕骨と鎖骨だけ。けれども、一組の腕はミッキー・マウスのベストに付着していました。私は警官に言いました。『お父さんにミッキー・マウスが好きだったのはどの子かと聞いてきてちょうだい。双子のどちらですか、なんて聞きかたや、それをにおわせるようなことは言わないでね。答えが双子のひとりの名前だったら、ふたりを区別できるから』、と」。警官は父親の答えを聞いてきた。父親は双子のひとりの名前を告げて、「『あの子はミッキー・マウスが好きだった。それはあの子のベストだ』」と答えたのだ。一時間後、スーは一二個の死体袋を農夫のところに持って行った。「それは彼がなによりも求めていたものでした。彼の乗り越えてきたものに思いを馳《は》せながら、家族を返してあげること。私たちにできるのは、せいぜいそれくらいのことなのです」

スーはダンディー大学の、解剖学およびヒト識別センターの責任者だ。この分野でスーがおもに行っている仕事は、骨格遺物の回収と身元の確認である。それらの骨は人間のものか？　性別は？

年齢は？　身長は？　人種は？　いつ死亡したのか？　死因は？　死体が損なわれておらず、腐敗もそれほど進んでいなければ、病理学者がそれらの質問に答えられるかもしれない。答えられないときは、法医人類学者の出番となり、骨だけでなく「人間の遺物」すべてが解析される。毛髪、衣服、宝石類、そのほか日常的に人が集めたり、身につけたりしている多くの物品すべてを扱う。あとで出てくるが、死後に遺したカメラやビデオの映像でさえも、長年の経験によってしか気づけないような手がかりを求めて解析されることがある。この仕事を始めて以来ずっと、スーは人体の秘密のパターンを追跡し、人々の身元を明らかにするために驚くべき技術を開拓し、多くの解剖学者や人類学者、医師らに人体がどのように組み立てられているかを教示してきた。

　スーが大学生たちに教えた素材、連れていった調査旅行、そして自身で実施した調査はすべて、コソボ紛争後の四年間の任務が大きな影響を及ぼしていた。スーはコソボがキャリアの大きなターニング・ポイントだったと語る。その理由のひとつは、そこで働いているときに知識と経験を、多くの国の科学捜査チームと共有できたからだ。そのなかには有名なアルゼンチンの法医人類学チームがいた。彼らは先駆者として、一九七〇年代から一九八〇年代初頭に、人権侵害の事件に自分たちの専門知識を用いていた。

一九七六年から一九八三年に、アルゼンチンは暫定軍事政権によって統治され、この政権によって、左翼または危険分子と見なされた者に対する暴力と弾圧行為が行われた。この戦いは実行者によって〝汚い戦争(Guerra Sucia)〟と名づけられた。ブエノスアイレスやそのほかの町で、市民が公共の場で誘拐され、自宅からさらわれ、国じゅうにある三〇〇箇所の秘密の刑務所に入れられた。多くの人々が、男性も女性も子供も同様に、残酷な拷問を受けた。生き延びた人々は、鉄格子に縛りつけられて、感電させられたと語った。妊婦だからといって残虐行為の手が緩むことはなかった。それ以外の人々は引きずられ、目隠しをされて、アルゼンチンとウルグアイの国境にあるラ・プラタ川に飛行機から突き落とされ、その死体は両国の岸辺に流れついた。墓碑銘のない墓に埋められることもなく、水中にも沈まなかった死体は、死体保管所に送られ、〝名前なし〟と記された。ある作業員は次のように述べた。「なんの冷蔵設備もない場所に三〇日以上も置かれたままの死体に……雲のように群れたハエがたかり、床は一〇センチメートルもの厚さの蛆虫や幼虫に覆われていました」。〝汚い戦争〟の犠牲になった一般市民は三万人にものぼり、約一万人が〝行方不明者〟となった。

一九八四年に軍事政権が崩壊したあと、アルゼンチンの地元の裁判官は、親族を失った人々になにが起こったのかを明らかにして、殺人者らに正義の裁きが下せるよう、墓碑銘のない墓から死体を掘り出して身元を確認するべきだと要求し始めた。裁判官らの指示に従う地元の医師たちは骨格の解析経験がほとんどなく、手助けを強く求めていた。一九八六年、アルゼンチンの法医人類学チームの設立メンバーを訓練するために、クライド・スノウという経験豊かな法医学人類学者が米国からやってきた。スノウはケネディ暗殺事件や連続殺人犯のジョン・ウェイン・ゲイシーの犠牲者に関する調査を担当してきた人物だった。「史上初の人権侵害の捜査でした」とスノウは語った。「私たちは科学的な手法を用いて残虐行為を調査し始めました。最初は小さなチームでしたが、これがやがて、人権侵害を捜査する方法として偽りのない進化を遂げたのです。人権の領域で科学を用いるという概念はこアルゼンチンで始まりました。そしていまでは世界中で用いられています」

スノウは若いアルゼンチン人を集めて小規模の専門チームを作り、仕事をしながら彼らの訓練も多く行った。スノウによると、最初の数か月、学生たちは墓のそばでよく泣き崩れた。スノウは学生たちにマントラのように「泣きたければ、夜に泣け」と何度も言いきかせた。人類学者が死体を掘り出して記録を取ると、捜査官たちはその生物学的プロファイルと行方不明者の医療記録や歯科記録とが一致しないか調べる。近年では、人類学者はまだ身元が確定していない死体の骨からDNAを抽出し、それらと生存している血縁者とを関連づけている。二〇〇〇年には、六〇体の人骨の身元が判明し、さらに三〇〇体が現在調査中である。全体からするとまだ割合としてはわずかであるが、とにかく始まったのだ。身元が判明したうちのひとり、リリアーナ・ペレイラは一九七七年一〇月五日に仕事から歩いて帰っているとき

アルゼンチンの“汚い戦争”中に行われた殺人について、アルゼンチン暫定軍事政権の元指導者9人に対して行われた1986年の裁判で証言するクライド・スノウ。スノウの証言が助けとなり6人の被告に有罪判決が下された。

アルゼンチン・コルドバ県で共同墓地を発掘するアルゼンチンの法医人類学チームの人々。ここで、“汚い戦争”の犠牲者とみられる約100体の身元不明死体が見つかった。

に誘拐された。彼女はその後、誘拐者によって拷問され、レイプされ、殺されたと思われる。行方不明になったとき、リリアーナは妊娠五か月だった。一九八五年の軍指導者九人の裁判で、クライド・スノウは、法廷にいる人々に「さまざまな点でこの骨は被害者自身の最良の証人です」と述べ、リリアーナの身元に関する証言を行った。ほかのいくつかの代表的な骨とリリアーナ・ペレイラの骨から得た証拠が役に立ち、六人の被告に有罪判決が下った。

アルゼンチンのチームは世界じゅうの三〇を超える国々で活動を続けており、それらの国で共同墓地を発掘したり、各国の人々が自ら法医学的捜査を実施できるように訓練したりしている。彼らは、グアテマラの三〇年もの内戦中に行われた人権侵害を調査するために設立された、グアテマラ法医人類学財団の訓練も行った。また、アパルトヘイトの影響について、南アフリカの真実和解委員会とともに作業を行った。さらに、一九九七年には、キューバの地質学者と共同で、ボリビアでチェ・ゲバラの遺物を特定する作業を行った。チェ・ゲバラは、一九六七年にボリビアの兵士に脚と腕、胸部を撃たれ、さらに身元を確認するために両手を切り落とされたことが知られていた。チェ・ゲバラの遺物を探していた人類学者たちはふたつの墓から七体の死体を発見した。うち一体が青のジャケットを着ていて、そのポケットにパイプ煙草の小さな袋が入っていた。それはチェ・ゲバラが死ぬ少し前にボリビアのヘリコプターの操縦士から受け取ったものだった。身元は歯科記録で裏づけられた。処刑の三〇年後に、チェ・ゲバラの遺体はキューバに返され、英雄として迎えられた。

コソボでアルゼンチンのチームから分け与えられた専門知識は、スー・ブラックなどほかの人類学者が自身の知識や技術を高めるのに役立ち、世界じゅうのこの分野の発展の基礎となった。スー自身はシエラレオネ、イラク、二〇〇四年の津波後のタイなどさまざまな環境で働き、英国では広範囲な訓練プログラムの運営を行ってきた。

それでもまだ、スーの専門知識を必要とする残虐行為は続いている。二〇一四年一月に、〝シーザー〟というコードネームで、憲兵隊撮影者だったと言われているシリアの亡命者が五万五〇〇〇枚の写真をこっそり持ち出した。それらの写真には、アサド独裁政権時代に抑留されていたと伝えられる一万一〇〇〇人の男性の死体が写っていた。政府はその写真の正当性を疑問視し、反政府勢力がそれらを偽造したと主張した。スーは真偽を判定するために写真の調査を依頼された。スーはその写真について「法科学に三〇年携わってきたなかでも最悪の事例でした」と述べた。コソボでの残虐行為は多くが銃砲弾によるもので、津波は自然が及ぼした作用だったが、シリアの写真には組織的な拷問の形跡が写っていた。それらの死体には、餓死や絞殺、電気処刑の痕跡が見られた。彼らは殴打され、焼かれ、目玉をくり抜かれていた。スーは、拷問の証拠が信用できるものか、それらの死についてさらなる捜査をするのが妥当かと尋ねられた。スーはこう答えた。「間違いなく、イエス」

とはいえ、法医人類学者の仕事の大部分は、拷問や大量虐殺の調査とは関係がない。自然災害や列車衝突事故、二〇〇五年のロンドン交通局爆破事件など〝大量死事象〟として知られる現場に呼ばれるのは非常にまれである。実際のところ、担当する事件の大部分はずっと小さなスケールのものだ。だが、小さな事件でもその個人の死に影響を受ける人々にとっては大事件と同様に大きな意味を持つ。

ジョンとマーガレットのガーディナー夫妻は、グラスゴーから車で一時間ほど走ったところにある、スコットランド西海岸のヘレンズバラに住んでいた。ジョンは商船の元船員で大きな夢を見ては借金をこしらえていた。二〇〇四年一〇月に、ジョンは妻に最新の一攫《かく》千金計画を話した。それは心地よいレストランを建てることだった。マーガレットはこの計画に感銘を受けず、ジョンにもはっきりそう告げた。

数日後、マーガレットの職場に銀行から電話があり、五万ポンドのローンの申請書に一箇所問題があると言われた。マーガレットは驚いた。ローンの申請などしていなかったからだ。自分の知るかぎり、人生で一度もローンの申請はしたことがなかった。会話をしているうちに、ジョンがほかの女性にマーガレットのふりをさせてマーガレットの名前で書類を書かせたらしいことがわかってきた。マーガレットはもうたくさんだと思った。家に帰ったら夫と話し合って、出て行ってもらうつもりよと同僚に話した。それが生きている彼女の最後の姿になった。

　奥さんはどこに行ったのかと訊ねられると、ジョンは適当な話を並べた。ところがひとつだけ言い訳できないことがあった。マーガレットが日課として毎晩かかさずしていた年老いた両親への電話がふいになくなったのだ。マーガレットの失踪が警察に届けられると、警察は事態を重く受け止め、科学捜査チームをガーディナー家に送りこんだ。ＣＳＩはバス・ルームの浴槽の底に血を発見した。マーガレットの血だった。捜査官らは浴槽のU字パイプに内視鏡を入れ、歯のエナメル質の欠片を発見した。キッチンの洗濯機を調べ、ドアの周辺を綿棒でぬぐい、さらにマーガレットの血を見つけた。

　しかしこれらはマーガレットの死を意味しているわけではない。バス・ルームでつまずいて転んだのかもしれないし、そのときに歯が欠けてどこかを切ったのかもしれない、そのあと血のついた服を洗濯機に入れたのかもしれない。とはいえ、ＣＳＩによるさらに徹底的な捜査が必要だと判断された。洗濯機のフィルターを取り出してみたところ、クリーム色の小さななにかの欠片が見つかった。幅はたった四ミリメートルで長さは一センチメートル。確信はなかったが捜査官たちは骨かもしれないと考えた。それを粉に挽《ひ》けばＤＮＡの試験が行えるだろう。だが、幸いにも証拠を破壊する検査の前に、現状を維持したまま行える検査をすべて試してみるのが重要だと捜査官たちは理解していた。

　そんなわけでその欠片は、解剖学およびヒト認証センターに送られ、スー・ブラックによって、どこともわからない単なる骨の欠片ではなく、蝶形骨《ちょうけいこつ》の左大翼部分と同定された。それはこめかみに位置する骨の一部で、その骨のすぐ下には大動脈の重要な分岐点がある。その骨を失ったとき、マーガレット・ガーディナーは死にいたるほど大量に出血したはずだ。マーガレットはおそらく生きてはいまい。

この小さな証拠によって、ジョン・ガーディナーの作り話は意味をなさなくなった。反論の余地のない骨の欠片を目の前に突きつけられると、ジョンはすぐさま警察に新たな説明をし始めた。マーガレットが怒りに身を震わせて玄関から入ってきた、とジョンは述べた。言い争いはまもなくつかみ合いになった。マーガレットはジョンの手から逃れた。ジョンは追いかけた。マーガレットは急いで家を出たが、ステップの一番上でつまずいた。そして、パティオで頭を打った。マーガレットは大量に出血した。ジョンはマーガレットをバス・ルームへ運んだ。それでバス・ルームで血が見つかった説明がつく。その後着ているジャンパーに血がついているのに気づき、ジョンはそれを洗濯機に入れた。ジョンはジャンパーを酵素が入っていない洗剤を使って水で洗ったため、血痕のＤＮＡが残り、それがジャンパーの繊維に入りこんでいたに違いない。ジョンの説明は証拠と一致した。のちにジョンは娘に、マーガレットをシーツで包んで川に流したと言った。マーガレット・ガーディナーの死体は結局見つからずじまいだったが、あの小さな骨の欠片に彼女のＤＮＡが含まれていることに基づいて、ジョンは故殺罪の有罪判決を受けた。

マーガレット・ガーディナーの殺人事件のように、二一世紀の事件では人類学が正式な科学として用いられているが、そのずっと前から、骨への関心は法的な判断において、ある役割を担っていた。ここで例に挙げる事件は一三世紀の官僚に関するもので、中国の検死官の手引き『洗冤集録《せんえんしゅうろく》』（一二四七年）に掲載されている。ある男が若者を殺し、若者の財産を盗った。ずいぶんたって、その罪が明るみになった。男は罪を告白し、少年を殴って湖に捨てたと言った。少年の死体は湖で見つかったが、肉は腐ってはがれ落ち、残っていたのは骨だけだった。高位の官僚は、その骨はほかの誰かのものかもしれないと考えた。誰もその逆の判決を下す勇気がなく、死因審問は行われなかった。

ところがしばらくすると、べつの官僚が事件の記録を見直し、血縁者が少年は「鳩胸」だったと述べているのに気づいた。その官僚は骨を調べてみた。たしかに犠牲者の肋骨のつなぎの部分が鋭角に曲がっていた。このため、新たな死因審問が召集された。殺人犯の自白は妥当性が確認され、ようやくその罪で罰せられることになった。

だが、この最初の成功があったにもかかわらず、骨の科学が正式に法廷で採用されたのは何世紀もあとのことだった。一八九七年に米国の刑事裁判で人類学者の証言が初めて記録された。ジョージ・ドーシーはアメリカ・インディアンを専門とする民族学者で、一八九四年にハーバード大学で人類学の博士号を獲得した最初の人物となった。ドーシーは、〝法医人類学の父〟と呼ばれるトーマス・ドワイトから教えを受けていた。ドワイトはその分野の初期発展の先導者で、先例のない精度で人間の骨格のばらつきを分析することができた。その裁判があった当時、ドーシーは人の手が加わった遺物、つまり〝人工遺物〟の、とくに骨を収集することに情熱を注いでおり、北米や南米へ遠征に出かけ、ペルーからはインカ時代の大量のミイラを持ち帰った。

一八九七年、ドーシーは、数週ものあいだ新聞の第一面をにぎわせていた事件に呼ばれた。アドルフ・ルートガルトは、一八六六年に二一歳の文なし状態で、ドイツからシカゴに移住した。ジョン・ガーディナーのようにルートガルトも壮大な野心を持っていた。だが、ガーディナーとは違って、金儲けは得意だった。一五年のあいだ、革なめし工場や引っ越し業者で半端仕事をして四〇〇〇ドル貯めると、工場を建ててA・L・ルートガルト・ソーセージ・パッキング会社を設立した。工場で作られたソーセージはまもなく市全体と市外にも流通されるようになり、ルートガルトは〝シカゴのソーセージ王〟と呼ばれるようになった。

工場を開く直前に、この商魂たくましいソーセージ起業家は、小柄で魅力的なルイーザという女性と結婚していた。しかし、この結婚はアメリカン・ドリームとはかけ離れたものだった。アドルフはほかの女性と浮気し始めたのだ。また、アドルフが妻を殴っているという噂も広がった。

一八九七年五月一日、夫婦は春の散歩に出かけた。しかし戻ってきたのはアドルフだけだった。ルイーザは別の男と駆け落ちしたとアドルフは言ったが、ルイーザの家族はその話に納得できず、警察に連絡した。警察は広範な捜査を行い、ついにその目がルートガルトのソーセージ工場に向けられた。ある目撃者が、ルイーザが失踪した日の夜一〇時半に、アドルフとルイーザが工場に入って行くのを見たと証言した。夜間警備員がその話と一致する証言をした。それだけでなく、アドルフは彼に使い走りを頼み、もうその夜は戻ってこなくてよいと言ったのだ。

工場に足を踏み入れたとき、警察はソーセージを蒸すために用いられる大きな樽から異様な臭いがしてくることに気づいた。その大樽をじっくり見てみると、底のほうにヘドロのようなものが見えた。それは「気分が悪くなるほどの……なにかの死体のような臭い」だったと言う。警察はさらに調べることにした。

「樽の底近くにある栓を引き抜くと、液体が抜け、なかには麻の南京袋がいくつか……樽の底に並んでいて、その袋の上にはどろどろした堆積物と小さな骨のかけらがいくつも散らばっていた。大樽をさらに調べると、底にはほかにも骨の欠片があり、さらにふたつの飾り気のない金の指輪が見つかった。ひとかたまりにくっついていて、赤みがかった灰色のぬめぬめしたものに覆われていた。小さいほうがガードリング、大きいほうが結婚指輪で、この指輪の内側には〝L・L〟という文字が彫られていた」。のちに、これはルイーザ・ルートガルトの結婚指輪で夫から贈られたものだということが確認された。かまどのなかからも、小さな骨らしきものと焼けたコルセットの一部が見つかった。これらの証拠の重要性を考慮し、警察はルートガルトを逮捕した。

裁判はクック郡の裁判所で、同じ年の夏に行われ、大衆の熱い関心を集めた。シカゴのフィールド自然史博物館のジョージ・ドーシーと同僚らは検察側として証言を行った。かまどで見つかった骨は人間のもので、女性の足指と手指の骨、肋骨、足骨、頭蓋骨だったとドーシーは述べた。ほかの証人が、樽のなかにあったどろどろしたものには、ヘマチンが含まれていたと証言した。これは人間の血中にみられるヘモグロビンが腐敗したときに生じる化学物質である。

さらにべつの証人は、ルイーザの失踪前にアドルフが苛性アルカリ溶液を数百キログラム買っていたと証言した。苛性アルカリ溶液は肉の保存から、オーブンの掃除、メタンフェタミンの製造までさまざまな用途に使われる腐食性化合物で、ソーセージを浸す樽に段階的に加えていた。アドルフは、苛性アルカリ溶液は工場の清掃のために買ったと証言した。検察は、苛性アルカリ溶液は強アルカリ性であるので大きな物体を溶解するのに適していると反論した。

第一審は陪審員の意見が一致せず評決不能となった。陪審員らは審議室で殴り合いになりそうな状態で、意見の一致にはほど遠かった。とはいえ、アドルフ・ルートガルトは危機から逃れたわけではなかった。翌年、再審が行われた。ジョージ・ドーシーはふたたび証言した。そのときは、妻殺害の罪でルートガルトは有罪となった。

ジョージ・ドーシーは証言台でよい印象を与えた。『シカゴ・トリビューン』紙はつぎのように書いている。「彼は自分の知っている正確な事実を示すことにのみ心を砕き、大げさな表現も、悪意を持って相手を非難することもなく……彼の知識は……整然と系統立てられ、制御され、信頼に足るもので、正確で、広範囲にわたっていた」。対照的に、弁護側の専門家、ウィリアム・H・オールポートは証言台で、イヌの骨をサルの骨と間違えて恥をかいた。陪審員席から押し殺した笑い声が漏れると、オールポートは「モンキー・ドッグという種類のイヌがいるのです」とごまかした。だが、いざ法廷から離れると、ドーシーはこの事件を扱ったことについて、ほかの解剖学者から非常に厳しい批判を受けた。そのなかにはさきほどのオールポートの悪意のこもった「豆粒ほどの大きさの骨の欠片でひとりの女性の身元を証明した」ことをあざける批判も混じっていた。そのため、ドーシーは法科学の仕事をすっぱりとやめてしまった。それでも、このときのマスコミの報道によって、法医人類学というものが初めて一般大衆の注目を集めたのは間違いない。

現代の形態の法医人類学は、比較的新しい分野だ。二〇世紀初頭、骨格の分析はまだ一歩一歩ゆっくりと前進している状態だった。だが、確かに前進はしていた。

アレシュ・ヘリチカはボヘミア（現在のチェコ共和国の一部）に生まれ、一八八一年に一三歳で米国に移住し、この地で異常なまでに人間の起源に興味を持つようになった。前述のジョージ・ドーシーのように、ヘリチカも米国の先住民を研究した。三〇歳で、米国じゅうをめぐる五年間の遠征に出発し、行く先々で骨を調査した。調査の結果、ヘリチカは独自の理論を生み出した。それは、約一万二〇〇〇年前に東アジアの人々がベーリング海峡を越えてアメリカ大陸へやってきて移り住んだ、というものだった。この概念はその後、ＤＮＡ鑑定のおかげもあって、科学的には常識ともいえる事実になった。しかし、ヘリチカは人間の起源と同じく、人間の邪悪さの起源にも興味を持ち、犯罪者と「正常な」米国人の人類学的な形態的特徴を研究し、犯罪者の測定値になにか違いがあるかを調べた。一九三九年にヘリチカは、つぎの発表を行った。「犯罪は身体的ではなく、精神的なものである」

ヘリチカの専門知識はやがて注目されるようになった。一九三〇年代には、ＦＢＩは、このまだ巣立ちしてまもない科学が未解決事件の役に立つかもしれないと考え、ヘリチカに助力を願い出た。ヘリチカはＦＢＩが扱っている三五件以上の事件の相談を受け、骨格遺物の身元、年齢、犯罪の有無を確認した。ヘリチカは系統的なアプローチを法医人類学に導入し、この分野の組織をより大きくした。

協会で学生たちを教え、次世代の法医人類学者を育ててもいた。ヘリチカは科学捜査を行ういっぽうで、スミソニアンしてすぐれた貢献を果たした」と称賛された。ヘリチカが亡くなったときには、FBI長官のJ・エドガー・フーバーから「科学的な犯罪捜査に対

スー・ブラック自身がバルカンの大量虐殺で専門家としてのターニング・ポイントを迎えていることろ、もっとも悲劇的な出来事によって、二〇世紀最大の法医人類学の進化がもたらされた。ヘリチカの弟子のひとりでもっとも才能のある、T・D・スチュワートは福岡県小倉市［訳注：現在の北九州市小倉北・南区に相当］の倉庫で、朝鮮戦争で亡くなった人々の身元確認を行っていた。これは、現代的な爆弾などの武器が人体に及ぼす影響のせいで、とくに難しい作業だった。遺物は骨のつまった大量の箱という形で到着した。その確認プロセスは困難でひどく辛いものだった。だがスチュワートは、与えられた機会をつかんだ。これまで類のないほど膨大な人骨の試料群を調べる機会が与えられたのだ。スチュワートはまず手間のかかる測定値の一覧を作成し、ゆっくりとデータを積みあげていった。そのデータによって骨格遺物の身長、体重、おおよその年齢を正確に推定することができるのだ。

この領域で多大な貢献を成し遂げたもう一人の人類学者として、ミルドレッド・トロッターがいる。彼女は一九四七年にハワイの米国墓地登録部隊で仕事を始めた。身長と年齢を予測するために用意されていたデータ（五〇年前にフランスで開発された測定法）では満足できず、トロッターは第二次世界大戦で亡くなった兵士の骨を用いて自分で計測を開始した。現在でも、米陸軍中央個人識別研究所は世界最大の人間の識別研究所であり、スチュワートとトロッターの測定値は広く活用されている。ハワイで学ばれた知識は米国外へ広がり、死体の身元識別に精力を注いでいるほかの法医人類学者

にも伝わった。教育はスー・ブラックがダンディー大学の解剖学およびヒト認証センター（ＣＡＨＩＤ）で先導してきたことの核心部分である。二〇〇八年に、センターは警察向けの無料の二四時間電子メール・サービスを立ち上げた。このサービスの目的は「この骨は人間のものか？」など重要な質問に一〇分以内に回答することだった。取扱い件数は夏に増加した。この季節になると、人々は庭に出て土を掘り返したり、郊外を散歩したりするからだ。

その重要な疑問に答えることが、非常に難しいときがある。気候が環境に及ぼす影響や腐肉食動物の影響で骨が散らばったり、破壊されたりして、ときにはたった一本の骨しか残っていないこともある。ヒツジやシカの肋骨は人間の肋骨と非常によく似ていて、すぐに見分けがつかなくなる。子供の小さな骨と歯もそれらの動物のものと似ている。また子供の骨は大人になって融合し二〇九本になるまで、約八〇〇本もあるため、郊外では容易に広い領域に散らばってしまう。（クライド・スノウは、子供の骨で「見分けがつく」骨はせいぜい四六本であろうと推定している）

二〇一二年に、ＣＡＨＩＤのメール・サービスで回答した骨に関する質問は、三六五件だった。一日に一件である。だが、これらの骨のうち何件が人間の骨だったのだろう？「九八パーセントは、人間のものでないことがわかりました」とスー・ブラックは説明した。しかし、否定的な結果であれ、それが得られるというのは重要なサービスである。「殺人の捜査を始めないように警察に伝えることが大切なのです。その骨はウシのもので、捜査しても成果は出ませんよ、と」

そしてつねに、残り二パーセントが存在する。それらは、かつては息をしていた生身の人間の骨だ。ここでやっと、解剖学者または人類学者の腕の見せどころになる。目の前の骨が骨格のどの部分に属するのかを特定するために、まずは大きさと厚さを計測し、それぞれの骨の機能を示す微妙な隆起や溝やくぼみを調べる。調べている骨によっては性別の判断がつくものもある。男性の骨は女性のものより大きく頑丈な傾向がある。また、男性の骨盤にはハート型の骨盤腔があるが、女性の骨盤腔は出産のために円形になっている。頭蓋骨もやはり男性のほうが大きいことが多く、女性より角張った顎をしている。

数年前、私がスー・ブラックといっしょに彼女のオフィスにいたとき、制服警官がカーコーディーの近くの浜辺で見つけた一本の骨を紙袋に入れて持ってきた。カーコーディーは私が育った場所だ。スーは手袋をはめると、芝居がかった身振りで袋から骨を取り出した。それが顎の骨だということは一目瞭然だった。数本の歯がまだ残っていたからだ。「人骨だわ、間違いない」とスーは厳粛に言った。とっさにこれは私をかつぐためのイタズラに違いないと思った。子供のころよく遊んだ浜辺から人間の骨が見つかるわけがないと。けれど、イタズラではないとスーは言った。そして、私に同情を示して、説明し始めた。「警察が興味を持ちそうなものはなにもありません。これはとても古い骨ですから。この骨の持ち主はずいぶん前に亡くなっています。年月が経ちすぎていて法的な重要性はもうありません。私たちはしょっちゅうこの種の骨を受け取るんですよ」

ほとんどの人はこう思うだろう。人の顎の骨を見つけるなんて、ぞっとする。この言葉は、スー・ブラックの専門辞典には含まれていない。〝エグい〟も〝不愉快〟も〝吐きそう〟もない。栄光であれ不名誉であれ、全部ひっくるめて人体を扱うことがスーの仕事であり、仕事は穏やかに受け入れられ、吐き気の入りこむ余地はない。血や肉や骨に対して持っていたかもしれない不快感は、初めての仕事（一二歳のときから肉屋でアルバイトをしていた）で追い払われたままだ。「とても寒い日は、肝臓を積んだトラックが屠殺場から到着すると、私たちは争うようにトラックの後ろにまわりこんだものです。そこでは少なくとも手を温めることができたから」。ふつうなら解剖学から気持ちが離れてしまうようなことでもスーは平気だった。だが、なにが彼女を引きよせたのだろうか。

犯罪者に公正な裁きが下されることを願う気持ちはあるが、それは一番の理由ではない。スーは根っからの研究者で、人体の謎を究明したいという思いに突き動かされている。その謎を理解してこそ、人間がなぜ互いを傷つけ合うのかという謎を解くことができるとスーは考えている。解剖学部の大学生として、また家族のなかで初めて大学に通う者として、スー・ブラックにとって人々を解剖するというのは、「とてつもなく謙虚な気持ちになれる経験」だった。スーは、死体のことを肉体の教科書として自らの身を捧げた人と考えていた。これによって科学者らはくわしい研究を行うことができ、ここで画期的な発見があればほかの人の役に立つかもしれない。スーは初めての研究に骨の識別を選んだが、これが容易に実践に応用できることを実感した。

スーが扱った最初の事件は、スコットランドの東海岸沖で墜落した超軽量飛行機のパイロットの身元を特定することだった。スーは、パイロットの潰れた死体を見たら、動揺するだろうと覚悟していたが、いざ現実に向き合ってみると、専門家として必要な冷静さがすっと身体に入りこんできた。スーはこの事件を解決し、この分野でキャリアを築いていけると確信した。

スーは仕事として、私たちの多くが趣味の時間に追い求めるような類の疑問に向かい合っている。「私たちはみな、良質なミステリーが大好きでしょ」彼女は言う。「みんな良質な犯罪が大好きなんですよ。誰もが犯罪小説を読み、犯罪に関するテレビ番組を見る。それは人体や解剖学について生まれつき好奇心があるからです。私たちはその好奇心を問題の解決に役立てることができます。その問題とは、『これは誰？』、『それはなに？』ということです。私にとって、この仕事は抜群の組み合わせで、解剖をしているときが一番くつろげる時間です。私はその好奇心を、解決しなければならない世界の問題に注ぎ、同時に基本的な人間の好奇心も満たしてもいるのです」

最初のころ、スー・ブラックの法医学的な仕事は、被害者の身元を特定することに集中していた。識別に成功すれば、たいていは犯罪かどうかの判断に役立ち、犯罪捜査が可能になる。しかし、犯罪の捜査は被害者側の調査だけでなく、それよりずっと広範なものである。その核となるのは、誰がその行為を行ったかという疑問だ。それは一九世紀に犯罪小説が生まれて以来、このジャンルの根幹だった。すぐれた科学者は、すぐれた探偵と同じく、特殊な問題を解決するために新たな技術を開発する。それらの技術がうまく開発できれば、ほかのよく似た事件に応用できる。スー・ブラックにとっては、新たな道を切り拓くことがつねに原動力となった。スーは法医人類学の応用範囲をできるかぎり広げたいと考えている。ここ数年、スーは被害者の身元の識別より、加害者を明らかにするほうに時間を割いてきた。

首都警察の写真課長ニック・マーシュはコソボでスーと一緒に働いた。そこでふたりは友人となり、信頼のおける仕事上の相棒となった。ニックは英国に帰国したあと、自分たち写真課ではどうにも解決できそうにない事件に直面した。一四歳の少女が警察にきて、夜に父親に虐待されていると主張したのだ。少女はすでに母親に話をしていたが、母親は話を信じてくれなかったという。少女は証拠が必要だとわかっていた。彼女は現代のテクノロジーをよく知っていたので、ウェブ・カメラが暗がりでは赤外線記録に切り替わることを知っていた。少女は自分のカメラをベッドに向けて据えつけ、録画スイッチを押した。

少女は録画したビデオを警察に持ってきた。ビデオを見ると、確かに虐待があったように見えたため、これは厄介な問題だぞ、とニック・マーシュは考えた。だが、カメラの視界が非常に狭いため、加害者の顔が画面に収まっていなかった。顔が映っておらず、人物を特定できる明らかな特徴もないため、そのビデオだけでは父親を有罪にするための充分な証拠にはなりそうになかった。

それでニックは手を貸してくれそうな人物に連絡を取った。そのビデオを見たときのことを、スーはこう語った。「見たこともないほど気味の悪いものでした。髪の毛が逆立ちました。朝の四時一五分ごろに、二本の足がカメラの画面に映り、じっとそこに立っているのです。少女はベッドで眠っています。彼女はパジャマを着ていて、腰のあたりが映っています。男はすぐそばでただ立っていました。男だとわかったのは、足が毛むくじゃらだったからです。とそのとき、男の腕がゆっくり伸びてきて、上掛けの下に入っていったのです」

ニックと同じく、スーも最初は虐待者を識別することはできないと思った。けれど、映像をさらにじっくり見てみると、赤外線によって前腕の表在静脈がくっきり浮きあがっているのに気づいた。表在静脈のパターンが人によって大きく異なるということをスーは知っていた。心臓から離れるほど、その違いは明らかになる。だから、手や前腕の静脈は私たちの身体でもっとも個人差が表れる部分なのだ。とはいえ、これらのパターンに基づいて誰かを識別するためには、まず法科学的に調べなければならない。スーの提案で、父親の右腕の写真が撮られた。その血管はビデオの男のそれと完璧に一致した。

事件が法廷に持ちこまれたとき、弁護側はスーの証拠の法的な能力に疑問を呈した。裁判官は、静脈パターン解析にはまったく実績がないということに同意した。陪審員らは席をはずし、弁護側と検察側でこの証拠が許容されるかどうかを議論した。裁判官はスーになにを言うつもりかを訊ねた。そのとき、スーは父親の両腕の写真を撮っておくべきだったと悟った。そうすれば、ひとりの人間でも前腕の静脈がどれほど違っているかを示すことができたはずだ。スーは主張を証明するために、裁判官に両手のひらを返して、自分の血管の違いを見てくださいと言った。裁判官はスーに、この証拠は疑いの余地なく、加害者が父親であるということを証明しているかと訊ねた。「いいえ」とスーは率直に言った。「このパターンが世界じゅうのほかの誰にも一致しないと確信できるほど充分な調査はしていません」。弁護側はこの証拠が採用されないようにと懸命だった。判断は裁判官に委ねられることになった。最終的に裁判官は、人間の個体差についての、スーの解剖学的経験に基づいて証拠能力があると認めたが、ある意味助けになったのは、弁護側の専門家が解剖学者というより画像解析者だったことと、その専門家が携帯電話の電源を切らずにいて、裁判官をイラ立たせたことだった。

スーは証言した。弁護側は反論した。少女は反対尋問を受けた。陪審員は審議し、スーが期待していたものとは違う評決とともに戻ってきた――無罪。スーはなにかしくじったかと心配になり、検察側の弁護士に、陪審員は科学的な証拠が間違っているように思えたのか確認してくれと依頼した。もしそうなら、科学捜査の技術として静脈パターンの解析は修正するか、断念すべきかもしれない。陪審員の出した評決で問題になったのは、科学ではなかった。科学は道理がとおっていると陪審員は見なしていた。陪審員らが〝無罪〟という評決を出したのは、科学を信じていなかったからではなく、あまり涙を見せなかった少女を信じていなかったからだった。

陪審員の移り気に絶望する代わりに、ひどく感情に流されがちな法廷の反応にもっと対抗できるよう、スーは科学技術を強化し始めた。CAHIDは当時、災害犠牲者の識別のために英国全土から集まった警察官を訓練していたので、スーは唯一と思えるこの機会を最大限に生かそうと決意した。スーは全部で五〇〇人の警察学校の学生を下着姿にさせた。彼女のチームは赤外線と可視光線で足首から下、脚全体、太もも、背中、腹、胸、腕、前腕、手の写真を撮った。それらの写真を一覧にして比較し、静脈パターンの解析技術を補強することができた。

警官は事件の歴史や逸話を語り合うのが好きなので、スーの専門知識についてのニュースはすぐに広まり、ニック・マーシュ以外の人々にも知られるようになった。まもなく、首都警察の別の警官が別の小児性愛事件にスーの助けを借りたいと言ってきた。二〇〇九年に、警察はケント出身のディーン・ハーディという家具セールスマンの自宅を捜索した。ハーディのコンピューターから猥褻な写真が六三枚見つかった。なかには東南アジアの八歳から一〇歳の少女のものもあった。どれもひとりの西洋人男性に虐待されている写真だった。写真に付された非表示のメタデータから二〇〇五年に撮影されたことがわかった。警察はハーディが二〇〇五年にタイを旅したことを立証することができたため、彼を女児虐待の罪で告発した。ハーディは否認した。

今回、スー・ブラックはハーディの両手の写真を撮影するように指示した。その後、細心の注意を払ってそれらを調べた。スーは静脈パターンを調べた。一本の指のつけ根に小さな傷跡があった。指関節の皺のパターンも調べた。そばかすのパターンにも注目した。それらの結果と見つかった写真の手とを比較した。どの部分も一致した。警察は次のように言って、ハーディを問いつめた。「あなたの左手とこの写真の手は非常によく似ていて、あなた自身の左手と右手よりも似ています」それからハーディに訊ねた。「これはあなたの手ですか?」このように詳細な証拠を突きつけられて、このときばかりはハーディも「はい」と答えた。

これはそばかすと静脈を用いて犯人が特定された英国史上初の事件だった。その後まもなく、ドキュメンタリー制作会社が、ディーン・ハーディを追いつめた首都警察とスーの共同作業の成果を題材にして、小児性愛者を捕らえる方法に関するテレビ番組を制作した。ドキュメンタリーが放送されると、さらに四人の女性が現れ、子供のころにハーディから虐待を受けたことを告白した。ハーディはタイでの虐待の罪で六年、さらに英国の被害者によって証明された虐待の罪でさらに一〇年の刑が宣告された。

その後同じ年にスーは、スコットランド最大の小児性愛者組織のメンバーを有罪にする証拠の基盤作りに協力した。スコットランドの中心に住む八人の男性が虐待の映像を制作し、共有し、収集していた。男のひとりはコンピューター内に七万八〇〇〇枚の画像を所持していた。この事件に携わったあと、スーらのチームはこのところ一年に約一五件の小児性愛犯罪者の識別に携わっている。CAH

IDは、警察がこの種の協力を必要とするとき、最初に助力を求められる組織となった。

とはいえ、なにもダンディー大学のセンターだけが、法医人類学における最先端の開発技術によって身元不明者の識別を行っているわけではない。メアリー・マンハイムは、ルイジアナ州立大学でFACES（法医人類学およびコンピューター補正サービス）という法医人類学とコンピューターによるサービスを行っている研究所の創設者であり所長である。マンハイムは一九八一年に英文学の学位で卒業したあと、人類学に方向転換した。それ以来、米国じゅうの一〇〇〇件を超える科学捜査に携わり、『ボーン・レディ』（二〇〇〇年）、『骨の手がかり』（二〇〇五年）、『骨遺物』（二〇一三年）という三冊の本を著した。また数十年かけて、ルイジアナ州のすべての警察署、保安官事務所、そして検死官のオフィスを訪れ、行方不明者のデータベースを構築した。このデータベースには行方不明者六〇〇人と身元が識別されていない遺物一七〇件のデータが収められており、この両者を一致させることが目標とされている。現在、このデータベースは行方不明者を探す人々のために全国規模のリソースとリンクしている。

マンハイムが取り組んだ事件のひとつに、ルイジアナ州グランドアイルから二五キロメートル南のメキシコ湾沖に浮かんでいた女性死体の事件がある。この女性は胸を撃たれ、漁網で包まれ、コンクリートの重しをつけて沈められていた。明らかに殺人事件だ。死体は水にしばらく浸かっていたが、漁網のおかげでカニや魚のエサにならずに済んでいたこともあり、保存状態がよかった。マンハイムも次のようにノートに記している。「手や足、頭部など可動性の関節からぶらさがっている部分は海洋生物にとって非常に魅力的で、最初になくなってしまうことが多い」

　この死体は99‐15とラベルをつけられ、FACESに送られた。マンハイムは、この死体はプログラムにとって申し分のない分析の候補であり、チームは生存していたときのこの女性の画像を速やかに作成することができるだろうと考えた。マンハイムは女性の頭蓋骨の寸法を測った。目と目のあいだの幅の狭さ、過蓋咬合《かがいこうごう》［訳注：上の前歯で下の前歯が隠れてしまうほど咬み合わせが深い状態］、卵形の眼窩《がんか》は、彼女の人種が「典型的なヨーロッパ系白人」であることを示していた。彼女はターコイズとダイヤモンドでチョウをかたどった珍しいネックレスをつけていた。骨全体の分析によって、この女性は以前に両脚を骨折したことがあり、また右膝に関節炎があったため、足を引きずっていたと思われた。親不知《おやしらず》が、おそらく米国人歯科医によって抜かれていた。脚の骨の寸法を測定し、骨盤を調べた結果、おおよその身長と体重、年齢を割り出した。死体99‐15は身長一五八～一六五センチメートル、年齢四八～六〇歳、体重五七～六一キログラムだった。この情報はFACESのデータベースに入力され、二〇〇四年一〇月に身元が判明した。99‐15は一九九九年一月に行方不明になった、ミズーリ州に住んでいた六五歳の女性だった。分析は、女性の年齢を過小評価したこと以外は正確だった。

　法医人類学者は明確な識別が行えたとき、どんなふうに感じるのだろうか。死者と無言のコミュニケーションを取ることに多くの時間を費やし、最悪の恐怖が現実になった瞬間をかつての生者たちと共有するのはどんな気分だろうか。メアリー・マンハイムは答えを知っている。「身元の確認は家族に痛みを引き起こしますが、はっきりすることで、人々が生きていく助けになります」。家族は、死者が味わったかもしれない苦しみを思ってある程度は辛い時間を過ごすだろうが、その後は自分自身の人生を生きるために時間を費やせるようになるのだ。

スー・ブラックには、以前から死体が見つかることを願っている行方不明者がいる。スーはスコットランド北部のインヴァネスで生まれたが、そこが今でも彼女を悩ませる失踪事件の起こった場所なのだ。一九七六年に、レネ・マクレーは後部座席にふたりの幼い息子を乗せて、その街にある自宅を出た。レネは上の息子を別居中の夫の家に預け、三歳のアンドリューとともにきょうだいの家を訪れるつもりで、キルマーノックに向かって車を走らせた。

だが、レネもアンドリューもその後二度と姿を現さなかった。その夜遅くに、彼女の青のＢＭＷが無人の状態でＡ９号線の本道南側の待避場で燃えているのが見つかった。燃え尽きた車から回収されたものは、レネの血液がついた敷物以外はなにもなかった。元夫は事情聴取を受け、彼女の秘密の恋人の身元が明らかになった。五〇〇軒を超える住宅や駐車場、離れ屋などを含めた集中的な捜査が行われたが、手がかりは見つからなかった。警察がレネとその息子のその後を知ることができそうなものはなにもなかった。

二〇〇四年に、〈未解決〉という名前のテレビのドキュメンタリー番組がスコットランドで放送された。番組はその謎めいた失踪に対する新たな関心を呼び起こした。すると、ひとりの引退した警官が現れて、当時、レネとアンドリューの死体はA9号線近くの採石場に遺棄されたのではないかという憶測もあったと言い出した。スー・ブラックは、採石場を発掘しレネとアンドリューの遺物を探すという骨の折れるオペレーションにかかわった。三週間かけて、採石場から二万トンの土が除去され、二〇〇〇本の木が切り倒された。この活動の費用は一〇万ポンドを超えた。見つかったのは、ウサギの骨、ポテトチップスが二袋、男性の服がいくつかだけだった。

未解決事件の再捜査に失敗したにもかかわらず、スー・ブラックはレネのきょうだいから一通の手紙を受け取った。スーはその手紙をいつも持ち歩いている。「レネが家に戻ってきてほしいとただ願っています」手紙はこう続いている。「もうレネが死んだことはわかっています。彼女の死は受け入れました。誰かがレネを探し始めるたびに、私は希望を抱き、見つけられなかったと聞くたびに、ひどく落ち込みます」

スーの経験では、家族が見つからない人々は、コソボであれ、アルゼンチンであれ、タイや英国であれ、それを乗り越えることができない。それがわかっているからこそ、スーは死者を家に帰すという任務に駆り立てられるのだ。

スーは語る。「私たちが知らせるニュースはいつも悪いニュースです。『遺体はあなたの息子さんです』、『奥さまです』、『娘さんです』という具合に」。だが、この悪いニュースには思いやりがこめられている。「ご家族は少なくとも事実を知ることができますし、遺体を埋葬し、悲しむことができます。その悲しみを忘れることはないでしょうが、前に踏み出す一歩にはなります」

第9章
Chapter Nine
復顔
FACIAL RECONSTRUCTION

自然とはなんと驚くべきものか
ひとりの人間の顔がこれほどさまざまに変わるとは

——ウィリアム・ワーズワース
〈キャラクター〉（一八〇〇年）

指紋もＤＮＡも気にしない。私たちがお互いを認識する手がかりはもちろん、顔である。自然と栄養、環境が独特に組み合わさって、誰もがその人を認識する鍵となるさまざまな特徴が作られる。誰でも一度は、よく似た体型や歩きかたや髪型で、見知らぬ人を知り合いと間違えたことがあるだろう。だが、その人が振り向いたときや、近づいてきたときに顔を見ると、すぐに間違いだと気づく。ところが、死は私たちから顔を奪ってしまう。肉は腐敗し、自然は私たちを骨だけに戻す。皮膚の下の頭蓋骨は、私たちを知り、愛してくれる人にとってなんの意味もない。

ありがたいことに、死者の顔を元どおりにすることを専門にしている、ある科学者の小さな集団がある。英国ではリチャード・ニーヴが、マンチェスター大学で骨格遺物から顔を復元する技術を確立した。ニーヴはマンチェスター博物館に収蔵されているエジプトのミイラを調査するために一九七〇年に集められたチームの一員で、一九七三年には、石膏と粘土を使用して〝ふたりの兄弟〟として知られている、四〇〇〇年前のエジプト人クヌム－ナクトとナクト－アンクの顔を復元した。ニーヴはつぎのように記している。「当初から直感だけに頼るのはよそうと努力した。それはイラ立たしいことに、芸術家の専売特許のように引用されがちだから」。直感の代わりに、ニーヴが顔の形状を決めるのに用いたのは、スイスの解剖学者ジュリアス・コールマンが一八九八年に死体の収集から得た、組織厚の平均値だった。

ニーヴは顔の筋肉と頭蓋骨のモデリングについてすぐれた技術を開発した。それは残っている肉や皮膚がはがれないように格子細工を付加するものだった。ニーヴは考古学的な領域で自分の技術を洗練させたあと、科学捜査の仕事に転向し、身元が識別されていない二〇件以上の遺体に取り組んだ。

識別成功率は七五パーセントだった。

もっとも困難な事件のひとつが、奇妙なことに顔のない死体だった。一九九三年に、ズボン下しか身につけていない男の死体が、マンチェスター・ピカデリー駅のアーチ型鉄道橋の下で発見された。警察が懸命に捜査したにもかかわらず、男の身元は謎のままだった。

三か月後、ひとりの男性がイヌを連れて、マンチェスターから一二〇キロメートル離れたスタッフォードシャー・カノックの競技場を横切っていた。とつぜんイヌが尋常ではない勢いで地面を掘り始めると、切断された頭部が出てきた。その頭部は砕かれて一〇〇以上の破片になっており、のちに鉈《なた》でめった切りにされていたことが明らかになった。DNA検査でマンチェスターの頭部のない死体とつながったが、警察はいぜん身元をつかめないでいた。そして、当初は、顔が復元できるとは思えなかった。かなり大量の骨がなくなっていて、とくに重要な頭蓋骨の真ん中の部分がなかった。殺人犯は被害者の身元を誰にも知られたくなかったのだろうと警察は推定した。だが、リチャード・ニーヴは労を惜しまずに頭蓋骨の残骸をつなぎ合わせて、石膏で鋳型を取り、能力の及ぶ限り、また幅広い知識と経験を尽くしてすき間を埋めた。『インデペンデント』紙がニーヴの作成した粘土の頭部の写真を掲載すると、七六の家族が、その顔を知っていると思うと申し出てきた。

警察はそれらの家族から写真と詳細な情報を集め、行方不明者の顔とその身元不明の頭蓋骨とを比較した。警察は苦労してリストを上から下に進んだが成果はなく、殺人犯の企図がまんまと成功しそうな様子を見せ始めた。とうとう最後の名前まで行きついた。クウェート出身のアドナン・アルセインは低い優先順位に置かれていた。身体にも頭蓋骨にも、被害者が白色人種ではないことを示唆するものはなにもなかったからだ。だが、こまかい部分が一致し、警察はようやく被害者が誰なのか突き止めた。

アドナン・アルセインは四六歳のクウェートのビジネスマンで、ロンドン西部のメイダ・ヴェールに住んでいた。裕福な家庭の出身で故郷の国で銀行を経営し財産を作り、まだ三八歳のときに引退していた。アルセインが最後に目撃されたのは、首のない死体が発見された日の前日に、ロンドン中心部のグローブナー・スクエアにあるブリタニア・ホテルで夕食をとっているときだった。歯科医の記録と彼のフラットから得た指紋によって本人であることが確認された。検死解剖によって、殺害されたときに歯を飲みこんでいることと、死後に頭部が切断されたことがわかった。いまのところ、アルセインの殺人事件は解決しておらず、殺人の動機も謎のままである。とはいえ、少なくとも家族たちは彼の運命を知ることができた。

リチャード・ニーヴは、顔の復元が厳密な科学分野より芸術に近いという概念を取り払い、その科学的な根幹を示した。マンチェスター大学で研究と講義を行ってキャリアを積み、自分の知識を次世代へ受け渡した。そのなかのひとりが、キャロライン・ウィルキンソンというダンディー大学の顔貌復元の現教授である。

キャロラインが扱った代表的な事件のひとつに、アルセインの事件のように奇想天外なものがある。

二〇〇一年八月のある日、オランダのヌルデ湖の岸辺で日光浴をしている人が女児の死体の一部を見つけた。その後数日のうちに、死体のほかの部分がオランダ沿岸のさまざまな場所で見つかった。さらに、漁師がある埠頭（ヌルデから約一三〇キロメートル離れている）の近くで頭蓋骨を発見した。顔面は見分けがつかないほど損傷していた。捜査官は困り果て、顔の復元に協力してくれることを期待して、キャロラインに連絡を取った。

だがキャロラインは、オランダ警察から被害者の年齢がおそらく五歳から七歳のあいだだろうと聞いて、この事件を引き受けることに不安を覚えた。ためらった理由のひとつは、彼女自身の娘もまだほんの五歳だったからだ。とはいえ、自分自身の感情的な反応よりもずっと重大なのは、職業上の懸念だった。

当時、解剖学者らは成人の顔の復元と同じ精度で子供の顔を復元できるかどうか疑問を持っていた。子供の顔というのはまだ発達段階で、顔立ちがはっきりしていないからだ。とはいえ、ウィルキンソンは博士号を取るための研究で小児の顔の復元を専門にしていた。だから、いくらかでも捜査の役に立てるだろうと考えた。不安を心の奥底にしまって、オランダ警察から送付された損傷した頭蓋骨を調べた。骨を調べるにつれ、この死んだ子供が、ふつうと異なる特徴をいくつか備えていることがわかってきた。五歳児の多くに見られる少し上向きの鼻と違って、この子供の鼻は大きくて幅が広く、前歯のあいだには大きなすき間があった。この子はすでに特徴のある顔をしていたのだ。

一般的に、行方不明の子供のほうが成人よりマスコミに取り上げられることが多いが、子供の顔は未発達で互いに似ているため。写真で認識されるのは成人よりもまれである。米国で行方不明の子供の画像を毎週数千件配信している全米行方不明・被搾取児童センターによると、子供の写真を見て誰かが警察に連絡し、それによって行方不明の子供が見つかる確率は六人にひとりである。

だが、キャロラインはこの少女なら認識されるのではないかと期待していた。そして、持っている技術のすべてを注ぎ、ヌルデの少女の顔の粘土モデルを作製した。できあがった顔の写真は欧州じゅうの新聞やテレビで広く取り上げられた。一週間もしないうちに、少女はオランダ南西部のドルドレヒトに住んでいた五歳半のロウィーナ・リッカーズと同定された。

身元が判明したすぐあとに、恐ろしい話が明らかになった。母親の話によると、ロウィーナは短く悲惨な人生を終える五か月前から、母親の恋人に身体的な虐待を受けていたという。また死ぬ二か月前から犬小屋のなかに閉じこめられたままで過ごしていた。ロウィーナの死後、その遺体は切り刻まれ、本来なら世話をして守ってくれるはずのふたりの人間によって、オランダじゅうにばらまかれた。最終的にふたりはスペインで居場所を突き止められ、その後有罪判決を受けた。これはオランダで、顔の復元が事件の解決に役立てられた最初の事件だった。キャロラインの働きがなければ、ロウィーナの死は世に知られることもなく、その死にまつわる罪が償われることもなかったかもしれない。

顔の復元という考えは新しいものではなく、また殺人事件にのみ使われている技術というわけでもない。亡くなった人々を視覚化することで、その人々とつながりたいという思いからこの技術は始まり、ずいぶん昔から実践されてきた。一九五三年に、考古学者のキャスリーン・ケニヨンは、現在パレスチナ自治区になっている、オリエント時代からの町エリコで、紀元前七〇〇〇年あたりに由来する複数の頭蓋骨を発見した。それらの頭蓋骨には丁寧に粘土が重ねられ、眼窩には目に似せて貝殻がはめられていた。キャスリーンはその美しさに心を打たれた。「どの頭部にもとても個性的な特徴があり、リアルな肖像画を見ているような印象を抱かずにはいられない」。古代の中東の芸術家は、祖先のアイデンティティを物理的に抽出したもの、つまり顔を作るために粘土を用いた。そうすることで死を乗り越えていたのかもしれない。

顔には常に意味がある。一八世紀の芸術家ウィリアム・ホガースは、顔は「心の指標」と言った。たしかに、顔が私たちの感情や反応を表しているのは間違いない。笑い、泣き、おびえ、和み、楽しむ。顔の筋肉のちょっとした動きで、敵意や愛情が露《あらわ》になることがある。困って顔をしかめていると、怒ってしかめ面をするときのわずかな差を考えればわかる。私たちの脳は他人の顔の微妙な違いを認識する能力に長《た》けているため、数百人を識別することができる。赤ちゃんは生後たった五週間で、母親の顔を見分けることができる。そして、成長した人々の二・五パーセントは、一度見た顔をほぼすべて見分けられる、〝スーパー認識者〟となる。私たちは、たとえば性別、年齢、全体的な健康状態など、顔に現れる特定の重要な要素を読み取ることができる。とはいえ、顔を見分けられるからといって心が読み取れるわけではない。シェイクスピアが指摘しているとおり、「顔を見て、心のなかを見抜くのは技術ではない」。顔から判断できないもののひとつに、人が犯罪者のような〝顔つき〟をしているかどうかがある。

しかし、一九世紀の犯罪学者チェーザレ・ロンブローゾは、自分はそれをよく理解していると考えていた。ロンブローゾは三八三人の犯罪者の顔の寸法を測定し、一八七八年に『犯罪者』という本を著した。そして、犯罪者は「巨大な顎、比較的高い頬骨、突き出た眉弓《びきゅう》、てのひらの単独の皺、極端に大きな眼窩と取っ手のように突き出た耳をしている」とした。ロンブローゾの独自の測定に関してのちに複数の研究が行われ、ロンブローゾの結論は、まったくばかげていることが示された。その理論はエビデンスに裏づけられたものではなく、単にロンブローゾ自身の偏見と根拠のない見解に基づ

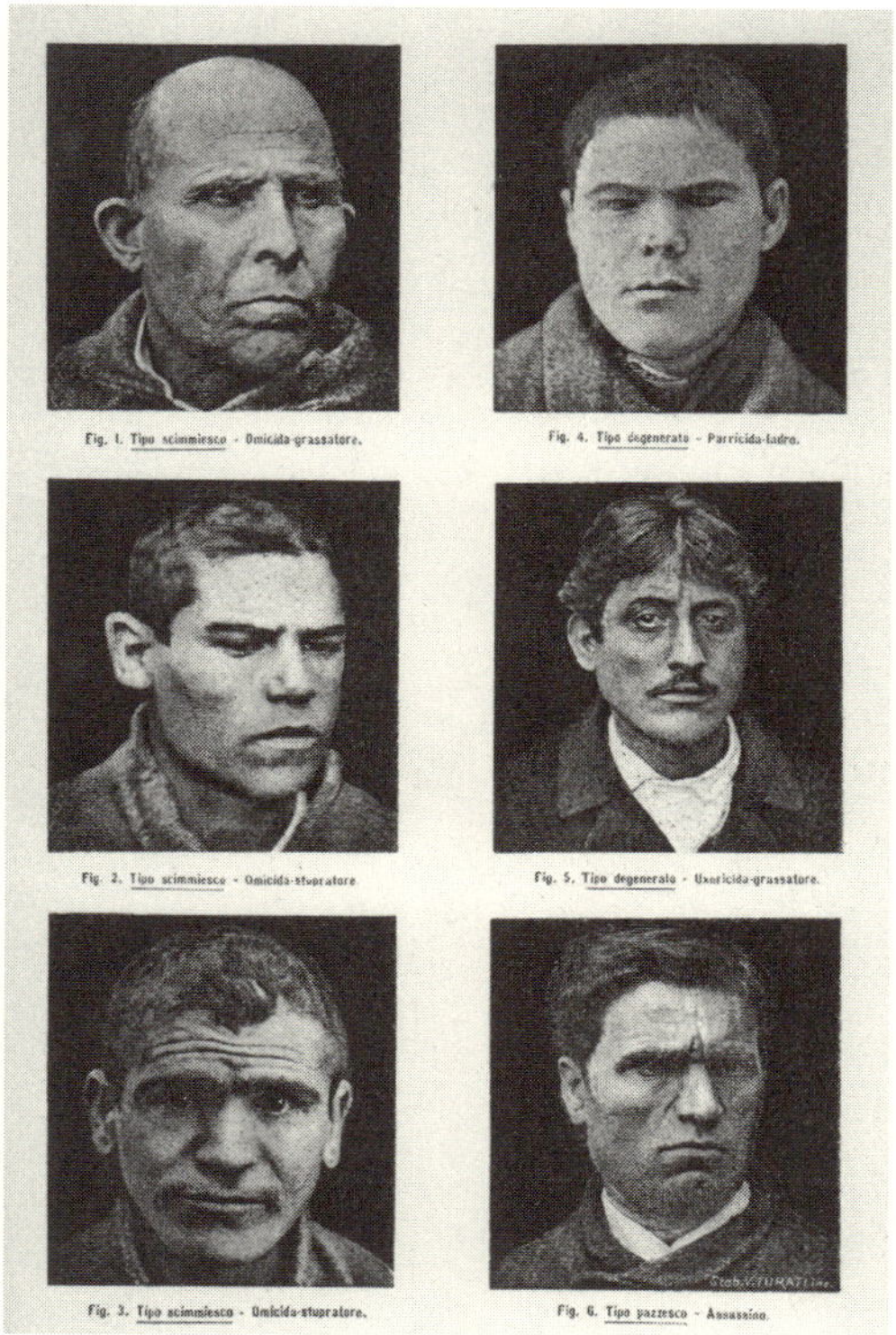

チェーザレ・ロンブローゾが収集した犯罪者の顔のコレクション。このプレートは殺人者を示している。ロンブローゾは、個人の身体的特徴から犯罪の可能性を予測できると考えていた。

いたものだった。

だがのちに〝ロンブローゾ派〟と呼ばれるようになったこの説は魅力的な概念で、それを作り出したロンブローゾは裁判での証言を求められることが多く、ときおりその説でうまくいくこともあった。だがあるとき、ロンブローゾは確固とした証拠がないにもかかわらず、ある男性を殺人罪で有罪にするように推奨し、陪審員がそれを無視すると、憤慨した。ロンブローゾは「突き出た耳、若いわりに皺があることと不気味な目つきなど、あらゆる面で犯罪者のタイプを示す顔つき」だと判定し、それらのすべてを合わせれば、「犯罪者に優しくない国では」、彼を有罪にするのに充分だとしたが、陪審員は被告を有罪にしなかったのだ。また、ロンブローゾは一部の現代的な科学者からも批判されていたが、これらの逆風にもかかわらず、彼の概念には影響力があった。人々はロンブローゾの話に耳を傾けた。それは、誰もが直感的に顔つきに意味を求めるからであろう。

ロンブローゾは完全に間違った方法で研究に取り組んだ。しかしある意味、ロンブローゾは正しい方向に向かってはいた。犯罪を解決し、過去の秘密を暴くために、科学者や研究者たちは人間の身体の生理的な機能に細心の注意を払わねばならない。キャロライン・ウィルキンソンの見解では、「顔の解剖学と人類学の知識がないまま顔の復元をしたところで、よく言えば素朴な、悪く言えばひどくずさんなものができあがるだけです」。画家や彫刻家は顔面の筋肉がどのようにつながり、どう動くか理解することが、彼らの作品の精度を高めることを昔から知っていて、それが解剖と解剖学的構造に対する深遠な興味につながっている。レオナルド・ダ・ヴィンチは、「バラバラに切断され、皮をはがれ、見るも恐ろしい状態になった死人たちとともに生活する恐怖」を克服し、冷蔵されていない死体を生涯で三〇体解剖した。ダ・ヴィンチは解剖の経験から、解剖学に基づいた驚くべき一連のスケッチを生み出した。なかには頭蓋骨の断面図もあった。それらによって、のちにレオナルド・ダ・ヴィンチが描いた人間の顔の絵画描写には深いリアリズムが加わったのだ。

一七世紀の秀逸なシチリア人彫刻家ジュリオ・ザンボは、レオナルドの未発表の頭蓋骨素描は見たことがなかったが、それぞれの人間の顔がいかに頭蓋骨と関連しているかについては、ダ・ヴィンチとは別の方法で理解を深めることができた。フランス人の外科医とともに、本物の頭蓋骨に蠟《ろう》を塗って、〝皮膚〟がはがれて顔の筋肉が露になった頭部を表現したのだ。半分腐敗している顔に鼻の穴から出てきた蛆虫がびっしりついているカラフルな作品などは、本物の人間のようで薄気味が悪い。

一九世紀には、人体の機能についての理解がより深まり、顔の復元はさらに精密で科学的になった。当初は実践に用いることのできる、確立された解剖学的な原則がなかったため、まずはそれらを作ることから始まった。ドイツとスイスの解剖学者と彫刻家は、共同で顔と頭蓋骨の関係を解釈した。

一八九四年にライプツィヒで、考古学者がヨハン・セバスチャン・バッハのものと考えられる骨を掘り出した。彼らは解剖学者のウィルヘルム・ヒスに証明を依頼した。ヒスは独自の方法でそれに取り組んだ。二四人の男性と四人の女性の死体を手に入れて、顔面の指標とする部分にゴムのパッチを置いた。皮膚の表面に置かれたそれらの各ゴムに油を塗った針をつき刺して骨に当たるまで顔面に押しつけた。その後、針を引き抜き、ゴムから針の先までの長さを測った。これは世界初の軟組織の厚さ測定だった。ヒスはそれらの測定値の平均を出し、彫刻家の助けを借りて、頭蓋骨に合わせて粘土を重ねた。できあがったモデルは現代の絵画で描写されているバッハの姿と非常によく似ていた。

バッハの顔復元の科学的な価値は、ウィルヘルム・ヒスがこの作曲家の現代的な肖像をよく知っていたという点でいくらか損なわれたが、ヒスの針とゴムの技術には永続的な価値があった。彼が測定した数値は一貫性が高く、現在でも使用されているが、復顔師らは、近年の西欧世界の顔はもう少し肉づきがよくなったと考えている。一八九九年のコールマンと彫刻家ビュッシがその技術を使って、スイス・オヴェルニエの湖のそばで暮らしていた新石器時代の女性の顔を復元した。この女性は適切に科学的な復顔が行われた初の人物と見なされた。その地域の男性四六名と女性九九名から得た軟組織の多くの測定値に基づいてモデルが作られたからである。そのときに用いられた測定値を使い、リチャード・ニーヴは一九七〇年代に〝ふたりの兄弟〟と呼ばれる古代エジプト人の顔を復元した。

二〇世紀になり時代が進むにつれて、顔の復元技術も進化した。人類学者ミハイル・ゲラシモフは現在〝ロシア法〟として知られている手法を開発した。それは組織厚測定より筋肉構造に着目する方法だった。頭蓋骨についた筋肉一つひとつを形作り、その後皮膚の代わりに粘土の薄層でそれを覆った。ゲラシモフはイワン雷帝を含め二〇〇人以上の考古学上の顔を復元し、一五〇件の科学捜査に携わった。一九五〇年に、彼はモスクワのソ連科学アカデミー研究所で造形復顔研究所を設立した。この研究所はいまでも存在し、この分野で重要な貢献を成し遂げている。

復顔という分野に重要な発展をもたらしたのは、医療技術の進歩である。生存している人々のX線写真やＣＴ画像はデータの宝庫だ。一九八〇年代までは、すべての測定値を死体から得ていた。そのため必然的にいくらか不正確な部分があった。私たちの細胞の壁は死亡後すぐに崩れ始めるので、頭部や顔面の奥へと体液が流れ、ふくよかさが失われる。また、米国の復顔師ベティ・ガトリフが指摘しているように、「人々は死ぬとき、身体を起こしたままではいられず横たわるため、軟組織が移動する」のだ。生きている人の顔と頭蓋骨の三次元モデルは、復顔師にとってつねに聖杯のようにありがたい存在で、ＣＴスキャンはより広範な厚みの許容値を与えてくれる。そのおかげで、いまや復顔はさらに正確になり、結果的に以前より信頼されるようになった。

捜査官は、身元不明の頭蓋骨を見つけたあと、現場の手がかりや行方不明者のファイル、ＤＮＡや歯科記録など法医学的証拠をたどってもどこにも行きつかなかったとき、法医学の復顔師を呼ぶ。そして完成した顔が誰だかわからないとき、捜査官らが最後の望みを託すのは、一般の人々である。その望みが実を結んだのが、前述の親に殺された五歳のロウィーナ・リッカーズであり、クウェートのビジネスマンだったアドナン・アルセインである。復元された顔は認識のためのツールであり、記憶を呼び起こすきっかけとなる。とはいっても、復顔それ自体は法廷での価値はないので、厳密には〝法医学〟技術ではない。家族らが警察に連絡してきて初めて、身元確認のための法医学的手順が始まるのだ。

しかし、なぜ復元した顔はもとの顔に似ているのだろう。どのようにしてこのような識別方法へと発展したのだろう。私たちは、顔を社会的なツールとして考えがちだ。だからこそ、ぞんざいに相手をはねつけるときは、顔をそむけて話すし、〝顔は聞いていないから手に話せ〟［訳注：知ったことかという意味。相手の言い分に耳を貸す気がないときに用いる表現］という表現もある。じつのところ、私たちの顔は実用性を第一に進化した。頭部の正面についているふたつの目によって、視野が重なり、遠近感が得られる。唇と顎は嚙《か》み、飲みこみ、呼吸し、話すために精巧な進化を遂げた。頭部の両側についている耳は、音源をたどるのに役立つ。しかし、顔にはほかの要素もある。初期のコミュニティでは家族的な類似性が種族の忠誠心を強めた。それはのちの王家でも同様で、たとえばハプスブルグ家は、ひどくしゃくれた下顎という遺伝性奇形で有名だった。

顔の形は頭蓋骨を構成する二二の骨によって決まる。これらの骨の複雑な形と、それらの骨についている、骨ほど複雑ではない筋肉によって、個々の顔に違いが生まれる。この骨と筋肉が生み出しうる無数のバリエーションを理解することが、復顔の出発点である。

目の形と突出の程度を推定するために、法医学の復顔師は眼窩の深さと額の形状を見る。唇の形と上下の唇の重なり具合は、歯の大きさと位置から得られる。軟骨は死後に腐敗するため、耳と鼻を推定するのは困難だ。耳についてわかることと言えば、その位置と耳たぶの有無くらいのものであるが、生存中、一対の耳はどれも、指紋と同じくユニークなものである。鼻も団子鼻か、ローマ鼻か、ブタみたいにつんと上向いた鼻かを知るのは難しい。だが、〝鼻骨〟はその上にのっている〝鼻の軟骨部〟に関して、解剖学者に驚くほど多くのことを教えてくれる。たとえば、尖った骨、つまり鼻棘《びきょく》は鼻骨の下部にあり、尖った先端はたいていひとつである。尖った部分がふたつある場合、鼻はその先端でわずかに割れている。

頭蓋骨に基づく顔の復元では少なくともいまのところ、髪や目の色など重要な識別因子はないままで作業しなければならない。遺伝学者は最近、ＤＮＡから一九の異なる眼の色を特定する方法を見つけた。だが、この情報を抽出するのは非常に高価で、たとえ殺人事件の捜査であっても復顔にかけられる予算配分をはるかに超えてしまうのだ。ＤＮＡから毛髪の色を明らかにすることもできるが、たとえそれがごくわずかな費用だったとしても、復顔師にとっては限られた価値しかない。キャロライン・ウィルキンソンは次のように説明している。「今年、学生たち全員の写真を撮りました。髪の色を変えていないのは、そのうちのふたりだけでした。私は四八歳ですが、ほとんどの友人は私の本当の髪の色を知りません。自分自身でさえ、元の色がどんなだったかあやふやなんですから」

したがって、大部分の復顔師はこの問題を脇に置き、モデルの毛髪（と予測できない耳）を微妙にぼやけさせる。それでも、できあがった顔は不気味なほど、もとの顔に似ていることがある。それはたいていＣＴスキャンで得られた軟組織の厚みの精度のおかげである。復顔像が実物の顔に似れば似るほど、被害者のことを誰かが識別できるチャンスが増える。本人と瓜二つの復顔像の効果は、二〇一三年にエディンバラで起こったある異常な事件で実証された。

四月二四日に、フィロメナ・ダンレヴィは、ダブリンの自宅からエディンバラに到着した。六六歳のきゃしゃで内気なフィロメナは長男のシーマスに会いにきた。バルグリーン・ロードにある息子のフラットで、親子は近況を報告し合った。シーマスは、エディンバラの路面電車路線に関する仕事の苦労話を聞かせた。お返しにフィロメナは、シーマスのほかのきょうだいたちのニュースを知らせた。だが、シーマスの態度はどこか妙だった。最初は注意散漫で落ち着きがない様子だったが、そのうちイライラし始めたのだ。

フィロメナは不安になった。そこで息子に、エディンバラの観光にちょっと周辺を見てまわると言って家を出て、まっすぐポートベロー警察署に行った。そして、どこに行けば安い部屋を借りられるかと警官に尋ねた。フィロメナは警官に「息子の様子がおかしいあいだは、夜を一緒に過ごしたくないのよ」と語った。数日後、シーマスはダブリンの父親に電話をして、母親は家に帰るところだと言った。だが、フィロメナは二度と戻らなかった。

六月六日に、二四歳のひとりのスキー・インストラクターが、自転車に乗ってエディンバラのコーストフィン・ヒル自然保護区に出かけた。暑い日だったので、自転車からおり、適当な場所を見つけてしばらく日に当たりながらすわっていた。自転車を押しながら細い道を歩いていると、土のあいだから輝くような白い歯が光っているのが見えた。その並んだ歯は、切り落とされた頭蓋骨についていた。肉の大部分は朽ち果てていたが、腐肉好きのハエがまだそこに残っていた。

輝く歯によって明らかになった浅い墓穴から、法医人類学者のジェニファー・ミラーは、切断された脚二本と人間の胴体を掘り出し、六〇歳くらいの女性の骨と推定した。輝く歯は高価な美容歯科に通った結果だろう。死体からはずした指輪のひとつは、アイルランドの伝統工芸品であるクラダ・リングだった。この限られた情報を手に、警察は行方不明者リストの検索に数週間を費やした。

最終的に、警察はキャロライン・ウィルキンソンに顔の復元を依頼した。キャロラインは頭蓋骨の3Dスキャンを行い、デジタル画像で軟組織を重ねた。完成した画像は欧州じゅうの警察組織に配布され、BBC放送の未解決事件を扱う番組〈クライムウォッチ〉でも紹介された。〈クライムウォッチ〉のキャスターはクラダ・リングについても言及した。このリングによって、ダブリンにいるフィロメナの家族のひとりが、画面に映っている顔がフィロメナではないかという確信をおおいに強めた。ウィルキンソンの作った画像は薄気味悪いほど正確だった。歯科記録で疑いが晴れ、死体の身元が裏づけられた。

数日後、シーマスは母親殺しの罪で逮捕されたが、それを否認した。

陪審員はシーマスを信用しなかった。代わりにフィロメナは警察と話をしたあと、どこかのタイミングでシーマスのフラットに戻ったのだという検察側の主張を受け入れた。そこでフィロメナは死亡したのだ。病理学者は頸部の小さな骨がいくつか損傷していること（これは絞殺を示していることが多い）と、頭部に傷があり肋骨も砕けていたと述べた。シーマスはノコギリで頭部と脚を切断していた。だが、その傷がつけられたのが死ぬ前か後かは明らかにならなかった。『ヘラルド・スコットランド』紙の記者は、「息子が足を切断し始めたとき、フィロメナ・ダンレヴィはまだ息があるが、意識を失った状態だったかもしれない」と心をかき乱すような可能性をレポートした。彼女が死んだときのはっきりした状況はもはや明らかになりそうにない。

わかっているのは、その後シーマスはバラバラにした母親の遺体をスーツケースに入れて、コーストフィン・ヒルに運んだということである。シャベルで浅い穴を掘り、母親をそこに捨てたのだ。科学捜査の専門家はしばしばこう言う。殺人は簡単だ、死体を見つからないよう遺棄することに比べれば、と。たった二か月後に死体はその姿を現し、それとともに得られた有効な手がかりによって息子の有罪判決が導かれた。検察いわく、これは「証拠の断片が集まって糸になり、それが縒り合わされて綱になった」事件だった。二〇一四年一月に、シーマス・ダンレヴィに殺人の有罪判決が下された。これはキャロライン・ウィルキンソンの功績によるところが大きい。

被害者の身元がいつもこのように迅速に明らかになるという保証はない。一九八七年一一月一八日、ロンドンでもっともにぎやかな駅、キングス・クロス駅で、木製のエスカレーターの下にあったゴミに煙草の吸殻から火がついた。火は勢いを増すと、六〇〇度で燃える火の玉となり、エスカレーターを脱出路にして上階に進み、地下鉄の改札口へと一気に燃え広がった。

数百人もの人々が、地下鉄の六路線が交差するキングス・クロス駅の複雑な地下トンネルのなかに閉じこめられた。何人かは地下の黒煙から逃れようとエスカレーターにのって上階にあがり、生きたまま焼かれた。ほかの人々は、止まらずに進む電車に乗ろうとしてドアを叩いた。消防士がようやく火を消し止めたとき、三一体の死体が見つかった。

その後何日も何週もかけて、警察はなんとか三〇体の死体の身元を確認した。だが、ひとりの中年男性の身元だけがわからなかった。リチャード・ニーヴのところに、この男性死体の復顔の依頼がきた。その死体は激しい火によってひどい火傷を負っていた。鼻と口のまわりに組織片がいくらか残っていたので、ニーヴはそれを頼りに顔のその部分の形を推定した。また、ニーヴは犠牲者の身長、年齢、健康状態を概説した広範な調査資料を得ていた。

インターポールに助力を求め、遠く中国やオーストラリアにまで問い合わせが行われた。リチャード・ニーヴによる復顔の画像が英国の主要な新聞すべてに掲載されると、行方不明になった知人かもしれないと考えた数百人もの人々から電話がかかってきた。だが、明確に一致する可能性のある人はいなかった。そうしているあいだに、死体はロンドン北部の墓に埋葬され〝身元不明者《アンノウン・マン》〟と記された。

一九九七年に、メアリー・リーシュマンという中年のスコットランド人女性が、行方不明の父親、アレキサンダー・ファロンについて問い合わせをした。妻が一九七四年に他界したあと、ファロンの人生は崩壊した。日常生活にうまく対応することができなくなったのだ。家を売り払い、名前もないに等しい数千ものほかのホームレスに混じって、ロンドンの路上で寝るようになった。メアリーとその姉妹は、キングス・クロス駅火災の無名の犠牲者が父ではないかと思い始めたが、期待はしていなかった。火災があった当時、メアリーの父親は七三歳で身長は約一六七センチメートルだったのに対し、検死解剖ではその死体は四〇～六〇歳で身長は一五七センチメートルと見積もられていたからだ。それでもその死体は、アレキサンダー・ファロンと同じく、ヘビー・スモーカーで、さらに脳手術の結果として頭蓋骨内に金属のクリップもあった。ところが、メアリー・リーシュマンが問い合わせた

キングス・クロス駅火災の犠牲者、アレキサンダー・ファロンの写真と、遺骨をもとに作成された復顔像との比較。

とき、警察は別の行方不明者であるヒューバート・ローズが、その死体と一致すると考えていた。それでメアリーの問い合わせについては深く調べようとしなかった。その後、二〇〇二年に、火災の被災者のために一五年目の祈念式典が北ロンドンで開かれた。これをきっかけに、メアリー・リーシュマンはもう一度、自分の父親ではないかと警察に問い合わせた。

二〇〇四年に、リチャード・ニーヴは、メアリー・リーシュマンの父親の写真を見せられた。彼は過去の記録をひっかきまわして、謎の犠牲者の頭蓋骨と自分自身の粘土模型の写真を見つけた。正面と横顔の写真を比べたところ、類似性は一目瞭然だった。突き出た頬骨、薄い唇、眉間の間隔、口角から下顎に伸びている笑い皺。だが、鼻はニーヴのモデルよりもっと丸みがあった。金属クリップを挿入した神経外科医から得た事実と歯科記録とを合わせて、キングス・クロス駅火災の最後の犠牲者は、アレキサンダー・ファロンであることがついに特定された。彼の死から一六年が経っていた。

リチャード・ニーヴが制作したアレキサンダー・ファロンの復顔像は、娘のメアリーが警察に問い合わせるきっかけになった。復顔の目的はそこに尽きる。身元確認の裏づけとなるのは証拠書類などほかの因子が縒り合わされた結果であり、それらによってトラウマになりそうな墓地発掘が不要になった。メアリー・リーシュマンは次のように述べた。「父があの火災の犠牲者だと確信するにいたったのは、警察の助けもあって、あの火事の日以来、父の名前で受け取られた給付金がないことを確認したからです。父が生きていれば、お金がもらえる機会は逃さず、まっさきに列に並んでいたでしょうから」

キングス・クロス駅火災が現在起こっていれば、アレキサンダー・ファロンの顔はコンピューターで復元されただろう。デジタル・モデリングは粘土モデリングに完全にとって代わることはないし、キャロライン・ウィルキンソンはダンディー大学でいまだに学生たちに粘土モデリングを教えている。しかしこんにち、科学捜査の復顔の八〇パーセントはコンピューターを使って行われている。

まずキャロラインは、CTスキャナーを使って頭蓋骨を三次元でスキャンし、それによって作成されたモデルを画像編集プログラムにインポートする。そして、数多くの基本的な筋肉のテンプレートのひとつを選んで、頭蓋骨にそれを重ねる。つぎに、粘土で作業するときに用いる標準的な厚みに基づいて、画面上の筋肉を手動で微調整する――クリックしてドラッグ、クリックしてドラッグ。コンピューターによる復顔は粘土による復顔より速い。テンプレートがあるので、毎回ゼロから始める必要がないからだ。とはいえ、はるかに速いというわけではない。皮膚や目、髪を加え、適切な質感を出すには時間がかかるのである。

けれども、コンピューターによる方法はスピード以外にも長所がある。肌の色や毛髪の色などの要素をさまざまに変えることができ、一ダースもの候補画像を印刷して捜査官に見せることができるからだ。また三次元のスキャンを行えば、石膏で取った型よりも明確に、ハンマーの跡など頭蓋骨の傷を見ることができる。傷や凶器の明確なモデリングによって、顔だけでなく事件の全体を形作ることも可能である。そういうものが将来は法廷で示されるようになるかもしれない。誰かが復顔像の人物に気づき、行方不明者の写真を送ってきたら、復顔師はそれをスキャンし、頭蓋骨の画像にそれを重ね合わせる。これは、一九三五年のバラバラ殺人事件で初めて用いられた技術のデジタル・バージョンである。当時この技術の助けもあってバック・ラクストンは有罪になった（71～74ページ参照）。

顔貌モデルの製作者は、かつてのように顔を再現するためにのみコンピューターを使っているのではない。現在はとくに行方不明者の事件で、別の使い道も活用している。コンピューターでは〝年齢進行〟の過程をかなりの程度まで自動化できるのだ。私たちの耳は成長するにしたがって長くなる。これは速度に違いはあれど予測可能である。そして、顔は基本的に年を重ねるにつれ下垂しふくよかになっていくが、それを描くアルゴリズムもあるのだ。とはいえ、加齢画像は復顔師の直感と経験に大きく依存している。復顔師は人々が年齢を経ていく一連の写真を見て、全体的な傾向を特定する。また指針として年上のきょうだいの写真を用いて、被験者がたどったであろう人生を画像に反映していき、特徴的な衣類や髭《ひげ》を足す。また肝斑《かんぱん》など微細な特徴も手動で加える。キャロライン・ウィルキンソンにとって、「加工するにあたって一番難しいのは、肌の色や目の色と、どれほど太っているか、

“ボスニアの虐殺者”。左：1994 年のボスニアのセルビア系元指導者ラドヴァン・カラジッチ。中央：戦争犯罪で起訴されたあと逮捕を免れているときの姿。右：2008 年 7 月、ハーグの旧ユーゴスラビア国際刑事裁判所で。大量虐殺と戦争犯罪、人道に反する罪の 11 件の容疑で告発された。

または痩せているか、皺があるかどうかです」

行方不明者の捜索は、加齢とは関係のない見た目の変化にも妨げられることがあるが、髭を伸ばすなどの単純な方法でそれらの変化を加えることができる。ラドヴァン・カラジッチはボスニアのセルビア系の元政治家で一九九五年に戦争犯罪のため旧ユーゴスラビア国際刑事裁判所によって起訴された。さまざまな残虐行為のうち、カラジッチは八〇〇〇人のボスニア人が殺された一九九五年のスレブレニツァの虐殺を命じた罪で告発された。起訴後、〝ボスニアの虐殺者〟と呼ばれたカラジッチは姿をくらまし、髪を切って顎髭を伸ばし、司祭のローブを身につけて、修道院から修道院へと渡り歩きながら各地をめぐる生活を送った。

キャロライン・ウィルキンソンは年を取ったカラジッチの画像制作を依頼された。キャロラインは顔の形を完璧に再現したが、髭を過小評価していた。カラジッチはベオグラードに移動し、長い髪をポニーテールにして、大きな角ばった眼鏡をかけ、ふさふさの白い顎髭で顔を隠した。〝精神の探検家、ダビッチ〟と名乗り、ヒューマン量子エネルギーの専門家になりすまして、代替医療の診療所で働き、講演を行っていた。しかし加齢処理を施した画像はカラジッチ捜査の新たな原動力となった。二〇〇八年、つまりキャロラインが画像を送った一年後に、カラジッチはセルビア治安部隊によって逮捕され、裁判を受けるためにハーグに引き渡された。裁判はいまだ進行中である［訳注：二〇一六年三月に、起訴された一一件のうち一〇件で有罪とされ、禁固四〇年が言い渡された］。

コンピューターは、それほど極悪ではない犯罪者を特定する際にも、科学捜査の専門家らをおおいに助けてくれる。捜査では防犯カメラの画像が分析され容疑者の画像と比較される。犯罪者がビデオに映ったぼやけた自分の姿を見て取り乱し、自白することはよくあるが、そうならなかったとき、その画像に映った人物が間違いなく容疑者だと明確に立証するのは困難である。画像が高画質であっても、画像だけでなじみのない顔を特定するのはもっとも信頼性の高い方法とは言えない。その場合、コンピューターによる顔の画像比較は、より信頼性の高い選択肢になるかもしれない。ひとつの手法は、容疑者の写真にビデオから得た静止画を重ね合わせることだが、犯人がカメラをまっすぐに見ていなければ（見ていないことのほうが多い）、うまくいかないことがある。もうひとつの手法は、この一五年間英国の裁判所で使用されてきたもので、フォト人体測定法と呼ばれている。この測定法では、ふたつの顔の画像上にあるいくつかの指標のあいだの距離と角度を比例指数を使って比較する。だが、この技術は完璧ではない。容疑者がビデオに映った人物と同じポーズを取るように依頼して写真を撮ったとしても、カメラからの距離やアングル、頭の向きなど、ほかにも合わせなければならない複雑な条件が存在する。

私たちは、科学捜査の専門家らがいかにして頭蓋骨から死体の身元を、写真から行方不明者を、防犯カメラの映像から指名手配犯を識別するかを見てきた。だが、彼らの仕事にはもうひとつ重大な一面がある。それは目撃者の証言をもとに指名手配犯の人相書きを描くことである。昔からこれは似顔絵師の仕事で、似顔絵師はたいていはあいまいな目撃者の記憶を解釈し、容疑者の人相を素描していた。だが、一九八〇年代に、ケント大学の研究者の協力のもとでＥ－ＦＩＴ（電子顔識別技術）と呼ばれる代替の手法が開発された。いまでは世界じゅうの警察組織でＥ－ＦＩＴは使われており、メディアにも定期的にその画像が取りあげられている。Ｅ－ＦＩＴを使うには、目撃者がコンピューターで生成された顔の見本を見て、そのなかから目撃した人に一番似ている顔をクリックする。すると、より限定された特徴を備えた顔の見本が現れる。選択を続け、目撃者が覚えている人物に比較的近い顔になるまで画像をふるいにかけていく。

復顔は歴史に向き合うためのひとつの方法として始まり、いまでもその目的に用いられている。二〇一二年に、イングランド中央部の歴史的な都市レスターの駐車場の地中から一組の骨が見つかった。その骨は、プランタジネット朝最後のイングランド王、リチャード三世のものではないかと推測された。リチャード三世は、一四八五年にレスター近くのボズワースの戦いで戦死し、地元の教会に葬られた。

リチャード三世協会は王の遺物を調査するためにチームを組織した。科学者はDNA試料を分析し、頭蓋骨の三次元画像を撮像した。頭蓋骨のデジタル画像がキャロライン・ウィルキンソンのもとに届けられ、キャロラインは科学的なプロセスへの影響を避けるため、現存している肖像画を見ないようにしながら、王の顔の復元に着手した。キャロラインとチームのメンバーたちは、ステレオリソグラフィーという技法を用いて筋肉と皮膚のモデルを作った。これは、コンピューター処理によって、レーザー光を動かし、液体ポリマーにその光を当てて硬化させながら一層ずつ重ねて、立体構造を作りあげる技法である。

ＤＮＡ鑑定の結果からその骨のＤＮＡが王の子孫と一致したことが明らかになったころ、キャロラインはようやく作成した復顔像を肖像と比較した。緩い曲線を描く鼻と突き出た顎など、ふたつの顔は驚くほどそっくりだった。「暴君の顔のようには見えません」そう言ったのはリチャード三世協会のフィリッパ・ラングリーだ。「あいにくですが、暴君には見えません。彼はとてもハンサムです。気軽に話しかけて、会話ができそうな人に見えます」

キャロラインはリチャード三世に関する仕事に誇りを持っている。「私たちは復顔法を使って、生きている人を対象とした盲検化試験を何度も行ってきました。その結果、顔の表面の約七〇パーセントで誤差が二ミリ未満だったのです」とキャロラインは明かした。この精度に到達するために、キャロラインは、ジュリオ・ザンボからウィルヘルム・ヒス、リチャード・ニーヴまで、過去の多くの復顔師の力を借りてきた。とはいえ、王の復顔作業をあれほどうまくこなせたのは、彼女自身の専門家としての強迫観念にも似た観察力である。キャロラインは自分自身についてこのように語っている。

「この観察癖のせいで、出かけると面倒なことになるんです。たとえば、映画を見ているときは、ついこう言ってしまいます。『見て、あの耳、あの鼻。素晴らしい鼻だわ』、するとみんなこう言います。『静かに。映画に集中して』。電車にのっているときは、よく携帯電話を出してこっそり写真を撮ります。ｉＰａｄを出して、何か読んでいるふりをしながら、写真を撮るんです。あぶない人ですよね。

国外へ旅行に行ったときはいつでも、ポートレイトの写真集を買います。おもに考古学的な仕事のために。旅先には、インターネットでは買えない写真集があるのです。エジプトに行ったら、エジプト人の顔写真が載っている本を買います。そんなふうにして、いまでは顔の膨大なデータベースができました。これを使えば、作業に役立つ情報が得られるのです」

世界じゅうから得た膨大な顔のデータにアクセスできるようになった現代の復顔師は、かつてレオナルド・ダ・ヴィンチがそうであったよりも、より有用なアーティスト兼解剖学者になれる。そのようにして科学を芸術的な表現の世界に応用することで、その死体にまつわる物語の新たな章が語られるようになるかもしれない。

第10章 デジタル・フォレンジック

Chapter Ten

DIGITAL FORENSICS

インターネットの出現はミステリーのプロットをより複雑にした。なぜなら、探偵と読者のいずれもが膨大な情報を手にできるからだ。読者は調査の第一歩、つまり関連情報のインターネット検索をしない探偵に、いつまでも興味を持っていられない。

――ジェフリー・バーロウ

（インターネット研究のためのバーグランド・センター）

アンガス・マーシャルとその妻は法科学者だ。ディナー・パーティで会う人々は、彼らが死体保管所で一日じゅう死体を解剖して過ごしていると思っている。シャーリー・マーシャルが、ＤＮＡの解析作業の多くはほぼ完全に実験室で行っていると説明すると、みながっかりする。アンガスはその失望にさらに拍車をかける。「私が肉を切るのは、夕食を作るときや車の修理をしているときにうっかり指を切るときくらいです」

学校で、アンガスは無線通信のクラブに入り、電子工学の知識を身につけた。ある日、数学の教師がクラスの生徒に見せるためにマイクロコンピューターを持ってきた。「それがコンピューター・クラブの設立につながり、その罠にまんまとはまってしまいました。一九八三年くらいから、私はまともに日光を浴びたことがありません」

学校を卒業すると、コンピューター・サイエンスの専門家として働き始めた。ハル大学で、インターネット・コンピューティング・センターに配属された。これはハッカーにとってはとてつもなく魅力的な名前である。あるハッカーが大学のメインキャンパス全体のインターネット接続を全滅させてしまうことさえあった。アンガスはそのハッカーの追跡を開始し、ＩＰアドレスを追ってアムステルダムの通りまで突き止めることができた。これはつつましやかな始まりのように見えるが、アンガスは根気強い調査の結果を誇りに思い、調査報告を英国の法科学会へ提出した。だから彼らは、もっと重大で厄介な事件が発生したとき、誰に電話をすべきか知っているのだ。

三一歳のジェーン・ロングハーストは英国南東部の海辺の町ブライトンに住み、そこで、特別支援学校の教師として働いていた。栗色の髪を肩まで伸ばしていた。誰もが陽気で優しい女性だと評し、ヴィオラ奏者として所属していた地元のオーケストラの友人たちはとくにそう思っていた。二〇〇三年三月一四日金曜日の早朝、ジェーンは恋人のマルコムに行ってきますのキスをした。

マルコムがその夕方に帰宅すると、ジェーンがいなかった。マルコムはすぐに心配になった。ジェーンはしっかり者で、まわりの人が心配しないように自分の予定を知らせるタイプだった。夜中になってもジェーンが戻ってこないので、マルコムは不安をつのらせて、九九九番に電話をかけた。警察は当初、ジェーンの失踪を通常の家出人の事件として扱っていたが、五日後、重大な殺人事件の捜査に切り替えた。銀行から、金曜日以降ジェーンの口座に金の出入りがないと報告があり、またネットワーク・プロバイダーからはトランスミッターに一度も通信されていないので、ジェーンの携帯電話は電源が切られていると報告があったのだ。

七〇人の警官による捜査や、多数の新聞での呼びかけなどが行われるなか、事件から一か月後の四月一九日に、ジェーンの遺体が見つかった。ブライトンの西に位置するウエスト・サセックスの森林自然保護区に遺棄され、火をつけられたのだ。通りがかりの人が炎を目にして消防に電話をかけた。死体を発見した消防士は、ナイロン・タイツがジェーンの首に深く食いこんでいるのに気がついた。CSIがあたりを捜査したところ、マッチと空のガソリン容器が見つかった。

歯科記録からジェーンであることが確認された。死体を調べたふたりの病理学者によると、タイツで強く絞められたため、首の皮膚が傷つき出血していた。数日後、警察は戸別訪問の掃除機のセールスマン、グレアム・クーツを逮捕し、ジェーン殺害の罪で告発した。クーツはギターが得意なジェーンの親友の恋人で、ジェーンとは五年前から知り合いだった。

クーツは病理学者の報告と痕跡証拠を示された当初はなにも言わなかった。だが、結局はジェーンを殺したことを認めた。クーツが警察に話したところでは、地元のレジャーセンターへ水泳をしに行くジェーンを送る約束をしたが、その代わりにお茶を一杯飲もうと、自分のフラットに連れて帰った。自宅で、タイツをジェーンの首に巻きつけ、合意のうえで窒息性愛行為、つまり窒息プレイを行い、クーツは自慰を行いながら徐々に締めつけを強めていった。オーガズムに達したあと、ジェーンの身体を見て、「恐ろしいことに」息をしていないと気づいた。そのあと、死体を段ボール箱に入れて、庭の納屋に運んだ。

ジェーンが行方不明になってから一一日後、警察はクーツを訪問していた。手がかりを求めてジェーンの知り合い全員に聞きこみを行っていたのだ。この時点で、クーツは死体を動かさねばならないと決断し、近くのビッグ・イエロー保管施設の一室に死体を移動させ、「二四時間自由に施設に入れる鍵」の支払いをした。その後三週間にわたって、クーツはジェーンの死体を九回見に行っている。腐敗臭があまりに強くなったため、クーツはふたたびジェーンを動かし、四月一七日に自然保護区に運び、遺体に火をつけた。

警察は保管室を捜査し、ジェーンの携帯電話、財布、ジャケットと水着、ジェーンの血がついたクーツのシャツを発見した。また、クーツの精液がついているコンドームも見つかり、その外側にはジェーンのDNAがついていた。クーツのフラットを捜査し、ふたつのコンピューターを押収した。警察のコンピューター犯罪課とともに、アンガス・マーシャルは、この男がしたとされるぞっとするような行為に対して湧きあがる感情と戦いながら、事件に取り組んだ。

裁判では、弁護側はクーツの罪は故殺のみであると主張し、証人として法病理学者のディック・シェパードを呼んだ（１１１～１２２ページ参照）。シェパードは、窒息性愛行為では、迷走神経が阻害されるため、一、二秒以内に即死する可能性があると証言した。検察側の病理学者ヴェスナ・ジューロビッチはその可能性を否定し、絞殺で人が死ぬまでには二～三分かかるため、クーツは自分の行為をはっきり認識するのに充分な時間があったと主張した。

クーツの元恋人のひとりは、交際していた五年間でなんども首を絞められたと証言した。ジェーンの元恋人の男性ふたりは、彼女との性生活は正常だったと証言した。検察側の反対尋問でクーツは、女性の首に病的な執着があることと、ジェーンと性行為に及んだのはこれが初めてだったことを認めた。

アンガスにとって、この事件を証明することは感情的にも専門的にも非常に困難だった。「どちらかといえば平凡なハッキング事件から、ひどく不快な殺人事件へと引っ張り出されたんです。この事件のことは決して忘れません」

これはキャリアの分岐点であり、人々がやっても罪にならないと思っている類の行為を知り、その罪から逃れさせないようにする機会でもあった。学ぶことは多かった。「ふたりの弁護士から反対尋問を受けました。彼らは概念を理解しておらず、的外れな質問をしていました。裁判官のほうがずっと技術的な問題を理解していたので、裁判官から質問を受けました」

残念なことにアンガスは、裁判官からクッキーの使用について質問を受けた。クッキーとは、アクセスしたウェブサイトに関する一種の来歴情報で、コンピューター上に保存される少量のデータのことである。それを聞いて陪審員たちは恐れをなした。アンガスの言葉によれば、「陪審員らは裁判官にメモを回して、どうすれば自分自身を守れるのか、つまりいかにして配偶者やほかの家族から自分がオンラインで見たサイトの情報を隠すことができるのかを聞きたがりました」。裁判官が静粛を求めたあと、アンガスは証言の続きを始めた。

アンガスは、クーツの二台のコンピューターから八〇〇枚を超えるポルノ画像を見つけた。うち六九九枚は首を絞められたか、窒息させられたか、首を吊られた女性だった。女児の首を絞めているサンタクロースの画像もあった。アンガスはそれらの画像を探しながら、クーツのオンライン活動のタイムラインもつなぎ合わせた。クーツは暴力的なポルノ・ウェブサイト、たとえば〈ネクロベイブズ〉、〈デスバイスフィクシア〉、〈ハンギングビッチ〉にアクセスしていた。アクセスの頻度はジェーンの死の数週間前から増加していて〈クラブ・デッド〉や〈ブルータル・ラブ〉などのウェブサイトの会員料もそのころ支払っていた。閲覧とダウンロードの頻度がピークに達したのは、ジェーンの死の前日と、炎に包まれた死体が見つかる二日前だった。

グレアム・クーツは、殺人の有罪判決を受け、終身刑を申し渡された。「クーツの正常な活動パターンを示すと同時に、そのパターンが殺人の前日にすっかり消滅したことを示すコンピューターのなかの証拠」の重要性について語った裁判官の言葉を、アンガスはよく覚えている。この事件以来、アンガスは優先的にタイムラインの証拠をつなぎ合わせるようになった。

凶暴な犯人は、心のままに歪んだ道をたどったデジタルの軌跡を残していることが多い。インターネットはそれらの道をめぐる彼らを刺激するのだろうか。ウェブ上にはつねに、殺人と残虐行為、死体性愛、レイプなどの画像や動画をばらまいている残虐なサイトが、およそ一〇万ある。英国と米国の政府は、この種類のサイトを防ぐために一歩を踏み出したが、オンライン・ポルノを全面禁止したアイスランドに比べれば、両国の歩みにはためらいが見える。

とはいえ、当局がいかに用心深く見張ったところで、たいていは、ひとつのサイトが閉鎖されてもほとんど間をおかずに同じようなサイトが別のドメイン名でまた開設されるという問題は残る。問題の根っこを探り、凶悪なポルノの制作者を追跡するには、組織的かつ国際的なレベルでの協力が必要だが、これまでのところ、その状態には達していない。凶悪なポルノを広めているサイトは、それを求める人がいるからこそ存在しているのだと主張する人々がいる。サイトと欲求のあいだの関係については調査や解明が必要だが、それを相互関係と呼ばないのは、単なるごまかしのような気がする。それらのインターネットの画像が極端な行動を引き起こしているにせよ、あるいはすでに存在しているものを単に反映しているだけにせよ、狂暴な性犯罪者が自分自身の妄想の炎をあおるために、それらを用いていることに疑いの余地はない。

二〇一三年五月二六日の夕方に、二三歳のジェイミー・レイノルズは、「わくわくするね。遅れないで」という短いテキスト・メッセージを送った。レイノルズは刑事の娘である一七歳のジョージア・ウィリアムズに、シュロップシャーのウエリントンの自宅にきて、服の写真撮影のためにモデルをしてくれと依頼していた。レイノルズは言わなかったが、この計画は数か月間かけて練られたものだった。

ジョージアが家に着くと、レイノルズは身につけるものとして、ハイヒールと革のジャケットと革のパンツを渡した。レイノルズは数枚写真を撮ったあと、階段の踊り場にある、赤いリサイクル用のごみ箱の上に立ってくれと言った。ジョージアの首に縄をかけ、その縄を屋根裏のハッチに括《くく》りつけた。レイノルズは写真を一枚撮った。のちにその写真を見た警察官によれば、この時点でジョージアは「楽しそう」で「協力的」なように見えた。そのあと、レイノルズはジョージアが立っていたごみ箱を蹴り倒した。腰のくびれたあたりにある打撲傷は病理学者によると、窒息を早めるためにレイノルズが膝でジョージアの体を下方へ押しつけたためについたらしかった。その後レイノルズは彼女の死体を凌辱《りょうじょく》した。

警察がレイノルズのコンピューターを調査したところ、何十もの合成画像が見つかった。レイノルズはフェイスブックに載っているあどけない少女たちの頭部の画像をハードコア・ポルノに出てくる体に組み合わせていた。凶暴なポルノ・ビデオ七二本と、一万七〇〇〇枚に及ぶ画像、レイノルズが書いた四〇本の空想の物語も見つかった。そのうちのひとつは、「不意を打たれたジョージア・ウィリアムズ」という題名だった。レイノルズは、暴行の前後と最中に犠牲者の写真を撮っていた。検察側の弁護士は、画像がひどく痛ましいものだったため、法廷内で公にせずに、裁判官だけが見るようにと依頼した。ジョージアの父親が「恐ろしすぎて理解を超えている」と語った行為によって、レイノルズは終身刑を言い渡された。

パーソナル・コンピューターとスマートフォンの所有が世界じゅうに広がったことで、グレアム・クーツやジェイミー・レイノルズのような人々が以前よりずっと異常な幻想にふけりやすくなった。とはいえ大多数の人々はインターネットを使って、比較的無害なことを行っている（クーツの裁判で、アンガスがクッキーの説明をしたときに陪審員が示した反応から、そうでないかもしれないことが疑われるとしても）。犯罪者もまた、家族やオンラインショップにEメールを書くなど、普段の生活でインターネットを使っている。だが、彼らがそれを違法なことに使うとき、その足跡が残る。その足跡は彼らの多くが認識しているよりも明確に、アンガスのようなデジタル・フォレンジックの解析者たちに解読される。

現在の個人用機器の大きな流れは、小さな滴から始まった。一九八〇年代初期は、デジタル・フォレンジックの解析者は、アタリ社のゲーム機用のゲームをコピーしている若者など、たいていは著作権侵害や不正な事業活動を捜査する警察の協力をしていた。ハード・ドライブ・ストレージの容量は当時、非常に小さかったため、有罪判決を確保するのに必要なものが見つかるまで、専門家がひとりでドライブ内のすべてのファイルを調べることが多かった。「当初のコンピューターは、どちらかと言えば処理能力のない機器でした」とアンガスは言う。「現在見られるような複雑な機能やインタラクティブな機能はまったくなかったんです」

一九九〇年代半ばまで、コンピューターはダイヤルアップ接続で〝電子掲示板方式〟を使って通信していた。ワールド・ワイド・ウェブの前段階だ。人々は電子掲示板を使ってほかのコンピューター・マニアと自分が直面している技術的な問題について話したり、遊んでいるゲームを攻略するために助けを借りたりしていた。そこには数人の反逆者がいて、新たに見つけた能力を使って邪悪なことを行う可能性を探っている者もいたが、大多数の人々はその可能性にただ興奮していた。コンピューターにかかわるには、かなりの量の専門知識が必要だったし、非常に多くの装備を自分自身で組み立てなければならないことが多かった。

だが、コンピューターの処理能力は指数関数的に成長し続けた。マイクロソフト社がウィンドウズ95を発売したとき、一般の人々にワールド・ワイド・ウェブというインターネットへの道が開かれた。この時点で、警察はデジタル・フォレンジックのことを真剣にとらえ始めた。そして、アンガスと同様に、「犯罪者は、新たな技術を取り入れるのに長けている」ということを認識し始めた。二〇〇一年に内務大臣のジャック・ストローは、英国国家ハイテク犯罪対策ユニットを立ちあげた。開設にあたってストローは「新たな技術は、正当なユーザーに膨大な利益をもたらすだろうが、同時に、金融詐欺に関与している者から小児性愛者まで犯罪者に機会を与えることにもなる」と述べた。国家ハイテク犯罪対策ユニットは、ハッキングなどデジタル革命によって可能になった新たな犯罪や、ストーキングなどこの革命によって促進された以前からある犯罪に取り組んだ。

二〇〇六年、この国家ユニットは、地域ごとのユニットに取って代わった。こんにち、上級捜査官は犯行現場で、デジタルのデータを調べるためにハイテク犯罪ユニットを呼ぶべきかどうかを判断する。「DNAと同じように」とアンガスは説明する。「目撃者の証言や指紋やその他の証拠があるとき、高価な解析は必要とされないことが多いのですが、ストーキングやグルーミング［訳注：インターネットを介して相手の警戒を解いて性犯罪などに誘う行為］などの犯罪の場合は、ハイテク犯罪対策ユニットの手を借りなければなりません」

そしてユニットにデジタルの証拠を解析する余裕や専門知識がない場合、上級捜査官はアンガスのような独立した専門家を呼ぶ。その時点で「ルーティンの捜査は終わっていることが多いんです。ほとんどの場合、捜査官は難しい問題に対して迅速な回答を求めているので、私は調査しながら新たな技術を即席で作ったり、発案したりしています」

このような即席のアプローチの一例として、最近の児童虐待事件の裁判で用いられたものがある。告発された男（デイヴィッドと呼ぼう）は小児性愛の複数の事件の嫌疑を受けた。男の弁護戦略は、主要な証人である彼の継娘《ままむすめ》〝サラ〟の証言の信憑《しんぴょう》性を低下させることだった。デイヴィッドは一四歳のこの少女と性的関係を持ったのは自分ではなく、サラがフェイスブック上で卑猥なチャットをやりとりした少年だと主張した。そして、その主張を補強する証拠として、サラのコンピューター上に自分がインストールした〝キーロガー〟から得たデータを示した。キーロガーはコンピューターの使用者の行動をこっそり記録する隠しプログラムである。サラが何かをタイプしたり、ウェブ・ブラウザで何かをクリックしたりするたびに、キーロガーはスクリーンショット（ディスプレイに表示されているものをそのまま写した画像）を記録する。デイヴィッドは、このスクリーンショットを定期的にダウンロードしていた。デイヴィッドが裁判所に提示したものの一部には、サラとその十代の友人フレッドとのあいだの下品なフェイスブック上のチャットが示されていた。だが、このふたりのティーンはいずれも、こんなチャットはしたことがないと強く否定した。

アンガスは被害者より容疑者のデジタル生活を調べることのほうが多い。だが、この事件では、デイヴィッドの証言を裏づけるか無効にする一番の方法は、サラのコンピューターを調べることだった。だが、そのパソコン上にはフレッドとの会話の証拠は見つからなかった。だからといって、それが会話がなかったことを意味するわけではない。「このごろの一般的なルールとして、フェイスブックはハード・ドライブに軌跡を残さないようになっています。つまり、すべてはブラウザー上で処理されるんです」。アンガスはそのコンピューターにインストールされているキーロガーを見つけたが、その疑わしいチャットのスクリーンショットはなかった。だが、それはそのチャットがあったか否か、いずれの証拠にもならない。キーロガーは通常、ある程度の数のスクリーンショットが溜まってくるとハード・ドライブの容量がいっぱいにならないように削除されるからだ。

しかし、ユーザーがチャットを削除していたとしてもフェイスブック社はすべてのチャットの記録を保管しているので、アンガスはサラとフレッドのチャット履歴をフェイスブック社に要求しようかと考えた。だが、これは通信傍受や秘密調査に非常に近い行為になるため、二〇〇〇年の捜査権限規制法に基づいて調査の権限が必要になるだろう。そしてその権限を得ても、そのあとフェイスブック社が時間を引き延ばしてくるのは間違いない。つまり、必要なものが得られるまでに、六か月以上待たされることになるだろう。

つぎにアンガスは、サラにログインの詳細情報を聞き、彼女のアカウントでフェイスブックにログインした。フレッドとの会話の軌跡は見当たらなかった。もちろん、サラが会話を削除してしまった可能性はある。だが、サラにできなかったことがある。それは、〝友達〟のリストから誰かを完全に抹消することである。サラの〝現在の友達〟、〝削除した友達〟、〝友達リクエスト中〟のどこにもフレッドは見つからなかった。フレッドのログインの詳細情報を使って彼のアカウントも見たが、そこにもサラとの会話の記録や友達関係を示すものは見つからなかった。だが、デイヴィッドが提供したスクリーンショットにあった、ほかの少年たちとの軽い会話の記録は、サラのアカウント上に見つかった。デイヴィッドは本物のスクリーンショットのあいだに偽造したスクリーンショットをこっそり紛れこませたのではないだろうか。アンガスにはそう思えたが、それでも、証拠がないのは、なかったという証拠にはならないという原則を嫌というほど知りつくしていた。

最終的に、アンガスは裁判官に宛てて、なにがあったかについては確信が持てないという報告書を書いた。理論的には、サラとフレッドが正常のものと同一に見える偽のアカウントで猥褻なチャットをしていたという可能性はある。だがいっぽうで、デイヴィッドは腕のいいアマチュア・カメラマンであり、スクリーンショットを偽造することは可能だった。何が起こったのかについて満足のいく見解を得るためには、デイヴィッドのコンピューターを調べて、画像編集プログラムでスクリーンショットを偽造したかどうかを確認する必要があった。

この時点で裁判官は決断を下さねばならなかった。裁判を続けるべきか、アンガスがデイヴィッドのコンピューターを調査するあいだ、裁判を延期して、陪審員をもう一週間隔離し続けるべきか。裁判官は裁判を進めることに決めた。陪審員は、被害者の残りの証言とアンガスの調査結果を聞いた。アンガスの証拠は決定的なものではなかったが（そしてそのことをアンガスは陪審員たちに注意深く明確に知らせた）、その結果はデイヴィッドがごまかしのうまい嘘つきであるということを示す証拠の一ピースとなった。陪審員は審議のうえで有罪判決を下した。デイヴィッドは現在、二〇年の刑に服している。

キーロガーの一件が示したように、デジタル機器上で使える機能はますます増えているが、その機能を使える人が多くなるほど、デジタル・フォレンジック解析者の仕事は困難になっていく。たとえば法科学者は次のような質問には率直に答えられるだろう。この血はA氏のものか、それともB氏のものか。だが、アンガスの属している専門分野の人々は、証拠が本物であるかどうかを判断し、オンラインおよびオフラインの活動のタイムラインを組み立て、アリバイの正当性を評価しなければならない。想像力と警戒心を絶妙にブレンドして、解析を行う必要があるのだ。

アンガスは、知的な挑戦ができるゆえにこの仕事を愛している。「いつもなにか新しいことを学んでいます。明けても暮れても毎日同じことをこつこつするのではなく、問題を解決することが仕事なんです」。アンガスにとってもっとも耐えがたいことは、調査してもなにも出てこなかったときだ。「この仕事をしている人で、なんの成果も出せていないときに作業を中断する人など見たことがありません。みな探して、探して、探し続けるんです。そこにはなにかがあるはず、いつだってなにかしら存在しているはずですから。できるかぎりのことをしつくして、もう手はないということを受け入れるのは本当にきつい」

アンガスが仕事に取りかかるには、取り組む対象が必要だが、それを手に入れるのも頭の痛い仕事である。「ひとつの腐ったリンゴの証拠を集めるために、オフィスに乗りこんで従業員全員のコンピューターを押収することはできません。つりあいの取れた行動をしなければならないんです」

調査すべきハードウェアを手に入れるのは警察の仕事だ。警察は捜索令状を取って、容疑者のリビング・ルームやズボンのポケットからデジタル機器を押収しなければならない。

犯行現場で機器が見つかったとき、それらの表面には指紋やDNAがついていることが多い。しかし、CSIが粉を振って指紋を浮きあがらせるために使用している磁気を帯びたブラシは電磁界を生じさせるため、機器内の証拠を破壊してしまうことがある。したがって、CSIは機器を静電気防止のビニール袋に慎重に入れて、デジタル解析者へ送ることを学んだ。「それでもときどき、機器が間違ったユニットに送られることがあります」とアンガスは語る。「携帯電話が防犯カメラ・ユニットへ送られたこともあります。刑事は写真を必要としていたからです。捜査官がでしゃばって携帯電話を手に取り、自分で携帯電話のデータを見ようとしているのを目にしたこともあります。いまでは非常にまれなことですが、そういうこともあるのです」

汚染されていない機器はハイテク犯罪ユニットへ送られたあと、アンガスによると「殺人や生存者の行方不明事件など、非常に優先順位の高い事件でないかぎり、倉庫で六か月ほど保管されます。警察ではするべき仕事が多すぎるのです」

ちかごろは、留守番電話やプリンターやファックスがアンガスのもとへ送られてくることはほとんどどない。たいていはコンピューターやスマートフォンやタブレットである。それらの小さな機器にはある人の生活の（部分的だとしても）詳細な断片が含まれている。それらを損なうことは、正義を損なうことになりかねない。「ルール一は、つねにできるかぎり保存せよです」とアンガスは述べた。これは、デジタル・フォレンジック解析者だけでなく、有効な証拠を提供しようとするＣＳＩや一般市民にとっても黄金のルールである。実際にどうするかといえば、通常は、元々のデータの保全性を維持するために、調べようとしている機器の中身を直接コピーする。

〝コンピューター・フォレンジック〟という言葉が初めて使用されたのは一九九二年で、犯罪捜査に用いるために、コンピューターからデータを回収することに関して使われた。アンガスが扱った初期の事件のひとつでは、ある会社の部長が以前の部長らを詐欺で告発し、証拠として示すために会社のメイン・ハード・ドライブを回収した。その部長はハード・ドライブを二週間の修理に出し、一週間自宅に保管したあと、ようやく調査のためにコンピューター・フォレンジック会社に引き渡した。アンガスは裁判官に、この証拠保存の一連の動きは、あまりよいことではないと報告した。ハード・ドライブの複雑な旅路のどこかの時点で、その部長がファイルを追加したり、変更したり、上書きしていないとは保証できないからだ。アンガスが審問会のためにリーズ刑事裁判所へ電車で向かっている途中、もうすぐヨーク駅というところで裁判官から電話がかかってきて、報告に同意したのでこの事件は棄却したと聞かされた。アンガスはヨークで電車を降り、反対側のプラットフォームに向かい、ダーリントンの自宅に帰った。

「ときおり、ルール一を破らねばならないことがあります」とアンガスは語る。「最新のｉＰｈｏｎｅやブラックベリーはコピーがほぼ不可能なんです。それらをコピーするにはまず〝脱獄《ジェイルブレイク》〟［訳注：機能制限を解除すること］するためのソフトウェアをインストールしなければなりません。そのあとルール二の出番になります。コピーできず、データを変更しなければならないときは、自分のしていることを認識しておくこと、そしてそれを説明できるようにしておくこと。作業を即時に記録したメモは私たちにとってお守りです」。捜査官があるファイルを不用意に開くと、その時刻がファイル自体に記録されてしまう。これはタイムライン作成の妨げとなる。相手側の弁護士は法廷で、ファイルが根本的に変更されていますね、と述べるのが大好きなのだ。

　ハード・ドライブの完全なコピーを取ったあと、アンガスは特製のソフトウェアを用いて、現存ファイルと削除されたファイルの両方を調べる。コンピューターとスマートフォンのドライブからはほぼすべての削除された写真、動画、メールメッセージを復元することができる。それはちょうど、古い時代の刑事が手紙を調べ、消しゴムで消された鉛筆の跡をたどるようなものだ。

　携帯電話なら、アンガスはメールなどのテキスト・メッセージと、電話をかけた相手と不在着信時の相手の電話番号を調べる。ときには、テキスト・メッセージの会話から、犯罪が行われたころに犯人たちが互いに交わしていた内容がわかることがある。また、個々のテキスト・メッセージが重大な証拠にもなりうる。二〇〇一年六月一八日の朝に、一五歳のダニエル・ジョーンズは、イングランド東部に位置するエセックスのイースト・ティルバリーにある自宅の近くで行方不明になった。まもなく、ダニエルのおじのスチュアート・キャンベルが疑われた。捜査官が屋根裏で緑のキャンバス・バッグと、そのなかに彼とダニエルの両方の血液が混じって付着している白いストッキングを見つけたとき、キャンベルは逮捕された。

キャンベルは、ダニエルが行方不明になったとき、車で三〇分離れた場所にあるレイリーのＤＩＹ店にいたと主張した。警察はキャンベルの携帯電話を調査し、その朝ダニエルの電話から送信されたテキスト・メッセージを見つけた。

ハイ、スチュおじさん、ホントありがと
おじさんって、
マジサイコー！
ママにゴメン、
大好きって伝えて
ダン

ところが、警察がネットワーク・プロバイダーから得た記録を調べてみると、キャンベルの電話がこのメッセージを受け取ったとき、ふたりの電話は同じ携帯電話基地局の限定された区域内にあったことがわかった。

言語学の専門家マルコム・クールタードは法廷で、このメールはすべて大文字だったが、ダニエルはいつもは小文字でテキスト・メッセージを書いていることを示した。また、キャンベルの電話にあった最初のメッセージのすぐあとに送られた別のメッセージには、〝what〟を略した〝wot〟が使われていたが、ダニエルはいつもその言葉を〝wat〟と打ちこんでいた。このメッセージは明らかに仕組まれたもので、キャンベルは偽造した証拠によって自滅した。エセックス警察が一七〇万ポンドかけた捜査でもダニエルの死体は見つからなかったが、彼女のおじは鉄格子の向こうで現在服役中である。

犯罪が起こった時間に被害者と容疑者の場所を正確に特定できるというのは、捜査官にとって明らかに有用である。現代のｉＰｈｏｎｅとアンドロイド端末は、元々の設定で動作をログで記憶するようになっていて、誰の電話がどこにあったのか、詳細な地図を描くことができる。つまり、スマートフォンの持ち主がどこにいたかを推測することができるのだ。位置追跡の機能はスマートフォンの深部の設定変更で無効にできるが、多くの人がこのことを知らない。ｉＰｈｏｎｅ５Ｓには特殊な位置追跡用チップが備わっており、それはバッテリーとは独立して動作する。したがって、本体のバッテリーが切れたり、電源を切られたりしてもそこから四日間ｉＰｈｏｎｅはその位置を記録し続けるというユーザーの報告がある。位置データを必要とする理由は、アップル社がそれによって地図アプリケーションを改善することができ、ユーザーが現在位置の周辺で行う活動への提案を位置によって調整できるからだ。言うまでもなく、警察もこのデータに関心を寄せている。

たとえユーザーが機器の設定を変えて位置追跡機能を無効にしていたとしても、捜査官はネットワーク・プロバイダーの記録を調べて、特定の時間にその電話が位置していただいたいの領域を特定することができる。これは、携帯電話が信号を見つけるために常に地域の電話アンテナ塔と通信を行っているためである。これらのアンテナ塔はイースト・ティルバリーのスチュアート・キャンベルの事件のときのように、小さな領域をカバーしている傾向があり、二〇一〇年にスコットランドで起こった驚くべき事件のときもそうだった。

五月四日の朝に、三八歳のスザンヌ・ピリーは会社に出かけた。彼女は中央エディンバラのシスル・ストリートにある投資情報サービス会社で帳簿係をしていた。午前八時五一分、スザンヌの姿は大手スーパー、セインズベリーの防犯カメラに映っていた。スザンヌはここでランチを買っていた。それが生きている最後の姿だった。つまり、スザンヌの同僚、四九歳のデイヴィッド・ギルロイ以外の人にとって、という意味である。ギルロイは妻子持ちで、スザンヌとおよそ一年のあいだ不倫関係にあった。スザンヌはそのころ、ギルロイの束縛と嫉妬深さにうんざりして、関係をきっぱり終わらせようと決意していた。

スザンヌが失踪するまでの一か月間に、ギルロイは四〇〇件を超えるテキスト・メッセージと多数のボイスメール・メッセージをスザンヌに送りつけていた。ギルロイは関係を続けようと懸命で、スザンヌの拒絶を受け入れようとしなかった。とくにひどい日が二日あり、そのときはスザンヌに懇願する内容のテキストを五〇件以上送っていた。行方不明になる前日、ギルロイは大量のテキストとボイスメール・メッセージを残していたが、そのなかでギルロイは「きみのことが心配だ」と言っていた。

失踪する前の夜、スザンヌは新しい男性、マーク・ブルックスと一緒だった。それを知ったギルロイは越えてはならない一線を越えてしまったのだ。ギルロイはオフィスの地下室でスザンヌを殺し、吹き抜けの階段に死体を隠した。そのあと同僚に、バスで家に帰って車を取ってきてもいいかと尋ねた。同僚はのちにその様子を「顔と首に引っかき傷があって不気味だった」と述べた。ギルロイは途中で、スーパードラッグというドラッグストアで部屋の芳香剤を四つ買っているところを防犯カメラに捕えられていた。オフィスに戻ると、翌日の予定を変更し、会社が会計を担当している郊外の学校の調査のために、アーガイルの中心部へ約二〇〇キロメートルの道のりを車で行くことにした。その後、スザンヌの死体を車のトランクに放りこんだ。

その日の夕方、ギルロイはわが子のひとりが出演する学校のコンサートを聴きに行き、その後家族でレストランに出かけた。いっぽうスザンヌの両親は、娘を心配して失踪届を出した。

五月六日、警察はギルロイを尋問した。ギルロイの額には切り傷があり、胸にはかすかな打撲傷とてのひらから手首、肘にかけて湾曲した引っかき傷が複数ついていた。ギルロイは庭いじりをしているときに自分でかいたのだと言った。のちに法病理学者ナサニエル・ケアリーはこれらの傷の写真を調べ、それらは、誰かと争ったときに、爪で引っかかれてできた可能性があり、絞殺犯に同じような引っかき傷があるのを見たことがあると証言した。また、ギルロイが肌色の化粧品で引っかき傷を覆い隠していたので、はっきりとわからなかったとつけ加えた。だが反対尋問では、引っかき傷ができた理由について、ギルロイの説明どおりという可能性もあると認めた。

その時点で警察は、充分に疑わしいとみて、ギルロイの携帯電話と車を押収した。法科学者のカーステイ・マクタークが車のトランクを開けたとき、「消臭スプレー」か「洗浄剤」のような爽やかな香りがするのに気づいた。マスタークは証拠を求めてトランクのなかを探し、その後シスル・ストリートにあるオフィスの地下の階段付近を調べた。スザンヌのDNAの痕跡は見つからなかった。ところが、特別に訓練された死体捜索犬はトランクと階段の吹き抜けの臭いを嗅ぐと、人間の遺物や血液を嗅いだときのような「陽性の徴候」を示した。死体捜索犬のうちの一匹、バスターという名前のスプリンガー・スパニエルは過去に、約三メートルの深さの水中に沈んだ死体の場所を特定したことがあった。

警察はギルロイの車の裏側に植物がひっかかっていて、サスペンションが壊れていることに気づいた。路側カメラの画像は決定的なものではなかったが、刑事は彼が家に戻る前に有名な観光ルートであるA83号線のレスト・アンド・ビー・サンクフル・ロードを迂回したに違いないと感じていた。

デジタル・フォレンジック解析者はギルロイの携帯電話を調べた。アンガスはこう説明している。「携帯電話を切るとき、最後に通信していたアンテナ塔が記録されます。そうすることでふたたび電源を入れたとき、そのアンテナ塔をすばやく探し出すことができるからです」

アーガイルの学校へ向から途中で、ギルロイはエディンバラから西へ約六〇キロメートルの位置にあるスターリングからアーガイル地方のインヴェラレイのあいだで携帯電話の電源を切っていた。警察は、ギルロイがうっそうとした森で、スザンヌの死体を遺棄するよい場所を探しているときに居場所を追跡されるのを避けて、電源を切ったのではないかと疑った。その後ギルロイは学校を訪問し、帰宅の途中で、スターリングとインヴェラレイのあいだでふたたび携帯電話の電源を切った。警察は、

スコットランドのアローチャー付近でスザンヌ・ピリーの死体を探す警察。彼女の遺物は見つからなかったが、2012年にデイヴィッド・ギルロイはスザンヌ殺害の罪で有罪になった。

このときに死体が遺棄されたとみた。

ギルロイが裁判を受けたとき、警察の捜索隊はまだスザンヌの死体を見つけていなかった。にもかかわらず、二〇一二年三月一五日、デイヴィッド・ギルロイは、殺人罪と法律の裏をかくための謀略の罪で有罪の判決を受けた。裁判官のブレイスデールはテレビカメラが法廷に入ることに同意した。ギルロイは有罪判決を言い渡されるところを英国のテレビ局に撮られた最初の殺人犯となった。「冷酷に落ち着きはらい、打算的に」とブレイスデールは言った。「あなたは、おそらくはアーガイルのあたりで遺体を遺棄したのでしょう。そして、ロージアン・アンド・ボーダーズ警察による感心するほど徹底的な捜査が行われなければ、証拠は見つからず検察の手をかいくぐっていたでしょう」。ブレイスデールはギルロイに最低一八年間の懲役刑を宣告した。エディンバラ刑務所で同室者から脅しを受けたあと、ギルロイはショッツ刑務所に移されたが、そこでも初日に新しい同室者に顎の骨を折られた。

ギルロイの有罪判決はデジタルの足跡に対する捜査官の感度の高さが大きく関係していた。彼らの携帯電話の解析と防犯カメラの証拠がなければ、ギルロイはいまごろ自由の身になっていただろう。被害者の死体が見つからない状態で殺人の有罪判決が下されることはまれだ。だがそれは、スチュアート・キャンベルの身に起こった。その根拠のひとつは、スチュアートの家の屋根裏で見つかったダニエルの血痕が付着した下着である。またそれは、犠牲者の死体を食べて生きていた蛆虫の蛹の殻に含まれていたDNAのみで窮地に追い込まれた、リバプールの薬物ディーラーの身にも起こった(82ページ参照)。ギルロイの事件では、DNAは見つからなかった。腕の傷では充分な試料が取れなかったのだ。ギルロイは異常な携帯電話の使用と、防犯カメラと路側カメラの映像によって有罪になった。

デイヴィッド・ギルロイなどの犯人に罪を償わせるために画像やビデオが使えるか否かは、アンガス・マーシャルのような人々にかかっている。その仕事は、ときに直感的だが、通常は秩序立ったものだ。デジタル画像を用意するには時間がかかることもあるが、アンガスは役に立つツールを自分で作っている。「私は変人なんです。工業標準のツールはいっさい使いません。それらを使ったらみんなと同じ結果が出るでしょう。私が書いているプログラムの大部分はそれほど大きくないし複雑でもなく、単純に物事を自動化してくれるので、私はときどき居眠りしていられるのです」

それらのプログラムを使って、あるハード・ドライブ上の写真とビデオ・ファイルをすべて復元したら、次は別のプログラムで警察にある児童虐待のデータベースに一致する者がいないか検索をかける。そして、裸でポーズを取っているだけの比較的無害な画像から残忍なものまで、自動的に画像をソートし、五段階の重度レベルに分類する。「残念ながら、過去のデータにないものがつねにいくつか見つかり、気の毒な子たちの画像が分類されずに残るので、それらは手動で分類して提出します」アンガスはそう言いながら温和な顔を曇らせた。

そのデータベースには、オリジナルが判明している場合は元の画像が保存される。つまり、捜査官は不法媒体の購入者と作成者をリンクさせることができる。その方法は二〇〇五年にスコットランド最大の小児性愛者の組織を壊滅させたときに使われた（258ページ参照）。トラウマになりそうな仕事だが、アンガスのような独立した専門家や、たいていは警察官が虐待の写真とビデオを非常に注意深く見て、世界のどこで撮影されたものかなど、手がかりをつかむ。「電気コンセントの形状やテレビの音、聞こえてくる会話など些細なものが手がかりになります」とアンガスは説明する。「空に昇った太陽の位置からおおよその時間がわかります。そこに虐待された被害者がいれば、その子供の年齢を推定し、行方不明者のデータベースに似ている人がいないか相互参照することができます」

さらにメタデータというデータがある。これは、デジタル・カメラやスマートフォンで撮影された画像やビデオ・ファイルに埋め込まれている情報だ。メタデータによって、撮影した機器のブランド名や型式から、（犯人が時計を設定していればだが）その媒体が記録された日や時間まで有用な情報が得られる。画像処理ソフトやファイル共有サイトではときおりメタデータが取り除かれるが、それでもメタデータはそこに埋めこまれたままになっていることが多く、適切なソフトを用いれば、それを読むことができる。

最近の機器はGPS座標さえもメタデータに埋めこみ、撮影者がどこに立っていたかがわかるようになっている。つまり、デジタル・フォレンジックの専門家は携帯電話ネットワークの記録を調べて、ある特定の時間に特定の場所でどの電話が動作していたかを知ることができるのだ。またメタデータのGPS座標は、警察が逃走中の犯人の所在を突き止めるのに役立つ。それを示したのが、カリブ海の小国ベリーズのジャングルで暮らしていた、やや情緒不安定なコンピューターの天才、マカフィー社の創始者ジョン・マカフィーのセンセーショナルな事件である。

マカフィーの母は英国人で、第二次世界大戦中に英国に駐屯していた米国人兵士と恋に落ちた。マカフィーが少年のころ、両親は米国のヴァージニア州に移住した。マカフィーが一五歳のとき、アルコール依存症で虐待者だった父親が銃で自殺した。その後、マカフィーは薬物に溺れたが、コンピューター・プログラミングへの情熱は持ち続け、NASAの研究所やそれと同じくらい立派な企業で職を得ることができた。最終的には自分で起業し、初の市販パソコン・ウイルス対策ソフト、マカフィー・アンチウイルスを作った。その後一九九六年に、数千万ドルで自社の持ち株を売却した。そのころには、マカフィーが自認しているとおり、人々からは〝シリコン・ヴァレーの妄想性統合失調症的野生児〟として知られていた。

二〇〇八年、六三歳のマカフィーはカリフォルニアを南下してベリーズへ向かった。ここで、ジャングルの細菌叢《そう》を利用して、マカフィー自身の言葉を借りれば「細菌の感染を遮断する」新しい抗菌薬を開発したいと思っていた。二〇一二年、警察はマカフィーの研究施設はメタンフェタミン工場だと主張し、その施設に踏みこんだ。その後、告訴はすべて取りさげられた。

だが、マカフィーとその近所に住む米国人の国外居住者とのあいだの関係は、修復できないほどこじれていた。オーランドにあるスポーツバーの店主グレゴリー・フォールは、とくにマカフィーのイヌを嫌っていた。フォールは地元の政府当局に苦情を訴えた。その一部は次のようなものだった。「あそこのイヌは放し飼いにされ、群れになって行動している。そのイヌたちに地元の住民三人が嚙まれ、旅行者三人が襲われた」

のちにマカフィーは一一匹のイヌのうち四匹に毒が盛られたことに気づき、苦しみを和らげるためにそのイヌたちを撃ち殺さねばならなかった。

二〇一二年一一月一一日、家政婦がパティオで仰向けに倒れているフォールを発見した。頭を撃たれていた。警察がマカフィーに質問をしに行ったとき、彼は箱のなかに隠れていた。その後、マカフィーはよれよれの服を着たセールスマンに変装して逃走した。ところがマカフィーはブログを更新し、オンラインのインタビューに答え続けた。「私は服装を過激なファッションに変えた」とマカフィーは書いた。「残念ながら、私はおそらく殺人犯に見えるだろう」。マカフィーが不法にグアテマラに入国したとき、『ヴァイス』誌の編集長は彼の逃走生活を追跡しようと決め、ひとりのカメラマンを差し向けた。

一二月三日、『ヴァイス』のウェブサイトにヤシの木の前に立つマカフィーの写真が得意気なキャプションとともに掲載された。「**間抜けども、われわれはいまジョン・マカフィーと一緒だ**」。ところがこの写真には、マカフィーがいる場所の明確な経度と緯度の手がかりを示すメタデータも含まれていた。これに気づいたカメラマンはその後メタデータを加工した写真をフェイスブックに投稿した。しかしこれは偽物で、まもなくグアテマラ警察はマカフィーを探し出して拘留した。その後、マカフィーは弁護士のために時間を稼ごうと心臓発作を装った。そうしながら、グアテマラ政府がベリーズへ国外退去させようとする試みを阻止した。結局マカフィーはベリーズではなく、米国のマイアミ

上：グアテマラの警察に拘留されたあとメディアに囲まれるジョン・マカフィー。
下：ベリーズのマカフィー宅。

に送還され、そこで釈放された。その後、カナダのモントリオールへ旅立った。ベリーズ警察は、マカフィーは依然として、グレゴリー・フォール殺人の参考人のひとりだが、第一容疑者ではないとしている。

マカフィーは現在、シリコン・ヴァレーに戻り、D-Centralと呼ばれる一〇〇ドル程度で買えるガジェットを開発している。これをコンピューターやスマートフォンやタブレットに接続すると、ネット上で見えない存在になれるとマカフィーは請け合う。「見えなければ、ハッキングもされず、のぞき見もされず、なかでなにが起こっているか監視されることもない」。このアイデアは、エドワード・スノーデンによるリークを目の当たりにした人々を惹きつけている。ひょっとすると、データの過剰露出で失敗した経験から、マカフィー自身が誰よりもそのアイデアに心を惹かれているのかもしれない。

D-Centralは個人的な通信を個人的なままに保つための機器で、犯罪者であれ法をまっとうに守る者であれ、ハイテクを使いこなせる者なら、これまで以上に作ってみたいと願う秘策のアプリケーションである。「たしかに、若い子たちは自分たちのデジタルの足跡にとても気を配っています」とアンガスは言う。「何年も、多くの若者と話をしてきましたが、彼らはどの程度詮索されているか、どの程度個人データが利用されているか、充分に心得ています。多くの若者が他人に自分のデータを見られないようにシンプルな解決策を実践しています。つまり、嘘をついて、偽のアカウントを作り、偽の足跡を残すのです」。将来の雇用主たちに、トップレスで飲んでいる写真を見られないようにするためにそうしている人もいれば、国家の役人が個人データを調べるという概念が気に入らないという人もいる。あるいは、自分の不法な行動がレーダーに引っかからないようにしたいと考えている人もいる。

アンガスは米国で国家安全保障局（NSA）が諜報活動していることに不満を抱いていて、とくに、個人のプライバシーを危険にさらして公衆のセキュリティを高めるという考えかたは納得できないと感じている。「私たちはかつて、東欧を悪者だと思っていました。ところがいまは味方のほうがひどくなっています」。NSAのような機関はGメールやフェイスブックなどのウェブサイトをのぞき見するとき、トリガー・ワードを探す自動プログラムを使っている。たとえば、恋人に「きみは爆弾みたいに刺激的だ」というメールを送ると、「彼らはそれを見て、笑いとばし、クリスマス・パーティのネタのために取っておくかもしれませんが、それだけのことです。けれども、核弾頭を作ることについての会話を見つけたら、くわしく調べるでしょう」アンガスはそう考えている。もちろん、もっとも重大な犯罪者の多くはGメールやフェイスブックなどのプロバイダーは使っていない。

犯罪者のなかには、スマートフォンやタブレットでフェイスブック・アプリなどを介してウェブを使うと痕跡が残り、アンガスのような人々に見つけられてしまうことを知っている者もいる。「けれども、それがモバイル機器上のブラウザーであれば、痕跡は残りません。したがって、フェイスブック社からはなんらかの情報が得られます。だからそれを要求するのです。いっぽう、ツイッター社からは、はっきり言ってなにも得られません」

このカリフォルニアの大企業は個人データを〝クラウド〟に保存させようとしているが、これはつまり、皮肉にも米国のリモート・ストレージ設備なのだ。クラウドはユーザーのデジタル機器すべての最新個人データを保存できるようになっており、これによって企業側はそれらの個人データを発掘し、より利用しやすくなる。ユーザーと企業にとってよりアクセスしやすいデータは、アンガスのような人々にとってはよりアクセスしづらいデータとなる。

未来は、とアンガスは語る。「オンラインとクラウドにあります。データはますますクラウドに保管されるようになり、どこからでもアクセスできるようになるでしょう。そうなると、機器から切り離されたものを手に入れるのはさらに難しくなります。そのデータが実際には機器のなかにないからです。私たちは技術的にクラウドからデータを抽出できるかどうかをまず確認し、次に法的にそれができる権利を得られるかどうかを確認しなければなりません」。刑事にとって国境を越えることは、クラウド・コンピューティングが始まる前から困難だったことに変わりないが、必要性ははるかに高くなっている。

アンガスは最近の事件のことを振り返った。その事件では、裁判官がソーシャルメディア会社に、ユーザーデータ・ロギングの信頼性についてふたつの質問を書き送った。「私たちは、その企業の弁護士から非常にシンプルな回答を得ました。まずこう書かれていました。『送付先が間違っています。米国のオフィスではなくダブリンのオフィスに送ってください』そしてつぎにこうありました。『英国と米国間に存在する条約の条件下では、私どもが、あなたのご質問にお答えする義務はありません』」

クラウド・コンピューティングによって、科学捜査の専門家たちは別の困難にも直面している。ドロップボックスなどのソフトウェアを使えば、機器間で同期させたファイルを共有できるため、ユーザーはひとつの機器に保管したファイルを、世界のどこからでも別の機器を使って上書きしたり変更したりすることができる。アンガスはこう考えている。「エンドユーザーにとってはとてつもなく便利なツールなのですが、捜査官の視点からすると、誰かが国のこっち側にある家のコンピューターで変更しても、大陸の向こう側にある別の家のラップトップの電源が入っていれば、ドロップボックスがラップトップにあるファイルの内容を変更するため、私には本人がどの家にいるのか判断できないのです」

故意にこの種のふるまいを行う場合、それは〝アンチフォレンジック〟と呼ばれる。これには、何十もの形態がある。シンプルな一例としては、組織的な犯罪グループのひとりが犯罪を実施する数日前にプリペイド式携帯電話を買って、それを犯行の直後に捨てるという方法がある。ほかにも、ありとあらゆる複雑なアンチフォレンジックの技がある。いくつかのプログラムでは、ファイル内のメタデータを書き換えることが可能で、あるファイルが一九一二年に作成され、最後のアクセスは二〇五〇年だと見せかけることができる。ほかにも、フォレンジック・プログラムに、あるファイルをまったく別の種類のファイルのように見せるプログラムもある。

このため、子供が虐待されている画像のファイルをｍｐ３の音楽ファイルだと専門家が思ってしまうことがある。この策略を見抜けるかどうかはつまるところ、デジタル・フォレンジック解析者の独創性と経験にかかっている。心理学的プロファイラーが犯人の動機を理解し、その行動を予測するために犯人に共感する必要があるように、デジタル・フォレンジックの解析者はこの分野の最先端技術を頭に入れ、ハイテクにくわしい犯罪者にどんなことができるのかを把握しておかねばならない。

ときどき専門家らは、自身でアンチフォレンジックを行うことがある。アンガスは次のように説明している。「同僚のなかには、なんの機器も持たずに世界を旅する人がいます。彼らは行った先の国で新しいラップトップ・コンピューターと新しい携帯電話を買います。そして、その国を出るとき捨てるのです」。こんなことをするのは、一部の国では空港のスタッフが、その国の内部事情に関する情報をこっそり持ち出さないように、または ポルノや爆弾製造方法の説明書などを持ちこませないように、日常的に確認を行っているからである。彼らはほんの短い時間で、ただデータにアクセスすればよいのだ。「空港のスタッフがすべきことは、あなたをある部屋に連れていくことだけです。そこでゴム手袋をつけたスタッフが三〇分くらいあなたを忙しくさせておくのです」とアンガスは言う。それだけ時間があれば、ハード・ドライブ全体をコピーする時間は充分ある。

ハッキングなどのサイバー犯罪の場合、デジタル・フォレンジック解析者はときに犯人らの技術に追いつかねばならないことがある。イタチごっこという言葉がまさにぴったりだ。法科学者が一歩前進すると、犯罪者はそれに対抗してもう一歩先へ進む。指紋鑑定法が生まれると強盗は手袋をはめるようになった。防犯カメラが設置されると悪ガキたちはフードをかぶるようになった。古い技術がときに最良のアンチフォレンジック・ツールになることがある。アナログ・カメラは写真にメタデータを組み込んでいない。旧式な電子掲示板はサイバースペースに設置でき、当局のレーダーに引っかからずに使用することができる。「電子掲示板は実に簡単に立ち上げることができます」とアンガスは明かす。「古いソフトウェアがまだそこに存在しているからです。ハードウェアはいつでも使える状態です。必要なものもたいして多くありません。じつを言うと、プリペイドカード式の携帯電話に設置することができるんです。そうすればほぼ追跡不可能です」

物理的な証拠はいまだに、大部分の犯罪の解決に絶対欠かせないものである。「これまで扱ってきた事件で、コンピューターの証拠だけに基づいて証拠を積みあげたものはありません」とアンガスは認めている。「コンピューターの証拠はほかの証拠を補強するためのものです。非常に強い裏づけとなりますが、それだけで証拠とされるのはまれです。そして、以前にも言ったとおり、証拠が見つからなかったとしても、なにもなかったという証拠にはなりません」

第11章

Chapter Eleven

法心理学

FORENSIC PSYCHOLOGY

泥棒はみな独自のスタイルや手口があり、そこから逸脱するのはまれで、それをすっかり取り除くことはできない。初心者でもたやすく見つけられるようなわかりやすい特徴が見られることもあるが……実践を積んだ聡明で熱心な観察者だけが識別できる、かすかな、だが独特の形質がある。それがその盗人を特徴づけ、手がかりとなって重要な結論が導き出される。

――ハンス・グロス

『犯罪捜査：実践の手引き』（一九三四年）

法を破ったからといって、犯罪になるわけではない。ほとんどの場合、そうしたいと思っている必要がある。きわめてまれに例外はあるものの、犯罪行為は犯意（すなわち〝犯罪の意思〟）なしに罰することはできない。言い換えれば、法律を違反した者が、精神異常か精神に変化をもたらす薬物の影響を受けていたせいで、自分のしていることがわかっていないかった場合は、犯した罪を罰するのではなく治療が行われる。

動機は犯罪小説やドラマの中心に据えられることが多いが、現実の殺人事件の捜査ではたいてい、あまり注目されない。殺人事件の審理では、堅実な法医学的証拠や手段、機会が焦点となるのだ。しかしときには動機が、強固な証拠を探している捜査官に正しい方向を指し示すこともある。たとえば、行方不明の子供が以前に性的虐待の申し立てを行っていたことが発覚した場合は、家出人の捜査がずっと深刻な事件の捜査に切り替えられる。それに、陪審員は動機が好きだ。それは自分が生きている世界のずっと遠いところにある出来事を理解する助けになる。

直接関係のない複数の人々が犠牲になった犯罪、いわゆる〝無差別〟攻撃が行われたとき、動機を探るのは非常に困難だ。連続殺人犯の動機は、定まったものはなく多様で、一生かけて形作られたものもあれば、ナノ秒で生まれるものもある。

躾《しつけ》や遺伝など本人にはどうしようもない要因が、成人してからの行動に決定的な影響を及ぼしうるという点では、心理学者の意見はだいたい一致している。研究者は、いくつかの理論を追求し、なぜ一部の人は成長して連続殺人犯になるのかという理由を解明しようとしている。そうやって発見された答えには、ときにひどく衝撃的なものがある。

米国の神経科学者ジェームズ・ファロンは有罪判決を下された連続殺人犯数名の脳を調べて、その多くが、感情移入や道徳心や自制心とつながりのある前頭葉の活性レベルが平均より低いことに気づいた。ファロンは、一般住民集団とのあいだの違いを定量化しようとして、デスクの上に脳のスキャン画像を置き、自分自身の家族の脳をスキャンした画像と混ぜた。それらのスキャン画像のうちもっとも「精神病質者《サイコパス》」らしく見える画像があった。それはなんと自分自身の画像だった。ファロンはこの厄介な結果を葬り去ろうかとも考えたが、それよりもすぐれた科学者たる役目を果たすべきだと考え、自らのDNAを検査してさらに調べることにした。その結果はさらに心をかき乱すものだった。

「私は、攻撃性、暴力性、感情移入欠如のリスクが高い対立遺伝子をすべて備えていた」

いまや深刻な不安を抱えたファロンは自身の家系を少し掘り起こしてみた。家系図の枝分かれした先に、七人の殺人の容疑者が見つかり、しかも、そのうちのひとりは悪名高い詩のモデルになっていた。

リジー・ボーデン斧《おの》を振るった
母を四〇回ぶった切った
自分のしたことに気づき
父に四一回目の斧を振るい

ファロンは自分に犯罪者の性質がないことの答えを求め、自分の非暴力性は母の愛によるものと結論し、母に心から感謝した。二〇一三年に彼は、『サイコパス・インサイド――ある神経科学者の脳の謎への旅』（金剛出版）という本を執筆した。そこで彼は以下のように語っている。「生物学的要因は死刑宣告というわけではないが、そのような犯罪者になる可能性はいくらか高くなる。つまり遺伝子に銃が装塡されていて、精神病質者になりやすくなっているのだ」

ファロンのように、犯罪の裁判に携わった初期の科学者たちは異常な精神を特定したいと考えた。医学の訓練を受けていた彼らは、犯罪者の精神的な素質に興味を持ち、〝心の病〟を診断しようとした。告発された男はいつ犯意を持ったのか。どういうときに、自分の行動に対する責任能力がないとされるのか。

警察は理解しがたい奇妙な犯罪に出会うと、精神疾患患者を治療したことのある精神科医や心理学者に協力を求める。たいていの人が、このような恐ろしい犯罪の犯人は〝正気のわけがない〟と考えるからである。こんにち多くの警察管区でいまだに基本の検査として用いられる心神喪失の指針は、ダニエル・マクノートン事件のあと一八四三年に確立された。マクノートンは首相の個人秘書エドワード・ドラムンドを射殺したあと、心神喪失を理由に殺人罪を免れた。このルールは次のように要約できる。被告は自分が何をしたかわかっていたか。わかっていたなら、それが間違ったことだとわかっていたか。

ピーター・キュルテン、"デュッセルドルフの吸血鬼"。

ときおり、犯罪行為は疑いの余地のないように見えることがある。一九二九年、〝デュッセルドルフの吸血鬼〟という異名を持つピーター・キュルテンは、少なくとも九人のドイツ人の子供をハンマーで殴殺し、刺殺し、絞殺した。キュルテンが死刑執行を待っているあいだ、カール・バーグという高名な心理学者が、キュルテンから信頼を得て、自分の犯罪について率直に話をさせることに成功した。「性的な衝動が私のなかで強くわき起こった」とキュルテンは語った。「とくに昨年はそうだった。それは犯罪自体によってさらに刺激された。だから、私はいつも新たな犠牲者を探す欲求に駆られていた。犠牲者の喉をつかんだだけで、オーガズムが得られるときもあれば、それだけでは足りないこともあった。そんなときは犠牲者を刺すとオーガズムがやってきた。通常の性交で満足を得るつもりはなく、殺人によって欲求を満たしていた」

キュルテンの選んだ凶器はハサミだった。血に染まった光景はオーガズムに達するためにつねに必要だった。キュルテンはバーグに、ギロチンで自分の首を切られたあと、胴体から血が噴出する音を一瞬でも聞けるだろうかと期待をこめて尋ねたほどだ。

おそらく、デュッセルドルフの人々にとってもっとも衝撃的だったのは、町を恐怖に陥れたあの

〝吸血鬼〟が異常な人物に見えなかったことだろう。「彼は細身で、どちらかというと美男子だった。黄褐色の豊かな髪をいつもきっちり分け目をつけて梳《と》かしつけ、賢そうな青い目をしていた」と報告されている。裁判初日にキュルテンが法廷に現れたとき、彼は「しみひとつないスーツを着て……きちんとしたふつうのビジネスマンに見えた」。彼の見た目や態度からは、幼少期の悪夢のような暴力、妻へのレイプ、近親相姦などはみじんも感じられなかった。それどころか、バーグとの詳細なインタビューや、実際の生活とはまったくかけ離れた存在に見えた。そのような外見でなければ、あれほど多くの被害者と親しくなれなかっただろう。したがって、彼の犯罪は狂気そのもののように見えるかもしれないが、異常な人物として枠で囲うように、簡単に区別がつけられるような男ではなかった。

キュルテンの被害者の死体を見つけるためにデュッセルドルフのパッペンデル・ファームを捜索する警官ら。

チェーザレ・ロンブローゾが一九世紀に試したような方法では、ひとりの尋常ではない犯罪者の心を突き止めることはできない。それでも、ピーター・キュルテンの事件のころまでには、ハンス・グロスなどの犯罪学者が、犯罪者の精神はさまざまだが、犯行現場の手がかりを頼りに部分的に読み解けると認識していた。連続殺人犯の日常の行動は、彼らの犯罪行動とある意味一致する。たとえば、性的犯罪者は以前パートナーがいた場合、たいていはその相手を虐待している(キュルテンの場合は妻)。法心理学者はこの一貫した原理を用いて連続殺人犯のプロファイルを積みあげる。これは警察が捜査の焦点を絞る助けになる。

初めて〝犯罪者のプロファイル〟が描かれたのはおそらく、一八八八年にロンドン東部のホワイトチャペルで起こった連続殺人事件の最中だった。八月三一日金曜日の朝、三時四〇分、荷馬車の御者がバックスロウを歩いていると、女性が舗道で仰向けに倒れていた。スカートの裾が胃のあたりまでめくれあがっている。御者が近づいて女性の手に触れると、ひんやり冷たい。街灯は通りの向こう端にあるだけで、御者には女が酔っぱらっているのか、死んでいるのかわからなかった。御者は女性の慎みのためにスカートの裾をさげて、警察官を探しにいった。

その地区をパトロールしていた警察官のジョン・ニールが現場に到着してみると、女性の喉から血がしたたっていた。耳から耳まで切られていて、脊髄まで切断されるほど深い傷がついている。その女性が〝死体仮置場《デッドハウス》〟に連れてこられたとき、ジョン・スプラトリング警部は彼女の服を引きあげた。女性の腸が腹部の切り口からはみ出ていて、その傷は胸骨まで達していた。『レイノルズ・ニュース』紙の記者は次のように書いている。「肉屋で屠殺《とさつ》された仔牛のように女性の体は切り裂かれていた」。病理学者は女性の性器に二箇所の刺し傷があるのを見つけ、殺人犯は「身体の重要な部分をすべて攻撃しているところから見て、解剖学のおおよその知識があるに違いない」と感じた。まもなく被害者の女性はメアリー・アン・ニコルズという四三歳の売春婦であることが判明した。白いハンカチ、櫛、鏡など持ち物はほとんど盗られずに残っていた。

その後二か月半のあいだに、さらに三人の売春婦が、ホワイトチャペルの暗い通りで殺された。一一月九日に五人目のメアリー・ジェーン・ケリーが貸宿のベッドで斬殺されているのが見つかったとき、ロンドン警視庁《スコットランドヤード》の捜査はまだ殺人犯の特定にほど遠い状態だったが、犯人にはすでに〝切り裂きジャック〟というあだ名がつけられていた。行き詰まった警察は、ウエストミンスター地区の警察医トーマス・ボンド医師に、殺人犯の外科的な技術を評価するよう依頼した。メアリー・ケリーの殺害現場を見たボンドはぞっとして胃がむかついた。メアリーの胸部に心臓が見あたらなかった。切り裂きジャックが持ち去ったのだ。

“切り裂きジャック” はセンセーショナルな大ニュースになった。ニール巡査がメアリー・アン・ニコルズの死体を発見したところを描いた当時の雑誌の表紙。

のちにボンドは、静かな自分のオフィスで深呼吸して、観察した結果をじっくり考えてみた。まずは、警察が提起した核となる疑問に答えを出した。じつのところ、ボンドの結論は、最初の病理学者が出した結論とは異なり、殺人犯は「肉屋や馬の屠殺業者、あるいは死んだ動物を切り刻むことに手慣れた人々が備えている技術的な知識さえも持ちあわせていない」というものだった。さらにボンドは切り裂きジャックに関して、解剖学の知識がある人物ではないということのみならず、どのような人物であるかについて、警察に積極的な助言を行おうとした。ボンドはホワイトチャペルで過去七か月に起こった十数件の売春婦殺人事件の警察の報告書と検死報告書を調べ、五件は明らかに同一人物による犯行だと判断した。切り裂きジャックは長い刃物で夜中から午前六時までのあいだに、ホワイトチャペルの周辺約三平方キロメートルのエリアで女性を攻撃していた。

この過剰殺傷行動――いわゆる〝署名〟――は、基本的なディテールと同じくボンドの注意を引いた。切り裂きジャックは犠牲者の足を広げて仰向けに寝かせ、内臓を引き出すか取り去り、喉を切り裂き、下劣な姿におとしめた。切断の技術は、殺人を重ねるにつれ向上した。自信を持つと暴力の程度がエスカレートしていくという典型的な連続殺人犯の例である。四人の犠牲者は路上に置き去りにされた。だが、最後のひとり、メアリー・ケリーは屋内で殺されており、このことでメアリーを切断するための時間とプライバシーが保たれた。ボンドは切り裂きジャックについて「殺人と性的な強迫観念の周期的な発作に襲われる」人物と記し、いまでは有名なこの犯人についてのプロファイルを次のように示した。

体力があり非常に冷静な男で……この殺人犯の外見は、物静かで無害そうな男で、おそらく中年の、きちんとした立派な身なりをした人物である可能性が高い。犯人は、外套かコートを着る習慣があるに違いない。そうでなければ、手や服についた血に気づかれずに街なかを逃げることはできない……おそらく孤独で奇抜な習慣があり……おそらく立派な人々のあいだで暮らしていて、まわりの人々は彼の性格や習慣をいくらか知っており、もしかするとときどき彼の精神がおかしくなることを疑うに足る根拠があるかもしれない。

ボンドのプロファイリングのいくつかの要素は根拠が薄弱だった。なぜ「おそらく中年」なのか。それに、たとえば犯行現場に精液が残されていないといったほかの要素が無視されていた。それでもこの報告は、捜査にかかわった上級警察官や政府関係者に大きな影響を及ぼした。もちろん、警察は切り裂きジャックを逮捕できなかったので、ボンドのプロファイリングがどれほど正確だったかはわからない。とはいえ、このプロファイリングには、こんにちのプロファイリングでも使用されている重要で適切な言葉、「おそらく」、「可能性が高い」、「もしかすると」などがちりばめられ、慎重に鑑定を行ったことがうかがえ、また、犯行現場から誰にも気づかれずにいかにして逃亡したのかという重要な問題にも言及している。

〝犯罪者プロファイリング〟として知られるものの現代史は、一九四〇年代に米国戦略諜報局がウォルター・ランガーにアドルフ・ヒトラーのプロファイリングを行うよう依頼したときに始まった。

第二次世界大戦後、英国空軍（そして、のちにサリー大学）に勤務していた心理学者ライオネル・ハワードは、高位のナチ戦犯が示すと考えられる特徴のリストを作成し、その技術は一九五〇年代にニューヨーク州精神衛生局副長官ジェームズ・ブラッセルによっても用いられた。ブラッセルはニューヨークのウエスト・ヴィレッジで暮らし、そこでパイプをくゆらしながらフロイトのことばかり研究していた。ブラッセルは引っ込み思案ではなかった。多数の著書のうちのひとつに、『即席精神科医――簡単な10のレッスンで精神科医になる方法』というものがある。ブラッセルが携わったプロファイリングでもっとも有名なのが、〝ニューヨークのマッド・ボンバー〟についてのものだったが、この犯人は一六年間犯行を続けていた。

一九四〇年一一月一六日に、電力やガスを扱うニューヨーク州のエネルギー会社、コンソリデーテッド・エジソン社のオフィスでひとりの従業員が、窓台の上にあった火薬の詰まった小さなパイプ爆弾を発見した。その爆弾を包んでいた手書きのメモには、つぎのように書かれていた。「**コン・エジソンの詐欺師ども、これでもくらえ**」。この爆弾は不発弾だった。一〇か月後に、同様の装置が、コン・エジソン本社から五ブロックほど離れたある通りで見つかった。今回もメモが残されていて、これもまた不発弾だった。

一九四一年一二月、日本が真珠湾を攻撃したあと、ニューヨーク警察はつぎのように書かれた手紙を受け取った。「**戦争のあいだは爆弾を作らない。愛国心からそう決めた。戦争が終わったら、コン・エジソンに正義の裁きを受けさせてやる。やつらは非道きわまりない行いの報いを受けることになるだろう**」

たしかに、一九五一年までニューヨークではパイプ爆弾事件は起こらなかった。だが、その年、マッド・ボンバーは攻撃を再開した。その後の五年間で、劇場や映画館、図書館や駅、公衆トイレなどの公共の建物に、少なくとも三一個の爆弾がしかけられた。爆弾は一定の長さのパイプに火薬が詰められ、ウールの靴下に入れられていた。時限装置は懐中電灯用の電池と懐中時計でできていた。ときには警察に警告の電話がかかってくることがあり、あるときは爆弾が爆発しないこともあったし、またあるときは、この行為はコン・エジソンに正義の裁きが下るまで続くということを繰り返し述べるメモがついていることもあった。

そのパイプ爆弾が初めて爆発したのは、一九五一年の三月で、グランドセントラル駅にあるオイスター・バーの近くだった。レキシントン・アヴェニューのロウズ劇場で一九五二年に起こった爆発では、マッド・ボンバーの装置で初めて負傷者が出た。一九五四年一一月には、ラジオシティー・ミュージックホールの座席にしかけられた爆弾が、映画〈ホワイト・クリスマス〉を見ている観客のあいだで爆発し、四人が負傷した。また、一九五六年一二月には、ブルックリンのパラマウント劇場で一五〇〇人が〈戦争と平和〉を見ていたとき、さらに六人が負傷した。街は大騒動になった。ニューヨーク市警察（NYPD）は史上最大の捜査を開始した。警察はコン・エジソンに恨みを持つ元従業員を追いかけるべきだと考えていた。しかし、指紋鑑定家や筆跡鑑定家、爆弾捜査班はそれ以上範囲を狭めることができなかった。

NYPDは、ブラッセルに応援を求めた。ブラッセルは事件のすべての記録を調べ、犯行現場や爆弾犯の手口を調査し、自ら「ポートレイト」と呼んでいるものを作成した。「ある男の行動を研究することによって、私はその男がどのようなタイプの人物かを推論した」。ブラッセルは、マッド・ボンバーは熟練した機械工で、スラブ系でカトリック教の習慣を実践し、コネチカット州に住み、四〇歳以上で、こざっぱりと整った格好をしていて、髭もきれいに剃っている、独身でもしかすると童貞かもしれないと考えた。熱を入れて調べているうちに、ブラッセルは手書きの手紙のなかで、爆弾犯の〝w〟の文字がふたつの乳房のように丸みのある〝u〟をつなげたような形になっていることに気づいた。したがって、犯人は心理学的発達段階のエディプス・コンプレックス期を越えて成長しておらず、おそらく年配の女性の親戚など母親代わりの誰かと一緒に暮らしていると推定した。ブラッセルは爆弾犯が妄想症を患っていると考え、さらに次のような明確な予測を行った――警察に逮捕されるとき、犯人はボタンをきちんとかけたダブルのスーツを着ているだろう。

ブラッセルの要請で、このプロファイルは一九五六年のクリスマスに『ニューヨーク・タイムズ』紙に掲載された。これがおそらく、ブラッセルが爆弾犯逮捕に最大限に貢献した点だろう。一二月二六日、『ニューヨーク・ジャーナル・アメリカン』紙は爆弾犯が自首するなら公正な裁判を約束するという公開状を掲載した。犯人は自首しないと答え、コン・エジソンに対する不満を並べた。「おれは仕事で怪我をした。医療費と介護費は数千ドルにのぼったが、このみじめでつらい人生に対して一ペニーももらっちゃいない」

この返答を読んだコン・エジソンの事務員のアリス・ケリーは、一九四〇年代に働いていた元従業員の記録を調べてみた。この記録はコン・エジソンが警察にすでに破棄したと話していたものだった。ケリーはジョージ・メテスキーのファイルを見つけた。メテスキーは一九二九～三一年にコン・エジソンの〝ヘル・ゲート〟発電所で発電機の掃除係として働いていたが、工場で事故に遭い身体を壊した。噴出したガスを吸いこみ、そのせいで肺に損傷が起こり、肺炎や結核を引き起こしたと主張していた。だが賠償を得られないまま解雇されたため、その後、市長や警察本部長、新聞へ九〇〇通もの手紙を書いた。「一ペニーのハガキさえ送ってもらえなかった」とメテスキーはのちに語っている。メテスキーの訴えの手紙に目を通していたとき、ケリーはそのいくつかに、マッド・ボンバーが爆弾につけたメモに多用していた「非道きわまりない行い」という古臭い言いまわしが使われていることに気づいた。

一九五七年一月二一日、警察はコネチカット州ウエストチェスターにあるメテスキーの居住地に到着した。ドアを開けたメテスキーはパジャマを着て、ふたりの姉とゆっくり夜を過ごそうとしていたところだった。ふたりの姉は警察に、弟は非の打ちどころのないきちんとした男で定期的に礼拝にも参加していると語った。服を着替えて階下に降りてきたとき、メテスキーはダブルのスーツを着て、上までボタンをかけていた。メテスキーは警察に誰も傷つけるつもりはなかったし、そうしないように爆弾を設計していたと語った。メテスキーは、医師から精神異常者で裁判を受ける能力がないと断言され、精神異常犯罪者用のマテワン州立病院に入院させられた。一九七三年に退院しその二〇年後に九〇歳で亡くなった。

ブラッセルのプロファイリングは伝説となったが、メテスキーを捕らえられたのは、訴えの手紙からの手がかりと、アリス・ケリーが注意深く記録を調べたおかげである。とはいえ、ブラッセルのプロファイルはある種の解釈の才能として認められた。爆弾犯が妄想症のスラブ系のカトリック教徒で

“ニューヨークのマッド・ボンバー” ジョージ・メテスキーを連行する警察。メテスキーはダブルのスーツを着ている。これは、ジェームズ・ブラッセルが、爆弾犯に関する心理学的プロファイリングのなかで、犯人が見つかったときに着ているだろうと予測していた服装だった。

コネチカット州に住み、特定の種類のスーツを着ていると正しく描写していたからだ。彼の推理は論理的なもので、魔法ではない。爆破行為は妄想症に関連する犯罪のひとつであるし、戦後の数年間、爆弾を使った抗議活動が東欧では一般的だった。スラブ系の人々の大半がカトリック教徒であるし、多くのスラブ人がコネチカット州に住んでいた。そして、一九五〇年代の男性の一般的な服装はボタンをきちんとかけたダブルのスーツ姿だった。

この事件でもっとも衝撃的な部分は、ＮＹＰＤがマッド・ボンバーを捕らえるのに一六年もかかった点だ。彼はメッセージに、つぎのような手がかりを数多く残していたというのに。「**体の調子が悪い。悪いからこそ、おれはコン・エジソンに後悔させてやるんだ**」。ノンフィクション作家のマルコム・グラッドウェルは二〇〇七年に『ニューヨーカー』誌の記事でこう結論づけた。「ブラッセルはマッド・ボンバーの心を本当には理解していなかった。彼はただ、多くの予想をしていれば、いくつかの間違いはすぐに忘れられるということを知っていただけのように思える。彼の小説じみた推理は法医学的な解析の賜物ではない。ただの一発芸だ」

だが、当時はこんな批判をする人はいなかった。みなただ安堵《あんど》していた。その後、深刻な犯罪の捜査に心理学者や精神科医によるプロファイリングの導入が奨励されるようになったが、それはブラッセルのプロファイリングによるところが大きい。

一九七七年に、ＦＢＩはヴァージニア州クワンティコのＦＢＩアカデミーでプロファイリング研修コースを開始した。このコースを発案したのはハワード・ティートンである。ティートンはジェームズ・ブラッセルを「この分野の真の開拓者」と見なし、ブラッセルの成功を目の当たりにして強い影響を受けた。ＦＢＩ捜査官の小グループは週末になると刑務所まで車を走らせ、連続殺人犯と連続レイプ犯計三六人と面談した。彼らは直感と経験談よりも実験で得たエビデンスに基づいて、将来のプロファイリングの基礎を築こうとしていた。彼らの研究によって、連続殺人犯のふたつのモデルが作成された。ひとつは無秩序型といい、ランダムに犠牲者を攻撃し、相手が誰かは気にせず、成り行きまかせに殺し、現場に証拠となる痕跡を残す。もうひとつは秩序型で、犠牲者には個人的な妄想に合った特別な人物を選び、じっくり計画を立て、めったに痕跡を残さない。

連続殺人犯をこのようなふたつのカテゴリーに分類する方法は気持ちをそそられるし、確実なようにも思えるが、広い視野で捉えるほうがより正確である。いつまでも無秩序な犯人もいれば、時間とともに秩序立ってくる犯人もいる。たとえば、切り裂きジャックは、五番目でおそらく最後の犠牲者となったメアリー・ケリーを殺したとき、プライバシーを保てるよう部屋を借り、それまでより上手に死体を切り刻んだ。だが、殺人犯が場数を踏んだからといって、いつも秩序立ってくるというわけではない。暴力と血の要求が増すにつれて、攻撃がさらに無秩序になり、注意散漫になることもある。ハリウッド映画のせいで、私たちは連続殺人犯といえば、謎めいていて、非常に頭がよくて、白人の中流階級の人と考えがちだ。これはデータによって部分的ながら裏づけられている。統計学的データによると、連続殺人犯は平均をわずかに上回る知性を持ち、白人の独身者で、（一部の著しい例外はあるものの）労働者か中産階級に所属している。

また、法科学者のブレント・ターベイは次のように指摘している。「レイプ犯が公園でひとりの女性を襲い、女性の顔までシャツを引きあげたとします。それはなぜか。なにを意味しているのか。その行為には一〇くらいの理由がつけられます。女の顔を見たくなかったから。自分の顔を見られたくなかったから。乳房が見たかったから。ほかの誰かを想像したかったから。女の両腕を動かなくさせるため。どれも可能性があります。ひとつの行為だけを切り離して考えることはできません」

犯罪者のプロファイリングという概念に初めて出会ったのは、暗闇のなかだったという人も多いのではないだろうか。トマス・ハリスの魅力的な小説を基にした、一九九一年の映画〈羊たちの沈黙〉で、私たちはジョディ・フォスターが演じるＦＢＩ捜査官クラリス・スターリングのことを知った。

見習い捜査官のクラリスは連続殺人犯対策本部のメンバーに選ばれた。クラリスならハンニバル・レクターから協力を引き出せるだろうと上司が考えたからだ。レクターは卓越した法精神科医でありながら、連続人食い殺人の罪で投獄されていた。映画も小説も、連続殺人犯のプロファイリングの難しさを端的に表しながら、謎とトリックが複雑に盛りこまれている。

トマス・ハリスのハンニバル・レクター・シリーズは、犯罪者のプロファイリングという概念を初めて小説に取り入れたもののひとつで、それ以来、私を含め犯罪小説の作家にとって耕しがいのある分野であることが示されている。フィクション作家にとって、登場人物の動機を理解することこそが、まさに創作活動の核なのだ。この法心理学者、ハンニバル・レクターは申し分のないキャラクターである。分析的な目線と犯罪者の目線から人々を観察し、同時に英雄にもなりうる。

とはいえ、プロファイリングの可能性に興味をそそられたのは私たち作家だけではなかった。一九八〇年代中ごろには、世界中の警察が、FBIが養成していた〝犯罪者プロファイラー〟に、すっかり魅了された。彼らは、袋小路に迷いこんだように見える複数の事件に新たな希望をもたらした。

首都警察は女性に暴力をふるうレイプ犯を四年間追い続けていた。事件は一九八二年から始まった。目出し帽をかぶった男がハムステッド・ヒース地下鉄駅の近くで女性をレイプしたのだ。ロンドン北部で同じような状況のレイプ事件がさらに複数起こった。一九八五年一二月二九日、〝列車レイプ魔〟は〝列車殺人魔〟になった。一九歳のアリソン・デイを列車から引きずりおろして、口をふさぎ、身体を縛ってレイプし、紐で絞め殺したのだ。

この時点で警察は、四〇件のレイプ事件が同一人物による犯行（ときに共犯者とともに攻撃することもあったが）と考えていた。その後、一五歳のオランダ人の少女マルティエ・タムブザーが、サリーのある鉄道駅に近い林を自転車で通り抜けているときに襲われた。マルティエはふたりの男に半マイルも引きずられ、レイプされ、彼女自身が身につけていたベルトで絞め殺され、その後火をつけられた。そのたった一か月後、テレビのニュースキャスター、アン・ロックがハートフォードシャーのブルックマンズ・パークで電車からおりたときに、誘拐されて殺された。容疑者のリストは扱えきれないほどの長さになった。新たな打開策が必要だった。

一九八六年に、首都警察はサリー大学の環境心理学者であるデイヴィッド・カンターに連絡を取った。警察が発した質問はただひとつ。「犯人がまた殺人を犯す前に、逮捕できるよう協力していただけませんか」

犯行はすべて夜に、鉄道駅近くで行われ、被害者はたいていティーンエイジャーの少女だった。レイプされ、うち三人は絞め殺されている。カンターは被害者が襲われた日と事件の詳細を調べて地図に場所を記した。カンターは、レイプは突発的に始まったが、どんどん計画性を増してきたと考えた。また、犯人は初めのころは自宅の近くなど、土地勘のあるエリアで犯行を実施したが、その後は顔を知られていないもっと遠くのエリアで冒険するようになったと推理した。目撃者の証言と警察の報告から、カンターは謎の攻撃者の性格や生活スタイルについてプロファイリングを行った。男は（被害者の幾人かとは攻撃する前にふつうに話をしていたことから）結婚しているが子供はおらず、（のちに犯行を計画するようになった能力に基づいて）いくらか熟練が必要な仕事に就いていて、（目撃者の証言から）二〇歳代で、「おそらく女性に対して暴力をふるった犯罪歴があり、ひどく荒っぽい性格でまわりからもそう思われている」

カンターのプロファイリングに基づいて、警察はジョン・ダフィを追いかけはじめた。ダフィはいっとき英国国有鉄道で働いていた大工で、最初の三件が起こった場所のすぐ近く、キルバーンに住んでいた。ダフィは別居中の妻にナイフを突きつけてレイプしたことがあったため、警察の容疑者リストに載っていた。だが、ダフィのしたことは「ただの夫婦喧嘩」と考える捜査官もいたために、その名前はリストの下のほうに入れられていた。カンターが列車レイプ魔はこの種の暴力的な犯罪歴があると主張したとき、ダフィの名前がリストの上段に押しあげられた。ダフィは公園で女性をつけまわしているときに逮捕された。科学捜査による強力な証拠によって、ダフィは二件の殺人および四件のレイプ事件と関連していることが明らかにされ、一九八八年二月に有罪判決を受けた。

カンターのプロファイリングの一七項目のうち一三項目がダフィと一致したことがわかった。犯人が小柄で（ダフィは一六二センチメートルであった）、魅力がない（にきびの跡だらけだった）と感じていて、格闘技に興味があり（格闘技クラブで多くの時間を過ごし、カンフーの武器を収集していた）、犯罪の記念品を持ち帰っている（犠牲者の自宅の鍵三三個）とカンターは述べていた。ダフィの有罪判決後、重大な犯罪捜査の際には、英国警察が心理学者に犯罪者のプロファイルを依頼することが、一般的になった。

ダフィの告発は成功したが、ただひとつ残念なことがあった。それは共犯者がまだ捕まっていないことだった。一〇年近く、ダフィは口を割らなかった。だが法心理学者のジェニー・カトラーがとうとうダフィから情報を引き出した。ある関係者はこのように語っている。「ダフィはカトラーのことを好きになったんだ。彼は敵対的な男性ばかりの環境では社会不適合者だった。ある意味ダフィは彼女に惹かれていた」

ダフィはとうとう共犯者の名前を挙げた。幼なじみのデイヴィッド・マルカイだ。ふたりはアイルランド系の労働者の家の出で、どちらも学校でいじめに遭い、お互いを頼りにし合っていた。一三歳のときマルカイは、運動場でハリネズミを殴殺して停学処分になった。教師は血まみれになったマルカイとそのかたわらにいるダフィが大笑いしているのを目撃した。ふたりが共謀して初めてレイプ事件を起こしたのは、二二歳のときだった。マルカイの裁判でダフィはこう説明した。「いつも車で出かけた。おれたちはそれを『狩り』と呼んでいた。まずは獲物を探して、女を見つけたらつけていく。デイヴィッドはマイケル・ジャクソンの〈スリラー〉が入ったテープを持っていた。おれたちは、その曲をかけて、それに合わせて歌って気分を盛りあげ……それはちょっとしたジョーク、ちょっとしたゲームだった。そうするとよけいに興奮が高まって……悪いことをし始めて、パターンにはまったら、そうそうやめられるもんじゃない」。事件が発生した当時は利用できなかったLCN・DNAが組み入れられ、証拠は反論の余地のないものになった。一九九九年に、マルカイは三件の殺人と七件のレイプに対し有罪判決を受け、ダフィはさらに一七件のレイプについて有罪判決を受けた。

デイヴィッド・カンターのプロファイリングでもっとも有用だったのは、犯人の居住地についての推理だった。ダフィに有罪判決が下る前、カンターは環境心理学者だった。ダフィの有罪判決後、カンターは肩書きを〝犯罪捜査心理学者〟に変え、多くの時間を割いて地理的プロファイリングについて研究し執筆活動を行った。善良な市民が買い物をするときにいつも同じ通りに出かける傾向があるように、大多数の犯罪者は同じエリアで罪を犯すことを好む。知っている場所のほうが安全だと感じるのだ。デイヴィッド・カンターは、互いにもっとも離れた場所で起こったふたつの犯罪現場を結ぶ線を直径として円を描いたとき、犯人の家はその円の中心近くにある確率が高いというサークル仮説を考え出した。研究によってこの仮説が、五回以上罪を犯している犯罪者の多くに当てはまることが示された。またカンターは、ダフィのように、最初の三回の殺人現場を結ぶ三角形のなかに、たいていは連続殺人犯が居住していることに気づいた。カンターは、〝ホット・スポット〟を作成するドラグネットというコンピューター・プログラムを開発した。ドラグネットは、犯人の家に×印をつけるのではなく、犯人が住んでいそうなエリアを、もっとも可能性の高いところから低いところまで色分けして示すようになっている。

私自身が、連続犯を追跡するコンピューター・アルゴリズムを使用している場面にぐっと近づけたのは、カナダのバンクーバー警察署の刑事キム・ロスモのおかげだった。ロスモはカナダで犯罪学の博士号を得た初の警察官で、論文執筆の際に行った研究は連続犯が居住する場所を予測できるプログラムの開発につながった。ロスモと会ったとき、彼が開発したシステムは、強盗事件の捜査官によってベータ版が試験運用されているところで、捜査官らは結果に驚いていた。私はそこで見聞きしたことに強烈な印象を受け、それを題材にして、『シャドウ・キラー』（集英社）というスリラーを書いた。これは二〇〇〇年に出版された。このとき、地理的プロファイリングという概念はまだ発達段階だった。数年後、ある著書のプロモーション・ツアーで米国に行ったとき、朝テレビをつけると、キム・ロスモがワシントン近郊で起こった連続狙撃事件の捜査中にインタビューを受けていた。わずか数年のあいだに、テスト段階だったシステムがもうメインストリームになっていたのだ。

『シャドウ・キラー』を執筆するまでに、私はすでに、臨床心理士で犯罪者のプロファイラーでもあるトニー・ヒル医師を主人公とする小説を二冊出版していた。彼が初登場する『殺しの儀式』（集英社）のアイデアを思いついたとき、私は誰かの協力が必要だと感じた。英国では、ＦＢＩや王立カナダ騎馬警察とは勝手が違うのだ。英国では、警官に行動科学を学ばせておらず、熟練した刑事ともに臨床医や研究者を調査にあたらせる方法を取っていた。この方法で実際にどんなふうに事件を解決するのか、犯罪者プロファイラーが実際はなにをするのか、私はなにも知らなかった。そこで協力を仰いだのが、マイク・ベリー医師だった。私はベリー医師の調査手法を盗んだけれど、これだけは言っておく。ベリーの性格は、トニー・ヒル医師とはちっとも似ていない。

マイク・ベリーもデイヴィッド・カンターのように、英国警察が犯罪者のプロファイリングに本腰を入れ始めたときに犯罪者プロファイリングにかかわるようになった心理学者のひとりだ。ベリーは何年ものあいだ医療の最前線で働き、保安設備が整った精神病院で患者を治療していたが、その後マンチェスター・メトロポリタン大学で法心理学を教える職に就いた。近年はダブリンを拠点として、アイルランド王立外科医学院に籍を置いている。

「私は臨床訓練を受け、学習障害を有する成人や小児を診療するクリニックと神経心理学科で実習後、ブロードムーア病院で六か月の選択研修を開始し、心理学者のトニー・ブラックらと仕事をました」。ブロードムーア病院はバークシャーにある高度な保安設備が整っている精神病院で、一八六三年に開院して以来、服役中も暴力沙汰を起こすチャールズ・ブロンソンやロニー・クレイ、ヨークシャーの切り裂き魔と呼ばれたピーター・サトクリフなど、英国でもっとも危険な犯罪者らを収容してきた。数年後、マイクはマージーサイドのアシュワース病院に移動し、予測のつかない行動を示す患者を診てきた。

マイク・ベリーはデイヴィッド・カンターと同じ時期に仕事を開始したので、彼が果たした初期の法医学上の功績によって、ふたりの殺人犯に正義が下ったこと、地理的プロファイリングの技術が向上したことは知っていた。だが、ベリーはその先を見ていた。「あまりにうまくいきすぎました。導入が早すぎる。マスコミはその波にのり、警察は大きなプレッシャーを受けています。メディアはこんなふうに言い始めるでしょう。『もう七日も捜査しているのにまだ誰も見つけられないのか。いつになったら、専門家を呼ぶんだ？』そして、心理学者のドアをノックしたら、二時間で殺人犯を見つけ出してもらえるだろうと期待するのです」

ところが、その後、犯罪者プロファイリングに対する一般市民の信頼を大きく揺るがせる事件が起こった。一九九二年七月二八日に、首都警察は、プロファイラーのポール・ブリトンに連絡をした。

二週間前に、ロンドン南西部のウィンブルドン・コモンで起こった凶悪な事件の犯人を捕まえるために、警察は協力を必要としていたのだ。青い瞳でブロンドの二三歳のモデル、レイチェル・ニッケルは二歳の息子アレックスを連れて朝のイヌの散歩に出かけた。木々の開けたところを歩いていると、目の前に男が飛びだしてきて、レイチェルは四九回も刺されて殺された。ポール・ブリトンは自叙伝『ザ・ジグソーマン――英国犯罪心理学者の回想』（集英社）のなかで、レイチェルが見つかったときの様子を述べている。「殺人犯はこの状況でできるだけ屈辱的な姿にしようと、遺体の臀部をさらけ出し……彼女の喉は深く切られ、首が取れかかっているように見えた」。息子のアレックスは混乱していたが無傷だった。木々のあいだを歩いてきた別の人がアレックスを見たとき、アレックスは泣きながら「ママ、起きて」と言っていた。

ＣＳＩはレイチェルの死体の近くに靴の跡をひとつだけ見つけたが、犯人の精液も、唾液も、毛髪も見つけられなかった。殺人のすぐあとに、近くの川で手を洗っている二〇～三〇歳の、一見ごくふつうの男性を見たという目撃情報があった。マスコミはこの事件に関する興味を煽《あお》り、ある地元の女性グループは警察の捜査に役立ててほしいと四〇万ポンドの寄付を申し出た（だが警察は受け取らなかった）。

警察はブリトンに犯罪者のプロファイリングを依頼した。ブリトンは、犯人がレイチェルの知人なら息子のアレックスに正体を知られる危険は冒さないだろうから、犯人は見知らぬ男に違いないと考えた。そして次のように犯人のプロファイルを推定した。その男は「交際に失敗したか交際しているとしても関係がうまくいっていない……勃起不全や射精障害などなんらかの性的機能不全の状態にある可能性が高く……」凶暴かつ無秩序な攻撃で、死体を隠そうという意志も見られないため、「犯人の知性や教育水準は平均以下である。雇用されているとすれば、単純労働または肉体労働に就いている。独身で比較的孤立した生活を営んでおり、親と実家で暮らしているか、ひとりでフラットや貸部屋に住んでいる。ひとりでできる趣味や関心事がある。風変わりな性質で、格闘技や写真にはあまり興味がない」。ブリトンは報告書の一番下に警告をつけた。「私の意見では、すでに述べたように、犯人はひどく倒錯した強力な妄想に突き動かされた結果、今後若い女性を殺そうとするのはほとんど避けようがない」。それは多くの点で一般的な性質を含むプロファイルで、比較的大多数の男性がそれにあてはまった。

殺人から一か月以内に、警察は一般市民から二五〇〇件を超える電話を受け、この一件で発生した書類仕事に圧倒されていた。警察はブリトンのプロファイルを使って、容疑者のリストを絞りこんだ。BBCの〈クライムウォッチ〉という番組で殺人事件の再現ドラマが放送され、プロファイルの要約が紹介されたとき、三人の視聴者からコリン・スタッグが犯人ではないかという電話がかかってきた。二三歳のスタッグはウィンブルドン・コモンから二キロメートル足らずの場所にある住宅にひとりで暮らしていて、近所の人にレイチェルが殺される一〇分前に、現場となった木々の開けたところを通ったと話していたという。

九月に警察が尋問するためにスタッグのアパートを訪ねたとき、玄関のドアには「キリスト教徒は近づくな。ここは異教徒の住み家なり」と表示されていた。家にはポルノ雑誌とオカルト関係の本があった。警察は三日間スタッグを尋問した。殺人のあった日、どの靴をはいていたかと尋ねると、逮捕される二日前に捨てたと答えた。スタッグは幾人かの女性と交際したことがあったが、いずれも長続きしなかった。レイチェルが殺されたあとの数日間は、ウィンブルドン・コモンでサングラス以外は何もつけずに真っ裸で股を広げて横たわり、通りかかった女性をにたにた笑いながら見ていたと語った。けれどもレイチェルは殺していないし、川のそばで手を洗ってもいないと繰り返した。

スタッグはブリトンのプロファイリングに非常に近かったため、警察は第一容疑者と見なした。しかし、彼に対する証拠は充分ではなかった。警察はふたたびブリトンに、この事件の解決に役立つ助言をもらえないかと尋ねた。そして考え出された策略は、魅力的な女性警官を使った〝ハニー・トラップ〟式のおとり捜査だった。

ブリトンは、〝リジー・ジェームズ〟と名乗る警官に何度か一対一のセッションで訓練を行った。リジーはスタッグに他人には話さない秘密を打ち明け、スタッグにも自分の望みを打ち明けてもらえるような関係になる必要があった。リジーは一〇代のころ、オカルトグループに誘いこまれ、そこで暴行され、若い女性と子供が性的暴行を受けて殺されるのを目撃したという話をスタッグに少しずつ打ち明ける。そして、そのグループを抜けて以来、男性との交際がまったくうまくいかなくなった、誰も彼女の幻想を現実にかなえてくれるほど、強くも威圧的でもないからだという話をして聞かせる計画を立てた。

リジーはスタッグに手紙を書いた。するとすぐに返事がきた。リジーは自分の写真を送った。手紙のやりとりはペースを増し、リジーはスタッグに私のことも妄想に加えてちょうだいと励ました。

あなたが特別な手紙を書いてくれたとき、あたしがどんなふうに感じるかを説明してくれって言ってたわね。いいわ。まず、あたしはとても興奮したけど、あなたはすごく自分を抑えているように思えた。あなたは爆発したいと思いながら自分を抑えているのよ。爆発しているところを見たいわ。パワフルで圧倒的なあなたを感じたい。そしたらあたしは、無防備に辱めを受けながら、あなたに完全に支配されるの。

スタッグの返事：

きみには本物の男との最高のファックが必要みたいだが、それができるのはこのおれだ……この世界でそれをきみにしてやれるのはおれだけだ。おれが痛めつけたら後悔して泣きわめくに違いないな。きみの自尊心をぶち壊し、もう二度と誰とも目を合わせられないくらいに……

四月二九日、電話で話をするのはまだ二回目だったが、スタッグはリジーをバックから攻めてベルトをリジーの首にかけて後ろに引くという妄想を話した。翌日、スタッグは、レイチェル殺害の容疑者として逮捕されたことがあることを書き送ってきた。「おれは殺人犯じゃない。おれはこう思ってる。ちっぽけな虫けらだろうが、植物や動物や人間だろうが、すべての生物は神聖で無二の存在だ」

手紙のやり取りを始めてから五か月後、スタッグとリジーはハイドパークで初めて顔を合わせた。リジーはオカルトグループでの経験を洗いざらい話して聞かせ、スタッグから茶色の封筒を受け取った。そのなかには、スタッグと別の男性、リジー、川、森林地帯、痛みと血のしたたるナイフが関係する、やけに生々しい妄想の物語が入っていた。最後にスタッグはこの物語を書いたのは、リジーがきっと夢中になるだろうと思ったからだと説明していた。警官らはこの展開に興奮し、ブリトンは言った。「あなたがたの目の前にいるのは、一般集団のなかでごく少数の男性にしか見られない、かなり倒錯した性的衝動を抱えている男です。レイチェルが殺害されたときに、ウィンブルドン・コモンにこのような男が偶然ふたりいたという確率はきわめて低い」

一九九三年八月、警察はコリン・スタッグを逮捕した。一年以上たって、事件がついに法廷に持ちこまれたとき、オグナル判事は事件に関する七〇〇ページの書類に目を通し、警察とブリトンがスタッグに対して行ったおとり捜査に不快感を示した。「このふるまいは過剰な熱意だけでなく、低俗きわまりない独断的かつ詐欺的な行為によって容疑者を罪に陥れようとする強い意図も表しています。検察当局はこの行いの目的は、被告が審理の対象外となるか殺人に関係していたかを明らかにする機会を被告に提供することだったと説明し、私を納得させようとしています。けれども、私はこう言わざるをえません。この文書は非常に不誠実なものに見えると」。オグナルはそれらの手紙や録音したテープを証拠として認めず、スタッグは釈放された。

一九九八年、リジー・ジェームズは、おとり捜査のあとに経験した心的外傷後ストレスのため、三三歳で早期退職した。二〇〇二年に、ポール・ブリトンは、レイチェル・ニッケル捜査において、一般に認められている科学的な方法では裏づけられていない捜査手法を提案し、自分の手法の効果を誇張して主張したことについて英国心理学会の懲戒公聴会に呼ばれた。だが、その二日後、委員会は八年という長い年月がたってしまっているため、ブリトンに公平な審問を行うことはできないと判断し、この一件を棄却した。この二日間で、委員会は、このおとり捜査は首都警察の上層部から承認されたもので、ブリトンの手法はヴァージニア州クワンティコのＦＢＩプロファイリング・ユニットによってチェックを受けていたという証言も聞いていた。

同じ年に警察は、レイチェル・ニッケル殺人事件を捜査するために未解決事件再検討チームを立ちあげた。科学者は再度レイチェルの衣服を調べ、感受性の高い新たな技術の助けを借りて、ＤＮＡ鑑定を行った（２１３ページ参照）。ＤＮＡはコリン・スタッグのものではなかった。それは、ロバート・ナッパーという男のものだったのだ。ナッパーはロンドンの全域で八六人もの女性をレイプした妄想型統合失調症の男で、すでに逮捕されてブロードムーアに閉じこめられていた。一九九三年一一月、レイチェル・ニッケル殺害から一六か月後にナッパーは、プラムステッドで自宅のフラットにいたサマンサ・ビセットとその娘である四歳のジャズミンを情け容赦なく殺していた。二〇〇八年一二月一八日にナッパーは、レイチェルの殺害に関しても有罪判決を受けた。

法病理学者のディック・シェパードは、レイチェルとビセット親子両方の検死を行った。シェパードはビセットの検死を行ったとき、こう言ったことを覚えていた。「『この犯人の犠牲者は前にもここにきたことがある。これが誰のしわざであれ、これは最初の殺人じゃない。犯人はたちの悪いやつだ。レイチェル・ニッケルの殺人犯はどうだろう。腕をあげているんじゃないか』と言うと、みんなにこう返されましたよ。『いいや。あの事件の容疑者はスタッグだ。あの男には二四時間の監視がついてる』とね」。ポール・ブリトンはこのふたつの殺人を結びつけられるかと尋ねられたとき、それらの事件は「まったく別物だ」と答えた。

警察は一九九四年五月にナッパーの自宅を家宅捜査して、珍しいアディダス・ファントムのスポーツ・シューズを見つけていた。一〇年たってやっと、警察はその靴がウィンブルドン・コモンのレイチェル・ニッケルの死体のそばに残っていた靴跡と適合することを確認した。二〇〇八年一二月、『タイムズ』紙は社説で次のように述べた。「レイチェル・ニッケルの殺害についてナッパーをなかなか調査しなかったのは、警察とポール・ブリトンと検察庁が、自分たちはすでに犯人を捕らえたという共通した考えを持っていたことだけで説明がつく。彼らの見かたでは、コリン・スタッグは有罪で、だから彼らはナッパーに関する証拠物件を無視したのだ」。スタッグは美しい女性を相手に童貞を捨てたいと願っているただの孤独な男だった。彼が書いた露骨に性的な物語がレイチェルの殺人事件とあれほどよく似ていたのは、スタッグがリジー・ジェームズは暴力的なセックスに夢中なのだと思っていたことと、自分の知っている場所で起こった地元の殺人事件から着想したためであろう。

ニッケルとビセットの一家にとってはひどい悲劇だったことは別として、このぶざまな捜査は首都警察にとって非常に高くついた恥さらしな一件となった。捜査全体のコストのなかでもっとも大きな出費は、コリン・スタッグに支払った七〇万六〇〇〇ポンドの賠償金だった（彼はひどい汚名を着せられ二度と職につけなくなったことが賠償の理由のひとつである）。こんにち、プロファイラーは行動科学捜査アドバイザー（ＢＩＡ）と呼ばれ、認定を受けなければならない。ケント警察のＢＩＡのための最初のガイドラインでは、ＢＩＡは「専門知識とこの分野の限界を認識し、その範囲を超えないようにすること」とある。

デイヴィッド・カンターによる列車殺人魔のプロファイリングとは対照的に、ブリトンのプロファイリングでもっとも役に立たなかった主張は、レイチェルの殺人犯は〝ウィンブルドン・コモンに気軽に歩いて行ける範囲に居住していて、この公園を知り尽くしている者〟という部分である。じつのところ、ロバート・ナッパーはプラムステッド周辺のいつもの狩猟エリアを警察に封鎖されたあと、ほかに行き場がなくて事件の間際に一度ウィンブルドン・コモンを訪れただけだった。

マイク・ベリーはあえて、犯罪が起こったのと同じ時間帯に犯行現場を訪れるようにしている。そうすることで犯罪者とその犯行現場との関係について仮説を立てやすくなると考えているのだ。マイクはこう語る。「数年前、ある街の公園で起こった犯罪の現場を訪れたときのことです。タクシーの運転手が懐中電灯を差し出してこう言いました。『ひとりで行かせるわけにはいきませんよ。二度と出てこられなくなりますから』。真夜中の公園は真っ暗で、これが私のプロファイリングになんらかの作用を及ぼす気がしました。だから、『ああ、それです、それがまさに私の知りたかったことなんです』と答えました。死体は公園の中心にある池で見つかったので、そこに死体を持っていくことができた犯人は、かなり土地勘のある人物ということが明らかになりました。昼間に訪れていたら、あれほど真っ暗になるとは想像もできなかったでしょう」

単純な情報を早期に収集しておくことで、犯罪者の確実なプロファイリングを組み立てるための確固とした構成要素を得ることができる。糸口にすべき法医学的証拠がほとんどないとき、その土地に関する情報はよりいっそう重要な手がかりになる。「ある事件では」とマイクは語り始めた。「その地域を担当しているパトロール警官と話をしたおりに、こんな話を聞きました。ここらの若者たちは近くの町のナイトクラブから戻ってくるとき、森の手前でタクシーを降りて、そのあと森のなかの道を下って、少し開けたところで休憩し、飲み物を飲み、タバコを吸ったあと、また歩いて家のある村まで戻るのだと。森を抜けて村までタクシーを使うと、料金が二倍にもなるそうです。被害者は一六歳の少女だったけれど、森のなかを誰かと一緒に歩くことについてなにも心配していなかった。いつも村の子たちはそうしていたからです。その警官は話の重要性に気づいていませんでしたが、これで一般には考えられない行動について説明がつきました。被害者はジーンズとシャツを着ていて、性交があったという証拠が見当たらないことから、少女が男の誘いを断ったので、男が怒って、喉をつかんで絞め殺し、そのあと歩いて家に戻ったのだろうと推理しました」。これは、ほかの要因と合わせて、衝動的で無計画な殺人が、村に居住しているか滞在している若い男性によって引き起こされたことを示唆している。警察が殺人捜査班を立ちあげたものの、誰もその地域になじみのある者がいないときは、地元のパトロール警官と話をすることが重要である。そうすることでずいぶん多くの情報を得ることができる。警察は数時間のうちにその村にいる容疑者を見つけ出した。男はそのプロファイリングにぴったり一致し、その後有罪判決を受けた。

マイクに初めて会ったときから、プロファイリングの手法についての話に夢中になった。私の小説のなかでトニー・ヒルが行っているプロファイリングの手法は、マイクが実践している方法に基づいている。マイクのオフィスの本棚は、法心理学に関する本であふれていて、なかにはプロファイラーが自らの経験を語る回顧録もあった。マイクは先人がはまった落とし穴についてもよく知っていた。「つねに、これは殺人犯の性格だと言うのではなく、殺人犯にありそうな性格だと言うべきなんです。

心理学者は殺人犯として具体的な個人を特定しようとすべきではありません」

マイクのプロファイリングは、犯罪者に関する実験的な研究と、治療や捜査の現場で犯罪者を何年も診てきた経験の両方に基づいている。これらの経験から豊富な背景知識を得て、プロファイリングに生かしているが、彼も一八八八年のトーマス・ボンド博士のように、絶対的な確信がないかぎり、「可能性が高い」や「ひょっとすると」や「おそらく」という言葉をつけて、断定しないようにしている。

マイクは犯行現場を訪れると、写真と警察の記録、目撃者の証言、検死報告書と写真、その他手に入るかぎりの関連情報を調べる。ただしこの段階では、警察から容疑者の詳細を聞かないでいることが重要だ。そうすることでプロファイラーは捜査官の先入観に影響を受けずにすむ。もっとも価値の高いプロファイリングのためには、いかなる先入観や偏見も回避しなければならない。

マイクの場合、次の段階は頭のなかで起こる。「プロファイリングの最初の仮説を立てるときは、なにも映っていない画面の前にすわって考えます。散歩に出かけ、頭のなかで何度もそれについて自分に語りかけますし、信頼している人と一緒に働いているときは、自分のアイデアについて話し合います。そのあと、否定モデルを作ります。たとえば、犯人は男で間違いないか？　など。もちろん、現代では女性の殺人犯も増えてきましたが……どれを含め、どれを除外できるかを見きわめます……もし性犯罪ならば、容疑者はおそらく一〇歳から最高六〇歳までと仮定します。けれども、初めてセックスを経験する若いティーンエイジャーより少し年齢が上の可能性が高いですね。初めはとてもおおざっぱなところから始めます。もし、コンドームが使われていたら、『なぜか？』と考えます。

犯人は、犯罪についての知識と経験があるから、証拠を残さない……私はモデルを作り、自分自身にこう問いかけてつねにそれを否定する要素を探します。『それを裏づける根拠はどこにある？』と。数時間かけてなにかについて調べたとしても、そのあとで『ノー』という答えが出てきたら、そこで止めておくべきです。警察官やプロファイラーはなにかについてピンときたとき、その直感に固執すると、ときどきミスをおかすと私は思います。捨てることを学ばねばなりません。証拠が仮説を支持していないなら、その仮説は捨てて、プランBに切り替え、必要ならプランZまで作業を続けるべきです」。プロファイリングは性別、年齢、民族、職業、交友関係、車種、趣味、犯罪の性質、女性との関係、犠牲者との関係、犠牲者の選択、社会的な教育レベル、犯行後の行動、尋問時の行動などさまざまな特徴を集約したものなのだ。

犯罪に関する情報をすべて調べたところで、一部のプロファイラーはあらかじめ用意しておいた質問を自分自身に投げかける。デイヴィッド・カンターの場合はこんな質問が並ぶ。この犯罪の詳細は犯罪者の知性や知識やスキルについて何を示しているか。犯人は直感で行動しているか、それとも秩序立っているか。被害者といかに交流したか、そこから他人とどのように交流しているかがわかるか。犯人は犯行や犯行現場に慣れているように見えるか。

プロファイラーは、コリン・スタッグのようにひとりの男を見つけようとするよりも、容疑者の数をより絞りこめるような報告を上級捜査官に行うことを目標にすべきである。ひとつ例を挙げてみよう。ヨークシャーの切り裂き魔の捜査では、容疑者として二六万八〇〇〇人もの名前が挙がり、捜査官らは二万七〇〇〇軒もの家を訪問した。マイク・ベリーはこう語っている。「性的殺人が起これば、約三〇〇〇万人の男が容疑者となりえます。高齢者と子供を除外すると、約二〇〇〇万人に減らすことができ……」その数字を確実に減らすためにプロファイラーが行えることはなんであれ、警察には非常に価値がある。マイクは言う。「いまだにプロファイリングに幻想を抱いている人もいます。そういう人々は、プロファイラーがやってきて、犯人は赤茶色の髪をした左利きの男で、身長は一六七センチメートル、マンチェスター・シティ・フットボールクラブのサポーターだ、というような報告が聞けると思っています。けれどもいまでは、多くの人々がプロファイリングを、DNAや病理学と同じように、刑事の道具入れに入っているツールのひとつと見ています。たしかに、主要な情報源というよりも道具のひとつに違いありません。私もそのとおりだと思います」。ではもはや、ジェームズ・ブラッセルやクラリス・スターリングによってかき立てられた魅力やスリルはもう存在しないのか。「プロファイリングはいつもやりがいのある仕事ではあるけれど、非常に消耗する作業でもあります。かなり恐ろしい犯罪を扱うこともありますからね。プロファイリングを始めたばかりのころは、正しい犯人に導けるよう警察に情報を提供できなかったときは、自分のせいだと考えていました。でもしばらくして、自分ができることは、『この特徴を持っている可能性が高い』と可能性を示すことだけだとわかったんです。データを集めて犯罪者を捕まえられるかは、やはり警察しだいなのです。最近では、多くの上級捜査官が警察大学のブラムシルに直接連絡を取っています。自分たちで育てた身内を使うようになってきたわけです。いまでは公的にプロファイリングを行う心理学者は珍しくなりました」

もちろん、法心理学者は殺人者の追跡の手助けだけでなく、ほかにも多くのことを行っている。法心理学者はたいてい、施設に入っている犯罪者や患者を診療していて、ときおり刑事裁判や民事裁判での仕事を引き受ける。マイク・ベリーは彼自身や同僚が法廷に姿を見せるのは一年に五回もないと推定している（とはいえ、その同じ期間に一〇〇件ほどの報告書を作成している。そのうちの五パーセントに異議が唱えられるため、報告書の正当性を主張するために法廷に立つのだ）。法廷の外では、保安病棟や精神病院に入院している犯罪者を数多く診療し、ときおり、病院外での生活を準備させる手助けをすることもあれば、ジェニー・カトラーがジョン・W・ダフィにしたように、ほかの事件を解決するために情報を得ようとすることもある。マイクは「私は犯罪者も被害者も診療しています。これが非常に困難でね。患者の話を分析し、意味を解明しようとするのですが、たやすいことではなくて……、ときには、話をすべて聞き出すのに数か月か数年かかることさえあります」

マイク・ベリーは大学の心理学者からの情報や助言も喜んで受け入れる。「研究者のほうが『根拠はどこだ？』と尋ねてくる確率がずっと高い。彼らは、レイプ犯の言語解析から連続犯のふるまい、尋問まで多様な領域の研究を行っています。そういう研究はすべて非常に有用で、それらの長所を抽出して、プロファイリングに利用することができるのです」

犯罪者や被害者、目撃者に洗いざらい話をさせるための面談は、犯罪捜査で心理学者がもっとも貢献できる領域だ。デイヴィッド・カンターはそう考えている。そして、マイクは彼のことを「この分野の主戦力」だと評している。面談で重要なのは、相手に過去の出来事を思い出させることなのだが、この行為は注意を要するし、間違いが起こりやすいことで知られている。心理学者は面談の技術を研究し、刑事たちが守るべき重要なポイントを見つけた。それは、対象者とオープンな関係を作ること。

問題としている出来事の背景情報をもう一度明らかにすること。イエスかノーでは答えられない自由回答式の質問を行うこと。対象者の心の動きを妨げないようにすること。一見関係がないように思えることでも彼らの話にはとにかく関心を寄せること、である。人によってさまざまではあるが、本当のことを話すよう励ましを受けた対象者は、相手にはかり知れない信頼と尊敬を抱くようになる。そのほかに容疑者から自白を引き出しやすくなることが実証されている技術としては、彼らにとって不利な証拠の重みをしっかりと認識させることである。しかし、映画と違って実際は、強制的なアプローチによって対象者が心を閉ざしたり、嘘の告白をしたりする恐れがある。それにもちろん、尋問が記録される昨今では、いくら自白を強要したところで、法廷でそれらの証拠が却下されてしまっては元も子もない。

法心理学者は、〝心理学的剖検〟にかかわることも多くなっている。これは、死亡する前の人の心理状態を突き止めるための試みである。病理学者は身体的な解剖によって死因を明らかにするが、それで必ずしも自殺か、他殺か、事故かがわかるわけではない。心理学者は日記やEメールやオンラインの活動、死者の家族の精神疾患歴を調べ、親しかった人々に面談を行うこともある。

二〇〇八年に、マイク・ベリーは、ウエスト・ヨークシャーのデューズベリーで起こった女子生徒シャノン・マシューズの異常な失踪事件について（スカイ・テレビジョンの番組で）コメントした。この事件の分析では、まさに心理学的剖検に必要な、言葉やふるまいのニュアンスを鋭く嗅ぎつける感受性がものをいった。「若い恋人と一緒にソファにすわっているシャノンの母親（カレン）に面談を行っていたときのことです。ひとりの子供がカレンの膝の上にのろうとしました。すると、カレンは子供を押しのけたのです。もしあなたが子供をひとり失ったばかりだったら、ほかの子供をぎゅっと抱きしめるのがふつうの反応でしょう。けれども彼女はそうしませんでした。そのあとカレンは『シャノンが見つかったら、近所の人々が喜ぶわ』と言いました。『私はとても嬉しいわ。ほんとうに嬉しい』とは言わなかったんです」。結局、カレンが九歳の娘に睡眠導入剤テマゼパムを飲ませ、共犯者の家に運び、共犯者が近くの家で一か月間シャノンを監禁していたことが明らかになった。計画ではカレンの恋人がシャノンを見つけ、そのあと懸賞金をカレンと分けるはずだった。ところが、警察にタレコミがあり、共犯者の家に駆けつけた警官によって、ベッドの下に備えつけられた狭い引き出しのなかから少女が発見されたのだ。

もっと前に行われた心理学的剖検としては、一九七六年のハワード・ヒューズの死後に行われたものがある。ハワード・ヒューズは風変わりな米国人ビジネスマンで、一八歳のときに、テキサス州ヒューストンで父親が営んでいた事業を引き継いだ。六〇歳になるころには、世界でもっとも裕福な男になっていたが、感染症に対する恐怖心が常軌を逸していた。ヒューズはメキシコに移住し、コデインを自分で注射し、衣服を着ず、毛髪と爪は伸ばしっぱなしで、けっして風呂に入らず、歯も磨かず、トイレにすわったまま最高二〇時間を過ごした。彼の世捨て人的で奇妙な行動から、遺言に疑問が呈され、この問題はその後米国心理学会の会長、レイモンド・ファウラー博士による報告につながった。報告では、ヒューズは精神異常だったのか否か、そのため現実と乖離《かいり》してしまったのかが検討された。ファウラーは、ヒューズが精神障害を有していて、極端に風変わりな性格ではあったが、自分の行動はつねに理解していて精神異常ではなかったと結論した。彼の遺言は受け入れられた。

作家のトマス・ド・クインシーは、一八二七年に発表したエッセイ「藝術の一分野として見た殺人」(『トマス・ド・クインシー著作集〈1〉』に収載、国書刊行会)で、殺人は法的な見解よりむしろ美的観点から捜査されるべきだと冗談まじりに提案した。ある意味、法心理学者がしていることはそれにあたる。彼女(法心理学者の八五パーセントは女性である)は、犯人の頭のなかを解明する絵を描こうとしているのだ。それは美しい絵からほど遠いかもしれないが、その考えの主である人にとっては大きな意味がある。そして、私たちの仲間が属しているその奇妙な世界をより深く理解できれば、それだけ早く、彼らが通りすがりに破壊の痕跡を残していく前に彼らを治療できるようになる日がくるかもしれない。

第12章 法廷

Chapter Twelve

THE COURTROOM

検察当局は事件を立証しなければならないが、弁護側は疑いを生じさせるだけで勝てる。

——ティム・プリチャード

（『オブザーバー』紙、二〇〇一年二月三日）

一三年間弁護士として働いてきたフィオナ・レイットは、科学的な証拠を単なる〝プロセスの一部〟として扱っていた。だが、ダンディー大学に戻ったとき、科学者や心理学者と「科学的証拠がどのように犯行現場から採取され、どのように保存され、どのように用いられ、そして、最終的に法廷でどのような役目を果たすのか」について語り合った。そしていまや、証拠および社会正義の教授となったレイットは、証拠に基づく手順の各段階に影響する緊張関係について次のように書いている。「証拠が発見されてから法廷に持ちこまれるまで、いかに科学を使いこなすかについてはみなそれぞれ思惑がある」。警察は有罪判決を引き出す材料として証拠を厳しく確かめる。検察側の弁護士は被告が無罪に見えるような事実は無視する。いっぽう、弁護側の弁護士は有罪の証明になりそうな事実は無視し裁判官を説得して重要な証人を排除させようとする。このように法廷の中心で行われる証拠そのものをかけた綱引きでは、法科学者はありったけの専門知識を駆使して証拠を探しそれを解釈する。相手側の弁護士は、まず科学者の証言を揺るがしにかかり、それがだめなら科学者本人の評判を傷つけようとする。

典型的な証拠を例にとってみよう。殺人の容疑者のジャケットがあるとする。ＣＳＩは分析のために、できるだけ早くそのジャケットから疑わしい繊維や毛髪をテープで採取する。その後ジャケットを証拠品用のビニール袋に入れ、血痕などを調べるラボの科学者に送る。充分な試験を行ったあと、科学者はもう一度ジャケットをビニール袋に入れて保管し、証拠物件として法廷で提出する可能性に備える。科学者がなにも有用なものを見つけられなかったとき、ジャケットは倉庫に運ばれ、きわめて感受性の高いＤＮＡ試験など、今後画期的な科学の発展が起こり、有用な証拠が得られるようになるかもしれない次の機会を待つ。

これは、実際にギャングのメンバーのジャケットに起こったことである。一九九三年にロンドン南東部で人種差別的攻撃があり、一八歳の男子学生だったスティーブン・ローレンスが理不尽に殺害された。スティーブンは建築家になるという夢を胸に、大学入学資格のAレベルを取るために勉強していた。スティーブンは友人とふたりで夜に外出し、そのあと家に帰ろうとしてエルタムのバス停に立っていた。そのとき、若者たちに地面に押し倒されて刺し殺された。ギャングのメンバーのひとり、ゲイリー・ドブソンはグレーのボマージャケットを着ていた。彼と仲間たちは殺人を否定し続けていたが、彼らが示したアリバイはのちに嘘であることが証明された。ドブソンの家に警察がしかけた隠しカメラからの映像など、ほかの状況証拠も彼らには不利なものだった。撮影された映像のなかで、ギャングたちは殺しについて話してはいなかったが、ドブソンは仲間のひとりに野球帽を取られ「黒んぼ野郎」と罵《ののし》った。その男に太ももの裏を軽く叩かれると、ドブソンはスタンリー・ナイフを出すぞと脅した。「もう一度叩いてみろ、アホな黒んぼめ、切り刻んでやるからな」

ドブソンは一九九六年に裁判を受けたが、物的証拠がなかったため無罪になった。しかし、法科学的な検査の感受性が向上したことと、二〇〇五年の一事不再理（二重の危機）法の廃止により（つまり、一度目の裁判のときに知られていなかった新たな証拠が見つかった場合、同じ被告をもう一度裁判にかけられるようになった）、警察は二〇〇六年には大きな未解決事件の証拠の見直しを開始する用意ができていた。警察は証拠品袋に入れていたボマージャケットをLGC社の科学捜査部門に渡していた。今回、科学者は説得力のある、新たな顕微鏡レベルの証拠を見つけた。それは警察がドブソンをもう一度殺人罪で告発するのに充分な証拠だった。

二〇一一年一一月のドブソンの裁判で、検察側の弁護士マーク・エリソンは陪審員の前で、ドブソンが人種差別的な言葉をわめいているビデオを再生し、ギャングの別のメンバーが同じカメラの映像でこう言っているのも流した。「いいか、おれはサブマシンガンを二丁持って、キャットフォードに出向き、あいつらのひとりを捕まえて、黒んぼ野郎を生きたまま皮をはいで、拷問して、火をつけてやる……それから、両足をフっ飛ばして両腕をフっ飛ばして、こう言うんだ『さあ、家に泳いで帰れるぞ』ってな」

エリソンは目撃者を呼び、陪審員の前でこの殺人事件に関するくわしい話を聞いた。しかし、被告に対するエリソンのおもな論拠は、LGC社の科学捜査部門のエドワード・ジャーマンがドブソンのボマージャケットで見つけたものだった。

ジャーマンは二日かけて顕微鏡でジャケットを調べ、襟の織り布の内側にあった幅五ミリメートルの小さな血痕を発見した。DNA検査のあと、ジャーマンはこの血痕がスティーブン以外の人のものである確率は一〇億分の一未満であろうと証言した。血痕は、スティーブンのナイフの傷から直接落ちたか、ナイフから垂れた新鮮な液状の血からできたものだった。ジャーマンはまた、証拠品袋の底に乾いた血の薄片もいくつか見つけていたが、それもスティーブンのものだった。スティーブンが亡くなった夜に着ていたジャケットとポロシャツに由来する繊維もそれらの袋のいくつかに入っていた。また、殺人事件後にドブソンのジャケットから微小証拠を採取するのに使われた粘着テープをエリソンが再調査したところ、スティーブンの衣服と一致する繊維がさらに見つかった。

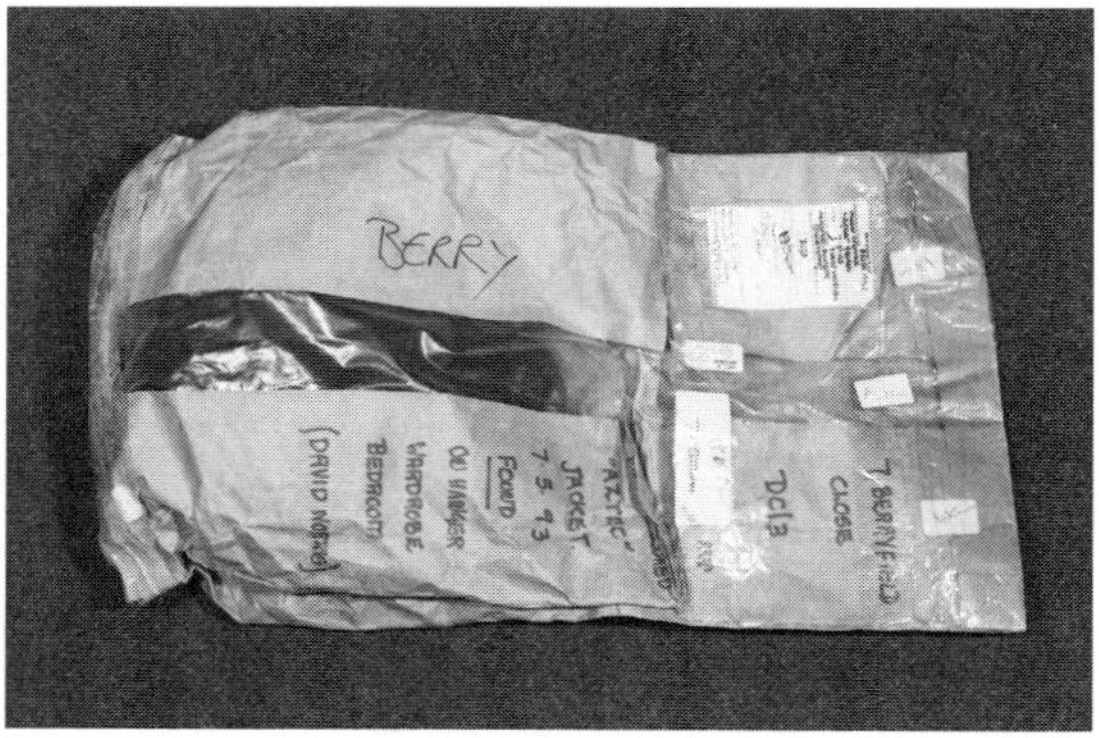

ゲイリー・ドブソンのボマージャケットの保管に使用された茶色の紙袋。ジャケットからスティーブン・ローレンスの血痕が見つかった。

犯行現場から法廷へと続く物的証拠の旅は、新聞記事の行の多くを埋めはしない。だが裁判は、科学捜査で得られた証拠の最終試験の場である。きちんと記録されていなければ、証拠は法廷で説得力を持たない。もし法廷で持ちこたえられなければ、デジタル解析者や病理学者、昆虫学者、指紋鑑定家、毒物学者など法科学者のすべての努力が無駄になってしまう。ドブソンの裁判で、被告側の弁護士ティム・ロバーツは、ジャケットの旅についてどうにか疑念を生じさせようとしていた。陪審員への冒頭陳述で、ロバーツは次のように述べた。「ゲイリー・ドブソンに対する告発は、信頼性を欠く証拠に基づいています。スティーブン・ローレンスが襲われたとき、ゲイリー・ドブソンは、両親の家に帰っていました。彼は無実です。この事件に関する書類は膨大な量ですが、この告発のもとになっている物的証拠は、ティースプーン一杯にも満たない繊維と欠片なのです」

一八年間、ジャケットはテープで封をされた紙袋のなかで眠っていた。ロバーツは一九九〇年代の初期は、容疑者と被害者の証拠物件が同じ部屋に保管されていることが多かったと指摘した。何年もかけて、多くの科学者がイングランドじゅうのさまざまな研究所でスティーブン・ローレンスの証拠物件を調べてきたが、その全員が白いビニールの上下のつなぎを着ていたわけではない。ロバーツは、ジャケットの襟についていた血痕は新鮮な血液に由来するものではないと反論した。スティーブンの証拠を扱った科学者の不注意のせいで、乾燥した血液の薄片が証拠用袋に混入したのだと述べ、この血痕は、科学者が唾液の検査を行ったときに、その血液の薄片のひとつが溶解した結果ではないかと示唆した。その唾液検査ではジャケットを湿らせて圧力をかけるからだ。エドワード・ジャーマンは比較のために別の血液の薄片を用いてこの理論を試したと反論した。その血液の薄片はジェル状になり、粘り気がありすぎて繊維に吸収されなかった。議論は広範かつ詳細にわたった。六週間にわたるドブソンの裁判をすべて傍聴したひとりのジャーナリストは次のように語った。「一一月の末に証拠の連続性についての議論に長い日々が費やされました。法廷弁護士らが延々と茶色の紙袋の安全性を議論しているあいだ、陪審員はうんざりしているようでした」

ロバーツはまた、次の証人であるロザリンド・ハモンを証言から外すように裁判官に懸命に働きかけた。LGC社はハモンにこのジャケットの連鎖、連続性を調べる業務を任せていた。ロバーツは、ハモンはLGC社の従業員であるため、彼女の意見は信用できないと主張した。裁判官はそれに同意せず、ハモンが証言することを認めた。ハモンは、ジャケットの旅は複雑ではあったが、血液と繊維が汚染の結果紛れこんだという「可能性は現実的ではない」と述べた。二〇一二年一月三日、ゲイリー・ドブソンは、殺人罪で有罪となり、少なくとも一五年間の刑務所暮らしを課された。ドブソンは一八年と二五六日のあいだ正義の手から逃れ続けていたことになる。それはスティーブン・ローレンスが生きた年月より三五日長かった。作家のブライアン・カスカートは裁判のあとこう語った。

ゲイリー・ドブソンとデイヴィッド・ノリス。2012年にスティーブン・ローレンスの殺害について有罪判決を受けた。

「いつか有罪判決が下るだろうという考えは、ある時期は幻想でしかありませんでした。再度証拠に戻って、有罪判決を導けるような顕微鏡レベルの粒子を見つけ出せたことは注目に値します」。ギャングのもうひとりのメンバー、デイヴィッド・ノリスはゲイリー・ドブソンと同じ裁判で正義を下された。その大きな理由は、殺人のあった夜にノリスが着用していたジーンズから、スティーブンの髪の束が見つかったことである。目撃者の証言から、ほかに三、四人の男がこの殺人に関わっていたことが示唆された。彼らの名前は判明したが、彼らと殺人現場をつなぐ法科学的な痕跡はまだ見つかっていない。

スティーブン・ローレンスの事件では、検察当局の多大な努力によって、ふたりの凶暴な人種差別主義の殺人犯を有罪に導く証拠が白日の下にさらされた。「ティースプーン一杯にも満たない証拠」がゲイリー・ドブソンを打ちすえ、隠しカメラの映像がドブソンの人生を転落させる助けになった。とはいえ、証拠は諸刃の剣で、弁護士はときに、証拠を使って、被告を正義の鉄槌《てっつい》から逃がす方法を見つけることもある。

陪審員は防犯カメラが好きだ。それは、裁判で用いられる多くの証拠がなにかと議論の的になるのに対し、ビデオの証拠は、なにが起こったかについて、議論の余地のない明白な画像を提供してくれるからだ。とはいえ、この公明正大さは、検察側が見たいものだけではなく、起こったことすべてを記録しているという意味にもなる。二〇一〇年に出版された、自著『悪いヤツを弁護する』（亜紀書房）で、刑事事件専門の弁護士アレックス・マックブライドは防犯カメラの証拠を通常とは違う方法で利用し、ある人物を罪から免れさせた事件について書いている。〝ジャイルズ〟は、ある男の顔を殴りつけているところを高解像度防犯カメラに捕らえられた。上半身裸で、殴ったすぐあとに、誰にでもわかる唇の動きでこう言っていた。「もう一発くれてやろうか？」

マックブライドは弁護準備のためにこの映像を見たとき、がっかりした。重い気持ちのまま、テープの終わりまで見ると、画面が暗くなった。かと思うと急にふたたび光が明滅した。続きを見てマックブライドは驚いた。警官がジャイルズの共同被告人〝デイヴ〟を壁に押しつけ、彼のシャツをつかんで床に投げ倒しているではないか。デイヴの恋人があいだに入ろうとすると、その警官は彼女も床に投げ倒した。女は起きあがろうとしたが、警官はブーツで彼女を踏みつけた。

マックブライドはデイヴの弁護士にこのビデオ映像を見せ、共同である計画を思いついた。警察を不当逮捕と暴行罪で訴えない代わりに、ジャイルズとデイヴに対する告発をすべて取り下げることを要求したのだ。嬉しいことに、検察当局は提案に同意し、デイヴとジャイルズは自由になった。クライアントを罪から逃れさせるために、マックブライドは、それがなければ一点の曇りもない有罪を示す動画に含まれていた、いわばカット部分を使ったのだ。「弁護のゴールデン・ルールとして」とマックブライドは書いている。「証拠は少なければ少ないほどいい。ただし、検察側の証人が宣誓証言した内容と矛盾する証拠の場合は別だ」

検察庁は国の機関のひとつだ。検察庁は警察とつながりがあるため、弁護側よりも有利なスタートを切れるが、裁判の前には相手側とすべての捜査結果を共有しなければならない。証拠を共有するという原理は、〝武器対等の原則〟という法的な概念とかかわりがある。これによって、検察側と弁護側はどちらも同じ情報を利用できるようになっていなければならない。武器対等の原則なしに公平な裁判はありえない。

武器対等の原則というのは、理論的には、検察側も弁護側も、その証拠が意味することについて見解を述べる専門家の証言を得られるようになっていなければならない。とはいえ、裁判官は検察側と弁護側の両方に、裁判前の会議でそれぞれの所見を述べるために一度集まって、ともに証拠を分析するよう奨励する。これは武器対等の原則に関係している。なぜならこうすることで時間と金の節約になるからだ。ちかごろ、英国では法律扶助が削減されたせいで、時間と金の両方がこれまでにないほど不足している。だから、金が節約できれば別の専門家への支払いに使用することができる。そしてこれは、ある法心理学者が次のように述べているとおり、武器対等の原則よりも大きな意味がある。「私が報告を提出し、相手側も報告を提出したあと、多くの違いがあれば、集まってコーヒーを片手にその違いについて議論し、建設的な結果を導き出します。こうすることはお互いのためになるのです。三日間法廷に出廷して、理論の違いがわからない陪審員たちをうんざりさせる必要がなくなりますから」

法医人類学者のスー・ブラックも同じ意見だ。「事前に会って、合意できる点とできない点をはっきりさせておくことは重要です。法廷で見せつけられる多くの大げさな態度を取っ払う役にも立ちますし」。スーが最近弁護側の専門家としてかかわった一件では、裁判前のミーティングが行われず、ふたを開けてみると、「最初から最後まで検察側の専門家にとっては大災難」になった。ある時点で裁判官は、両方の専門家が会って話し合いをしてはどうかと尋ねた。だが、弁護側と検察側双方の弁護士は、意見の一致がほとんどないので会っても意味がないと考えたのだ。検察側の主張は崩され、「誰も得をしない」結果になった。

専門家は必ずしも自ら証言する必要はない。報告書を書いたのがひとりかふたりかにかかわらず、その報告書が法廷に提出されるだけで充分間に合うことが多い。血液の専門家ヴァル・トムリンスンは「想像していたよりもずっと多くの裁判の案件を扱っています……でも実際に証言台に立つのは、おそらく年に二、三回です」と言う。証言台に立つという経験は興奮、誇り、満足、恐れ、イラ立ち、屈辱などあらゆる感情を呼び起こす。だが、どの組み合わせになるかは裁判の性質と専門家自身の性格しだいだ。

研究所では最高の科学者なのに、証言台では自制心と自信を示すことができず、うまく証言できない人がいる。病理学者のディック・シェパードはこのように語っている。「証拠を発見できる科学者は多いですが、法廷に立って、その分野のことをなにも知らない陪審員に理解できるようにその証拠について説明するには、特別な才能が必要です」

だからこそ、法廷訴訟はよく舞台にたとえられるし、有名なカリスマ病理学者のバーナード・スピルズベリーのように、すぐれた演者は陪審員に非常によい印象を与えることが多い。

専門家は弁護士が尋ねる質問に答えることしか許されていないが、同時に自分の見解も述べるよう促される。専門家の仕事は事実を見つけ出してそれを解釈することであって、周知の事実をオウムのように機械的に述べることではない。もちろん、事実と意見の区別をつけるのは注意を要する部分であり、陪審員らをミスリードさせるようなことは言ってはならないという重い責任を、専門家証人は担っている。ある専門家がひどくにじんだ指紋を誰それのものだと証言したとき、それは事実なのか、それともひとつの意見なのか。あるいは飛沫血痕の専門家が、血痕のパターンからして、被害者は致命的な一撃を受けたとき地面に横たわっていたに違いないと述べたとき、陪審員はこの証拠をどのように評価すればよいのだろうか。

さらに、科学というのはその性質上、暫定的なものである。科学の理論というのは、新たなエビデンスが明らかになると、否定されたり修正が加えられたりしていくものだ。フィオナ・レイットは次のように語った。「専門家の証言は科学的な進歩の核となる部分に関係するものが多いのですが、そこでは常に新たな発見がなされ、改良が行われています。ときには、今日知ったことが、昨日まで知っていたことと全然違う、ということもあるのです」

専門家の証言は、平均的な市民の一般常識の範囲を超えるものと定義されている。専門家証人が事件についてどれだけ強く確信していることがあろうとも、有罪か無罪かという〝究極の選択〟は陪審員に委ねるしかない。ある程度、これは言葉や表現の問題である。ヴァル・トムリンスンは（216ページ参照）「このDNAの証拠はリード兄弟がこの犯行を犯したことを証明しています」と言うことはできないが、「DNA鑑定の結果の理由（彼らのDNAが付着していた理由）としてもっとも可能性が高いのは、被害者の家にそれらのナイフをそれぞれ持ちこんだのは、テリー・リードとデイヴィッド・リードであり、持ち手が破損したときに彼らがそのナイフを握っていたから、というのが私の見解です」と言うことはできる（そして実際にそう言った）。

〝一般常識の範囲を超えるもの〟という原則は、一九七五年のテレンス・ターナー裁判のあと強固になった。ターナーは恋人のウェンディと車にのっていた。ウェンディのお腹の子は自分の子だとターナーは思っていたが、言い争いになったとき、ウェンディは怒りにまかせて、ターナーが刑務所にいたとき複数の男と浮気をしたとぶちまけた。子供の父親は彼らのうちのひとりで、ターナーではなかったのだ。怒り心頭に発したターナーは、運転席のそばにあったハンマーをつかみ、ウェンディの頭や顔を一五回殴りつけた。その後、車をおりて近くの農家まで歩き、恋人を殺してしまったと農家の住人に話した。法廷で、ターナーは何をしていたかわからなかったと語り、手が勝手にハンマーに触れただけで、「彼女を傷つけるつもりはまったくなかった」と述べた。

ターナーの弁護士は扇動的だった。陪審員たちがその扇動にのっていたら、その評決は故殺になっていただろう。だがそうなる代わりに、ターナーは殺人で有罪になった。ターナーは、裁判官が陪審員に精神科医の報告を聞かせなかったという理由で、判決に異議を申し立てた。精神科医は、ターナーが精神病を有していないものの、他人の感情に非常に影響されやすいと書いていた。ターナーの「人格構造」からすると、怒りに駆られやすく、その怒りは被害者との関係を考えれば理解できるものであった。彼女の告白が思いがけないものであったのなら、「抑えきれない怒りが爆発し」相手を殺してしまうこともありうることである、と。

ターナーの弁護士は、陪審員らがその報告を聞いていれば、ターナーの行動がより理解できただろうと主張した。控訴院の裁判官ロートンは控訴裁判所にいる人々に次のような事実を思い出させた。「精神病ではない正常な人が、日常のストレスや負担などによってどのような反応をしがちかということを、精神科医から陪審員に説明してもらう必要はありません」。被告人が真実を述べているかどうかを実証するために、精神科医と心理学者がすべての裁判に召喚されるようになれば、彼の言葉を借りれば、「陪審員による裁判が精神科医による裁判になってしまう可能性がある」。ターナーの訴えは却下された。フィオナ・レイットはこう説明している。「専門家は、自分の分野が〝専門知識〟と呼ばれるにふさわしいことを証明しなければなりません。筆跡鑑定は明らかにそのひとつで、爆発物の知識についてもそうと言えますが、人間の行動についてとなると、裁判官はいつもあやふやな態度をとります」

ほとんどの裁判では、法科学者は陪審員が検討すべき重要な情報を提供し、それを理解できるよう手助けをする。裁判がうまくいかなかったとき、裁判官やフィオナのような研究者はあれこれ考える。彼らは関係者全員のことを思って心を痛めるが、次回、よく似た裁判があったときはよりよい裁きが下されるように道を切り拓いてもいるのだ。棚がいっぱいになるほど著書を出版し、名前の前後にスクラブル・ボード［訳注：アルファベットが書かれたコマをつなげて英単語を作るゲーム］みたいに肩書きの略語がずらりと並んでいる専門家は、法廷で非常に大きな期待をかけられる。概して陪審員は彼らの意見に特別な重みを加える。とくに同じ分野にカリスマがいればなおさらである。

最近の話でいうと、代理ミュンヒハウゼン症候群の分類で有名な小児科医ロイ・メドウの例がある。代理ミュンヒハウゼン症候群とは、医師の注意を引くためにわが子を傷つける親の疾患である。しかし、英国では、メドウの名前は乳児突然死症候群（ＳＩＤＳ）に関連してよく知られている。ＳＩＤＳは〝ゆりかご死〟とも呼ばれ、一見健康そうな赤ん坊が明らかな医療原因がない状態で死亡する事象である。メドウによると、「ひとり目の乳児の突然死は悲劇だが、ふたり目になると疑わしくなり、三人目はほかの理由が証明できないかぎり殺人である」。英国のソーシャル・ワーカーや児童保護機関がこの〝メドウの法則〟を鵜呑《うの》みにしたことで、多くの家族が大きな災難に見舞われることとなった。

一九九六年、生後一一週の男の赤ちゃんが、イングランド北西部チェシャーの自宅にある幌つきのゆりかごのなかで突然死した。二年後、次に生まれたハリーも生後たった八週間で同じような状況で死亡した。病理学者は、乳児の体に外傷の徴候があるのを見つけた。母親のサリー・クラークは警官の娘だったが、逮捕され二件の殺人罪で起訴された。

　サリーは、一九九九年一一月に裁判を受けた。幾人かの小児科医は、乳児らはおそらく病死であろうと証言し、死体についていた外傷は蘇生を試みて心臓マッサージをしたときに生じたものと見なした。だが、検察側の弁護士はサリーを、事務弁護士という高給職に戻りたくて、自分を家に縛りつけるわが子を疎ましく感じている「孤独な酔っ払い」と表現した。サー・ロイ・メドウを含む検察側の専門家らは、当初、赤ん坊らは揺さぶられて殺されたと考えたが、のちに窒息死させられたと判断した。メドウは裕福な家庭で二件の乳児突然死が生じる確率は七三〇〇万分の一だと説明した。彼は、メッセージを明白にするために、次のような比喩を用いた「グランド・ナショナル競馬で八〇倍の勝ち目のない馬に四年連続で賭けて、毎回勝つようなものです」。ナイトを受勲したばかりの医師によるこの非常に手厳しい統計学的数値に影響を受け、陪審員は一〇対二でサリー・クラークに殺人で有罪という評決を下した。

　王立統計学会がメドウの七三〇〇万分の一という数字には、「重大な統計学的誤り」があると声明を出したあと、サリーは有罪判決に対して控訴した。メドウはこの数値を得るために、煙草を吸っていない裕福な家族の乳児に突然死が起こる確率、八五〇〇分の一を単純に二乗したのだ。これは突然死した乳児のきょうだいは非常に似た遺伝子を持ち、同様の環境で育つため、残りの集団の乳児が単独で突然死するよりリスクがはるかに高くなるという事実を考慮に入れていなかった。乳児死亡研究財団は英国での同一家族内の二人目の乳児突然死は実際「およそ年一回」生じていると発表した。しかし、二〇〇〇年一〇月、裁判官はメドウの数値は「枝葉末節」で陪審員の決定には影響を及ぼさなかったと述べ、サリーの控訴を棄却した。

その後、マックルズフィールド病院から新たな証拠が明るみになった。もうひとりの専門家証人だった病理学者のアラン・ウィリアムズが、血液検体を使って行った試験の結果を公開していなかったのだ。その試験結果は、赤ん坊のひとりが揺すぶられたり窒息させられたりしたのではなく、黄色ブドウ球菌に起因する感染症で死亡したことを示唆していた。サリーはふたたび控訴した。この裁判では、二〇〇三年一月に有罪判決が取り消され、彼女は自由の身になった。控訴審裁判所の裁判官は、メドウは統計値についてひどい間違いをしでかしたが、有罪をひっくり返したのは、無償で働いた弁護士によって見つけだされたマックルズフィールド病院の検査結果であると意見を述べた。また、アラン・ウィリアムズの釈明――赤ん坊は病死ではないという自分の考えと矛盾していたので血液検査の結果を無視した――については、「完全に常軌を逸している」と酷評した。

複数の乳児死亡事件に提供した証拠に関して専門行為委員会に説明するために医師中央評議会に到着したロイ・メドウ。

サリーの釈放によって、ほかの乳児の揺さぶり死事件がまもなく再検討

釈放後に高等法院の前に立つサリー・クラーク。

された。そして、新たにふたりの女性、ドナ・アンソニーとアンジェラ・カニングスの殺人罪の有罪判決が翻り、この女性らは釈放された。カニングスの三人の赤ん坊は生後二〇週にいたる前に亡くなっていた。カニングスは、父方の祖母がふたりの子を突然死で亡くし、父方の曾祖母もひとり亡くしていたことを知ったときに、控訴していた。トラップティ・パテルも三人の子供の殺害で告発されたが二〇〇三年六月に無罪になった。どの裁判でも、サー・ロイ・メドウがひとつの家族に複数の乳児突然死が起こる可能性は低いという証言をしていた。「概して」メドウは言った。「突然の予期されない死は遺伝しません」

ロイ・メドウと検査を公開しなかったアラン・ウィリアムズは、その後「重大な職業上の非行」を理由に医師中央評議会の登録簿から名前を抹消された。二〇〇六年にメドウは、誠意ある行動による統計学的な過失であるという理由で復職を訴える控訴審に勝った。しかし、バーナード・スピルズベリーとは違って、彼の評判はその後も地に落ちたままだった。二〇〇九年に、メドウは自ら医師中央評議会の登録簿からの抹消を申請した。それはつまり、もう英国で医師として働くことも、専門家証人として証言することもできないことを意味した。

サリー・クラークは厳しい試練から立ち直ることができなかった。ふたりの幼い息子を失っただけでなく、メディアには子殺しの犯人として報じられ、その後刑務所でほかの受刑者から極悪人のように扱われながら三年を過ごしたのだ。サリーは二〇〇七年にアルコール中毒で四二年の生涯を閉じ、三人目の息子は母を失った。

科学者は自分の理論を大勢の人に聞いてほしいと考える。犯罪事件で自分の理論をうまく活用できれば、その学究分野内で自分の地位があがる。スー・ブラックはこの問題に注意することを学んだ。「ある法廷で証言をしたときのことです。その裁判では、私が述べたことは何でも同調するということで、検事側も弁護側も合意しているような状態でした。それはいいこととは言えません。環境によっては、つまり専門家証人しだいで危険な状態になりかねませんから」

ときおり起きる小さな誤りについてあれこれ考えながらフィオナ・レイットは言った。「どの程度まで専門家は買収されうるのでしょう。そんなことはないと思いたいけれど、本当にひどい世の中ですから」

専門家が言ったことをそのまま受け入れるのは明らかに危険である。とはいえ、法廷が極端に逆の態度を示し、最先端の科学をなにもかも新奇で信頼できないものとして却下するのも危険だ。理想的な展開は、裁判官と弁護士が、証言台に立った新進気鋭の科学者にプレッシャーを与え、技術の限界はどこにあるかを検討し、研究所に戻ってから探究すべき新たな方向を研究者にさし示すことである。

スー・ブラックが初めて、腕の静脈のパターンで子供を虐待した犯人を特定しようとしたとき、告発された男の弁護士は先例のない技術を用いることについてスーを激しく非難した。スーはこの技術を使ったことが影響して被告の無罪評決につながったのではないかと不安を感じ、もっと多くのデータを用いて静脈パターンの解析技術をさらに肉づけしていく必要があると感じた（257ページ参照）。最終的には、この技術を用いて少女虐待の様子をビデオに収めていた小児性愛者に有罪判決が下された。

これは、反対尋問で専門家にプレッシャーをかけることで、法科学技術がいかに鍛えられるかを示したよい例である。この説では、証拠が強固なものであれば、陪審員は目の前で証拠が批判にさらされたあと、かえって強さを増したことに気づくだろう。とはいえ、いつもそんなふうにうまくいくとはかぎらない。実際のところ、裁判制度の真実を求める価値については、長いあいだ疑問視されてきた。一五九二年に死亡する直前に、フランスの弁護士で哲学者のミシェル・ド・モンテーニュは次のように書いている。「初めは論拠に敵意を感じるがそのあと相手に対しても敵意を持ち……双方が相手を論破しようとした結果、議論が生み出したのは真実の破壊と消滅である」。言い換えれば、弁護士は証拠を攻撃するという取り組みに失敗したとき、その証拠を提供した人間に矛先を転じるのである。私がインタビューした法科学者のひとりは、これを積極的に楽しんでいた。「弁護士の反対尋問を受けて立つのが大好きなんです。最初はこう言われたものです。『お若いかた。あなたの限られたご経験では……』。いまでは、丁々発止のやりとりのおかげで弁護士とかなり楽しく過ごしていますよ」

法化学者のロバート・フォレストはこの情況を冷静にとらえている。「熱戦《ヒート》が苦手なら、キッチンから出て行くべきだ」

インタビューで話をした刑事弁護士のひとりは、もし専門家が反対尋問の圧力《ヒート》に直面する必要がなくなったとしたら、それは「非常に残念」なことだと考えている。「専門家証人の適性に疑いを投げかけるというのは、尋問ではとても理にかなった方針なんです。けれども同時に危険なことでもあります。聞いている陪審員に不快感を与えることがありますから。その陪審員たちから支持を得られなければ、裁判に負けてしまいます。弁護士へ助言するとしたら、自分の得意な駆け引きに専門家を引きこむのではなく、彼ら自身の調査から、その専門家は信頼できないという状況に追いこむことです。専門家もときどき間違いを犯しますからね。だからこそ、専門家は自身の報告の細かい部分まで十二分に注意を払わねばなりません」

ある病理学者は、ここ何年も弁護士らが熱心に自分を窮地に陥れようとしていると感じていて、それは行き過ぎではないかと考えている。「これまでのキャリアを振り返ったとき、以前は、専門家証人が法廷にいる目的は、自分たちの知識を最大限に活用して有益な知識を提供することだと理解されていました。でもいまは、参考文献を提供しなければなりません。もはや『いいですか、私はこれと同じような事件を二〇件見てきました。これも先例と同じだと考えます』と言えなくなりました。なぜなら、このように言ったところで、こう返されるのがオチなんです。『ほう、これについて論文を発表されたことはありますか？　あなたの論文はどの査読誌に載っていますか？　二〇回誤解し続けているということはありませんか？』。あるいは私が、『私は三〇年間この仕事をしてきて、二万五〇

○○件の検査を見てきましたが、いままでこんなことは見たことがありません』と言ったとします。するとと彼らからはこう返ってくるのです。『それはただの偶然でしょう』」

本書のために話を聞いた専門家たちはみな、法廷の証人として経験豊富な人々である。ヴァル・トムリンスンは三〇年間に、数えきれないほど法廷に立ってきた。「おそらく数百回かしら。すっかり怖気づいてしまったこともあります。たとえば、大勢の若者に蹴られて死亡した若者の一件がありました。容疑者のひとりが履いていたスポーツ・シューズには、さまざまな部位にかなりの量の血がついていましたが、シードルと混じって泡立ってしまったらしく、調べるのが困難でした。いっぽう法廷弁護士が立てたがる推論のひとつに、『私の依頼人には血がついていない、だから彼はやっていない』というものがあります。それで私は、この問題のスポーツ・シューズについて質問を受け、血痕のついた衣服についての自分の論文を提出しました。証人席からおりて席に戻る途中、私は爽快な気分でした。そのとき弁護士がこう言ったのです。『そうそう、ミズ・トムリンソン。スポーツ・シューズのことを話していただいたとき、それを陪審員に見せていただけないかとお願いしたかったのですが、お話に割りこみたくはなかったので言いませんでした。いま見せていただいても構いませんか？』。それで私はスポーツ・シューズを取り出して、陪審員の前に歩いていき、彼らの前に立ち、話を始めました。『血痕はあまり見えないでしょうが、そこらじゅうについているのです』。背後であの弁護士が吹き出しました。証拠を提供し終えると、私は退廷させられました。陪審員に話しかけることすら、してはいけなかったのです。背後で裁判官らがざわついているのが聞こえ、そちらを見ると、裁判官がこう言いました。『ただ見せるだけにしてください、ミズ・トムリンソン』。それで私は陪審員の前にじっと立っていました。心もち眉を上げて、いったい背後で何が起こっているのだろうと考えていたのを覚えています。法廷から出て車にのったとき、いったいどういうことだろうと考えました。背後で起こっていたこれ見よがしのふるまいは、まったくばかげていました。あの弁護士は最初から私をあそこに立たせ、陪審員に向かって証拠を示させるつもりだったのです。そして陪審員にこう思わせたかったんです。『なんだ、なんにも見えないじゃないか』」

法医昆虫学者のマーティン・ホールにとって、反対尋問は「いまだに緊張して、鼓動が激しくなります。専門家としての意見に疑問を投げかけられ……集中的な精査が行われるのですから」。指紋鑑定家のキャサリン・ツイーディーが一番嫌なのは「適切な質問をしてもらえず、証拠について議論できないことです。じっとすわって質問を待たねばならず、答えるときもくわしく説明することができません。ときどき細かい話ができることもありますが、たいていは無理です。相手側はこちらが細かく説明しようとするたびにそれを止めようとします。問題点を伝えてほしくないからでしょうが……きわめて重要な部分を自分で理解しているのに、彼らからされる質問が重要なポイントからまったくはずれていたり、まったく無視したものだったりするんです。陪審員になにを見せるかを私たちが決めることはできません」

ある病理学者は、ずいぶん時間がたってから対審裁判が本当はどういうものかを理解した。「本当に理解したのは最近のことです。法廷に証拠を提供したとき、検察側の弁護士と被告側の弁護士はそろって弁護業に終始します。彼らはまったく真実の追求などしていません。証人は真実を、すべての真実を、真実のみを述べると誓うというのに。弁護士たちの役割は論拠を形作ることです。そして、証人がその論拠と異なることをちらっとでも口にしたときは、それについて攻撃するか、単に無視するのです」

証人は尋ねられた質問に対し「すべての真実」を話すことしかできない。それ以上の真実を話そうとすると、問題にぶち当たる。ある科学者が言うように、「専門家として『失礼ですが、なにかお忘れですよ』と言うのはなかなか難しいのです。裁判で私は数回これをしたことがありますが、裁判官と弁護士たちから向けられる視線は『ああ、そうだったな！　きみ、助かったよ、うっかり忘れていた』というものではありません。裁判官は『なるほど、ではそれを見てみましょうか？』と言いながら、腹のなかではこう考えています。『こいつは私の裁判でなぜこんな面倒を引き起こすんだ？　私たちはうまくやっていた。それぞれが自分のパートを唄っていたのに。この愚か者ときたら調子っぱずれな声でわめき出すのだから』。そのあとは四五分間、みんなから手ひどい扱いを受け、白旗を振りながら退却するしかなくなるのです」

スー・ブラックは、法廷での証言は「非常にやりがいのある」ものになる可能性はあると認めているが、全体的には、「仕事として楽しい部分はほとんどありません。法廷は私たちのルールが通用しないのです。つまり、思うようにことを進めることができません。それで、多くの専門家はこの仕事を辞めるほうを選びます。この仕事を始めると、研究者としての名声は得られますが、ときおり、この国の対審裁判という制度の一部は、研究者の名声を奪うことが真の目的ではないかと思えるときがあります。非常に個人的な問題が取りざたされたりもしますし、激しく攻撃されることもあります。法廷を出るときは、世界的な専門家のままか、世界的な間抜けになっているかもしれない。私は両方を経験したことが……

直近の一件では、若い部下が証拠を示すために証言台に立ったとき、こう訊かれていました。『あなたとブラック教授の関係は？』。彼は答えました。『彼女は私の部署の長です』。被告側の弁護士は言いました。『おや、それ以上の関係だと思っていましたが？』。その部下はあとになって、あの言いかたのせいで耳まで赤くなった気がしたと言っていました。思わせぶりな言いかただったのです。彼は弁護士にこう返しました。『おっしゃる意味がよくわかりません』。すると弁護士はこう言いました。『つまり、彼女はあなたの博士号の指導教授ではないかと言っているのです』。彼は答えました。『そうです』。すると弁護士はこう畳みかけてきました。『エゴのかたまりのような教授が自分の帝国を見まわして、お気に入りの若い博士号学生に目を留め、手まねきしながら、〝死体保管所におでかけしない？〟と言う。そういう関係ではないかと言っているのです』。すると、ありがたいことに彼は、『いいえ、まったく違います』と答えました。

弁護士の攻撃が個人攻撃に向けられたとき、損なわれるのは正義だけです。なぜなら、専門家は『こんな扱いに耐えるつもりはありません』と言い出しますから。今年、私も、なぜこんなことをしているのだろう、なぜこんなことを続けているのだろうと考えこみそうになりました」

スー・ブラックのような経験豊富な専門家だけでなく、彼女の部下のように勉強熱心な若い専門家も、誹謗中傷の標的にされる。腕の立つ弁護士はつねに裁判のなかで相手の弱点を探している。それはときに被害者であることもある。あるカナダの被告側弁護士がかつて同僚に野蛮な助言をした。「検察当局の原告を潰せば……頭を潰したことになる。頭部を切り離せば、その事件は死ぬ」

フィオナ・レイットは、レイプ被害者支援センターに所属し、レイプや性的暴行の被害者が起訴を行えるよう手助けをしていた。〝武器対等の原則〟により、告発されたレイプ犯の被告弁護士は、検察側の弁護士と同じく、原告の医療記録をすべて閲覧することができる。「それを知ったとき、女性たちはショックを受けていました」とフィオナは述べた。「彼女らは『それを見たらどう思われるだろう』と考えました。被告側の弁護士はこんなふうに言うかもしれません。『薬を使用されていたのは事実ですか？　ええと、なんでしたか、そう精神安定剤です。約三年前からですが、精神的な問題が続いたためでしたね？』。そして、こちらがそうと気づくよりも前に、その弁護士は、この原告に対し、おそらく記憶が不確かでひょっとするといまも薬を飲んでいるかもしれない、信頼できないという人物像をでっちあげてしまうのです。そういう標的にされやすいのは、医療記録が非常に長い人で、弁護側はここぞとばかりに攻めてきます。原告にはそれらの記録の引き渡しを拒否する権利がありますが、そうしない人が多いのです。それらの記録を明かすことの重大性をきちんと把握していないからでしょう」

二〇一三年一月に、フランセス・アンドレードというバイオリン奏者がマイケル・ブルーアーの裁判の原告となった。マイケル・ブルーアーはアンドレードの以前の音楽教師で、レイプと強制猥褻行為で訴えられた。証言台に立ったアンドレードは、何度も嘘つきと呼ばれ、反対尋問で涙を流した。

友人に宛てたテキスト・メッセージで、証言をするというのは「もう一度最初からレイプされるような」経験だったと彼女は書いていた。そして、証言から一週間も経たないうちに、裁判の結果を見届けることなく、彼女はサリーのギルフォードにある自宅で自殺した。ブルーアーは五件の強制猥褻行為で有罪判決を受けた。

リーズ大学法学部の教授ルイーズ・エリソンは偽の陪審員役として地域の人々四〇人を集め、役者と法廷弁護士にも声をかけその陪審員たちの前でレイプ裁判を再現した。すると陪審員らは、原告が冷静だったか感情的だったかという態度に影響を受け、またレイプ後に原告がそれを通報するまでの経過時間にも影響を受けることが明らかになった。しかし、裁判官や専門家が、望まない性的行為に対する反応は人それぞれであることを説明すると、原告の態度が落ち着いているときやレイプから通報まで時間がかかっているときでも、陪審員が有罪評決を見合わせるという傾向は低くなった。

そうはいっても、裁判官の基本的な立場は黙して語らないことである、とフィオナは語る。「証人が泣き出して、証言台で泣き崩れたとしても裁判官が介入しなかった裁判はいくつもあります。裁判官はただ『少し休憩しましょう、どなたか彼女に水を持ってきてくれませんか？』と言うだけです。裁判官は、えこひいきと見られることはなにもしないようにしているのです。裁判官は非常に慎重にならざるをえません。それでも……もっと具体的に証人を守ることができるだろうにと思います」。裁判官は、介入に慎重にならざるをえない。ほんの少しでもいっぽうに肩入れしていると見られれば、控訴院で評決がひっくり返される可能性があるからである。

陪審員は自分自身で判断を下すべし、という考えはすべての対審犯罪司法制度の要《かなめ》だ。とはいえ、それがきちんと検証されたことはない。フィオナ・レイットやルイーズ・エリソンなど学究分野の人々が、陪審員が示された証拠や議論をどう判断するのかを調べるために実際の陪審員らを調査することはできない。許可されていないのだ。エリソンの研究を知ったとき、ひとつの疑問がわいてきた。レイプの被害者を扱った経験のある裁判官は、一般市民から抽出された陪審員よりも判決を下すのに適した立場にあるのではないだろうか。

陪審員にとって法廷が辛い場所になる因子はほかにもある。この能力について研究が行われたことはないが、数週間続くかもしれない裁判のあいだじゅう、陪審員たちは、目の前に示される複雑な科学捜査による証拠をバランスよく検討しなければならないのだ。フィオナは、「陪審員らは裁判の進行をつねに見ておくべきだということで、メモを取ることを許されなかった」裁判が一度あったことを思い出した。科学者は新たな概念を紹介し、弁護士はその概念を捨てさせようとし、ほかの科学者はその概念とは異なる見解を述べるため、陪審員のなかには混乱してしまう人もいるに違いない。陪審員はいつも正しく理解しているわけではなく、ある証拠を誤って重く扱うこともある。ミシガン州とペンシルベニア州の法学の専門家と統計学者による二〇一四年のある研究によると、米国で死刑宣告された受刑者の四・一パーセントが無実であることが明らかになった。

反対尋問のプロセスはまったく役に立たないので、その部分はすっかり取り除いてほしいという人々もいる。英国と米国で用いられている対審制度とは対照的に、フランスやイタリアなど多くの国では、陪審裁判と審問制度を組み合わせている。審問制度とは、弁護士が両方の側で議論するのではなく、裁判官が事件の事実を調査する制度である。裁判官は裁判の前に証人や被告（またはそれらの弁護士）に質問し、有罪の証拠が充分に見つかったという場合にのみ、裁判を要求する。その時点で、裁判官は収集したすべての証拠を検察側と被告側の弁護士に引き渡す。その裁判では、裁判の前に聞いた証言を確認するために裁判官がふたたび証人に質問することができる。検察側と被告側の弁護士は証人に反対尋問を行うことはできないが、自分たちの見解をかいつまんで陪審員に示すことは許されている。

いずれの制度にも長所と短所がある。陪審員による裁判は古代ギリシャやローマにその源があり、一二一九年にイングランドで始まった。陪審員らの権力が強まると、彼らは社会を支える柱と見なされるようになった。被告と同じ立場の人々は被告を刑務所に送ることはできたが、かつらをつけた司法のメンバーたちにはそれができなかった。一八世紀になるころには、支配層が気に入らない人々を牢屋に入れる権限を制限するために、法律によって、陪審員の存在が認められた。

北アイルランド紛争時に頻発した陪審員へのいやがらせを止めるために、一九七三年に、北アイルランドのディプロック・コートが設立され、陪審員の排除が試みられたことがあった。一部の人々は、ほかの人と離れてすわっているディプロックの裁判官は、間違えるより正しく判断することが多く、また陪審員よりも正しく判断していることが多かったと考えている。またディプロック方式は、フィオナの言葉を借りれば、処理が「ずっとずっと早い」のだ。これは毎日法廷を運営するのに約数千ポンドかかっていることを考えると、重要なことである。だが、ミシェル・ド・モンテーニュが、この司法制度に関してふたたび的を射た考えを述べている。「ある裁判官が痛風や嫉妬に悩まされながら、または手癖の悪い使用人に腹を立てながら家を出ていたとしたら、彼の精神は怒りでどす黒く塗りつぶされている。だが、われわれは彼の判断が怒りのせいで偏っているかもしれないという疑いを投げかけることができないのだ」

私がインタビューをした弁護士は対審制度を擁護した。「対審制度のよいところは、双方が有能であるかぎり、すべての問題をとことん議論し、正しく争えることです。被告側弁護人の理念は、大胆不敵かつ正当に裁判を戦うことです」。科学者の視点で見ると、審問制度によって、彼らが毛嫌いする「芝居がかった態度」や個人攻撃による名誉棄損が終わりを迎える。それでもなお、このような根本的な変化に反対する人もいる。本書の最初にピーター・アーノルドが言った言葉を思い出すといいだろう。「対審構造の裁判では必要なことだとわかっています。私は攻撃されましたが、証拠にはなんの問題もないことが明らかだったため、最終的には事実を強化することにつながりました。一〇年後も、証拠が改ざんされたという主張でこの事件が上訴請求されることはないでしょう。だからこそ、いまこの件を公にしたいと思います。今後も挑戦を受けて立ち、追求に向き合おうではありませんか」

ほかの科学者は、現在自分たちに向けられている弁護士の集中攻撃のような尋問は、よりよい方向へ向かうべきだと考えている。ある科学者はこのように言った。「オフィスに弁護側の事務弁護士がきてこう言いました。『いいですか、私たちは彼が罪を犯したと知っていますが、あなたを論破するのが、私たちの仕事なんです』。つまりなによりも私に敵対することが重要だったんです。でも、そうじゃない。彼らの仕事は私を締め出すことではありません。彼らの仕事は証拠を調べることです」
インタビューで話をした火災の専門家の経験では、「裁判は、弁護士と専門家が競い合うゲームです。弁護士は専門家が差し出した精いっぱいの科学的な証拠を誤って解釈し、陪審員に違うメッセージを伝えます」。これと同じく、フィオナ・レイットも対審制度が追求しているものと真実の追求とのあいだにはずれがあると見ている。「対審プロセスを擁護する人々はそれが真実を知るための最良の方法だと考えているわけではないと思います……実際のところ、対審制度によって真実は曲げられているのではないでしょうか。政府は陪審員の実態をなかなか調査しようとしません。それはおそらく、実際は陪審員が偏見に満ちていることを目の当たりにするのをひどく恐れているからでしょう。それらの多くの偏見は、彼らの審議の方法から生まれてきます。基本的に、勝利するのは一番強い陪審員で、ほかの者はそれになびいて意見がまとまるだけです」

英国は対審裁判と陪審制度をヨーロッパじゅうに広めた。米国、カナダ、オーストラリア、ニュージーランドなどの国では、いまだにこの司法制度を用いている。米国は対審制度の国としてよく知られているが、その理由のひとつは法廷内で撮影がよく許可されるからだろう。英国以上に、米国の法廷に立つ有能な弁護士や専門家は最高額で入札した落札者のほうにつく。それをもっともよく表している例は、一九九五年に妻のニコール・ブラウン・シンプソンとロナルド・ゴールドマンという男性を刺し殺した罪で告発されたO・J・シンプソンを弁護するために集められた、腕利きぞろいのオールスター弁護団だ。

この悪名高い裁判で、被告側の主任弁護士だったジョニー・コクランは、鮮やかな色のスーツと、舌鋒鋭い反対尋問と、強烈なカリスマ性で、陪審員を味方につけた。ある時点で検察側は、シンプソンに彼の自宅から押収した手袋をはめるようにと依頼した。それは、検察の主張によれば、被害者の血とシンプソン自身のDNAにまみれていたという。法廷で、シンプソンはその手袋をうまくはめられなかった。コクランは陪審員のほうにさっと顔を向けて言った。「手袋が合わないのなら、無罪にすべきです」。検察はその手袋はDNA検査のときに、なんども冷凍と解凍を繰り返したため、縮んでしまったのだろうと述べた。彼らは殺人の数か月前にその手袋をはめているシンプソンの写真を示した。だが、その手袋もほかの多くの決定的な証拠もO・J・シンプソンの釈放を止めるのに充分でなかった。とはいえ、のちにブラウンとゴールドマンの家族によって起こされた民事裁判で、シンプソンは陪審員から刑事責任があるという判決を受けた。

たいていの場合、被告人は裕福なスタースポーツ選手でない。弁護士と専門家を雇うことになったとき、たいがいの人はお金を工面できる範囲で雇う人を決めなければならない。公民権運動家クライブ・スタッフォード・スミスの著書、『不公平』(二〇一三年)はクリシュナ・〝クリス〟・マハラジの驚くべき事件を追跡している。マハラジは英国の事業家で、一九八六年にマイアミのホテルの部屋で起こった殺人事件の有罪判決を受けた。陪審員はクリスに対し、ジャマイカ人の事業パートナーのデレク・ムー・ヤングとその息子ドゥエーン・ムー・ヤングのふたりを殺害した罪で有罪という評決を下した。現在七五歳のクリスは、フロリダ州の刑務所でその罪のために二七年を過ごしてきた。

その裁判で、検察側の弁護士ジョン・カストラネイクスは陪審員に向けて力強い冒頭陳述を行った。「みなさんに、これから指紋、弾道学的証拠、事業記録などの科学的な証拠の話をお聞かせします……それらはすべて、ほかの誰でもない、この被告が殺人犯であることを指し示しています」。クリスの指紋は、殺人が起こったそのホテルの部屋から見つかった。それは、クリスいわく、事件当日の早い時間にその部屋に行って仕事上のミーティングをしたからだった。カストラネイクスは多数の証人と専門家を呼んだが、そのなかには殺人の数か月前に、九ミリのスミス&ウェッソン拳銃をクリスに売ったと証言した警官もいた。カストラネイクスは「細かく計画された」、「残忍な行為」と「圧倒的証拠」などのフレーズをちりばめて、説得力のある主張を行った。

被告側の弁護士エリック・ヘンドンに、証人を呼ぶ番がまわってきたとき、彼はそこにいる全員に衝撃を与えた。ヘンドンはただこう言ったのだ。「弁護側の弁論を終わります」。ヘンドンには、殺人があった時刻にホテルから六五キロメートル離れた場所でクリスと一緒にいたことを証言するはずだった六人の証人がいた。だが、陪審員は彼らから話を聞くことはなかった。なぜなのかまったく理解できないが、ヘンドンは、カストラネイクスの話に疑いを投げかける機会をみすみす逃してしまったのだ。

陪審員は短時間で審議を終え、第一級殺人罪でクリスに有罪評決を下した。クリスはその場で気を失った。その後、同じ陪審員が法廷に戻って、彼に死刑を宣告した。

無実の殺人容疑者がヘンドンのような力量の弁護士を雇うことは、米国では珍しいことではない。本質的に、罪を犯していない人は刑事司法制度が必要としているものをさほど深く理解していないことが多い。無実であるということは、自然にわかるはずだと感じているのだ。そして汚名を晴らすのに熱心であるあまり、検察側の論拠をともに崩すために必要な有能な弁護チームを集めずに急いで裁判をしてしまう。クリスはヘンドンに二万ドルという定額の料金を支払った（いっぽう、O・J・シンプソンは弁護団に約一〇〇〇万ドルを費やした。ひとりの専門家につき一日あたり一万六〇〇〇ドルという計算になる）。スタッフォード・スミスの言葉を引用しよう。「死刑（キャピタル・パニッシュメント）は、資金《キャピタル》のない人に与えられる罰《パニッシュメント》にほかならない」

専門家に関してはどうかというと、クリスはそこに金を費やすことなどできなかった。だいたい、存在しようのない証拠に反論するために何をする必要があるというのか。カリブ海の国々から英国に果物を輸入して金を儲けていたとはいえ、控訴裁判所で争うことになれば、最終的には自分自身ばかりか長いあいだ苦労をかけた妻マリータをも破産させてしまうだろう。

ヘンドンのお粗末な弁護には金銭的な動機づけがなかったこと以外に、なにか理由があるかもしれない。弁護側としてヘンドンとともに働いた調査者によると、裁判の数週間前にヘンドンは電話で脅迫を受けたという。クリスを自由の身にするために弁護に力を入れすぎたら、おまえの息子の身になにかが起こるだろう、と言われたのだ。

検察側が頼ったものは、健全といえる以上の費用と、主任弁護士のジョン・カストラネイクスのほとばしるようなエネルギーだった。証人もそれぞれの役目を果たしたが、とくに弾道学の専門家トーマス・クワークが務めた役割は大きかった。陪審員が一番気になっている疑問は、殺人に使われた凶器がまだ発見されていない件だった。クワークはムー・ヤングの死体から見つかった弾丸は、九ミリのセミ・オートマチック拳銃の六銘柄のひとつから発射されたと証言した。研究所でクワークがそれらの可能性のある拳銃をすべて発射してみたところ、それらの線条痕（銃身の内部にらせん状につけられた線条溝によって弾丸の表面につく跡）は、凶器となった弾丸の線条痕と似ていたという。

クワークはその後、ＣＳＩがホテルの部屋から回収した弾丸の薬莢について話をした。「現場にあった薬莢の構造と一致する研究所にある銃器は、スミス＆ウェッソンＭ39のみです」。警官が法廷で殺人の数か月前にこれと同じ銃をクリスに売ったと証言していたことを考慮すると、それは決定的な言葉だった。

最後にクワークはシルバーのスミス＆ウェッソンの写真を陪審員に見せた。それは凶器が見つかっていないせいで開いていたすき間をふさぐように、陪審員の心にすっと収まった。ヘンドンが、その写真は事実と関係がないと言って、クワークが武器を見せたことに異議を唱えたが、裁判官は「わかりやすい例でしょう」と一蹴し、クワークに続けさせた。ヘンドンは反対尋問でクワークに、一九五〇年代以降、米国では約二七万丁のスミス＆ウェッソン拳銃が生産されており、その弾丸はそれらのどの銃から発射された可能性もあることを認めさせた。だがそのときにはもう、陪審員たちはある意味、殺人の凶器を見てしまったのだ。

クワークの証言は科学的に妥当だったのか。本当にその弾丸が発射された銃がスミス＆ウェッソンＭ39だと特定することができたのか。それとも、ムー・ヤングは、一九八六年の米国で流通していた六五〇〇万丁のほかの型式の拳銃によって殺されたのか。ある弾丸とある銃を一致させる弾道学専門家の能力、つまり〝弾道鑑定〟は一九世紀に開始されて以来、適切に検証されたことがなかった。指紋鑑定家や法科学的な毛髪のスペシャリストのように、弾道学の専門家は長いあいだ、自分自身の生計を支えているものの科学的根拠に疑問を呈しようとはしなかった。だがようやく二〇〇八年に、ニューヨーク州連邦地方裁判所のジェド・ラコフ判事が、弾道学的証拠の現状を調査するための審問を開いた。ラコフ判事は銃弾が個々の鋳型から製造されていた時代には弾道学の信頼性は高かったが、現在の大量生産の時代には、その信頼性はずっと低下していることを示唆した。ラコフ判事はこのように語っている。「弾道学がほかにどのような呼びかたをされようとも、これを〝科学〟だと言い切ることはできない」

この裁判のあと、クワークはいつも、絶対的な確実性を示す言葉を使って証言をしていることが明るみになった。たとえば、一九八七年一〇月にマイアミ・ビーチで起こった殺人事件では、レンタカーの前部座席にいた恋人を殺害したとしてダイエター・リーチマンが裁判にかけられた。そのときクワークは致命傷を負わせた銃弾が発射された銃の種類を三つに絞ったと証言した。リーチマンはそのうちの二種類を所有していた。リーチマンはその後有罪となり死刑判決を下された。一〇年後に行われた控訴審問でクワークは、その銃弾の詳細なデータをマイアミ警察のデータベースのみで検索し、数千もの可能性が広がるＦＢＩのデータベースでは検索していなかったことを認めた。

スタッフォード・スミスは、自分が運営している慈善団体リトリーブを通じて、一〇年間ムー・ヤング殺人事件を調査してきた。スミスは警察のファイルや事件にかかわった人々から大量の新たな証拠を見つけ出した。

たとえば、ムー・ヤング親子が撃たれたホテルの部屋から文書が見つかった。その文書には、コロンビアの悪名高い凶暴な麻薬組織、メデジン麻薬カルテルのために五〇億ドルもの金のロンダリングをしていたという詳細が記載されていた。ヤング親子はその一パーセントをかすめ取ろうとして、カルテルを怒らせたのかもしれない。なにより重大なのは、もともとの陪審員は、ムー・ヤングのホテルの部屋の向かいに宿泊していた人物についてなにも聞かされていなかったことだ。その人物はコロンビア人で、四〇〇〇万ドルを荷物に隠してスイスへ行こうとしていたため捜査されている最中だった。殺人のあった日にそのホテルの同じフロアに宿泊していた客はほかにいなかった。

二〇〇二年に、クリスの刑罰は減刑され終身刑となり、一〇三歳の年齢に達するときに仮釈放される可能性が付加された。二〇一四年四月に、マイアミの判事はクリスに対し、新たな証拠に基づいた証拠審問を開くことを承諾した。リトリーブによれば、「これは、クリスが一九八七年に有罪判決を受けて以来、無実への道のもっとも大きな一歩である」

対審制度では、武器対等の原則によって公平な裁判が可能になる。少なくとも、クリス・マハラジには腕のいい弁護士と弾道学の専門家がついているべきだった。有罪を証明するものであれ、またはそれ以外のことを証明する理論であれ、すべての理論は有能な第三者によって吟味され批判されるべきである。科学的な手法にはそれが必要なのだ。

法廷で吟味されることがないなら、法科学の専門家によって組み立てられた科学に意味などない。法科学の任務は、犯行現場から法廷へとつながる司法の制度をサポートすることである。とはいえ、すべては最終段階としての裁判が良心に基づく公正なものであるかどうかにかかっている。そのような裁判は科学にとって非常に有益なだけではなく、私たちみんなにとっても大変有益なものになる。

終章 CONCLUSION

本書では、過去二〇〇年にわたる法科学の驚くべき飛躍の軌跡を記した。現在の法廷では当然のことと見なされている科学的証拠をマイケル・ファラデーやパラケルススに示したら、研究者のなかでも非常に厳格な彼らのことだから、ただの奇術だと思うかもしれない。そんな科学の進歩は司法制度の進化と歩調を合わせてきた。

一八八八年にパトロール中のジョン・ニール巡査が切り裂きジャックの最初の犯行現場に到着したとき、乗り越えがたい困難に直面した。ホワイトチャペルの表通りと裏通りの複雑なネットワークを駆使しても、この八月の夜の殺人犯を目撃した者が出てこなかったのだ。明らかな動機もめぼしい容疑者も見つからない。メアリー・ニコルズの死体は凶器や殺人犯の力の強さ、そのねじくれた精神状態についての証拠を示していた。だが、これらはいずれも、決定的な方向を指し示していなかった。

現在の科学捜査官が用いているスキルや技術をニールたちが持っていれば、現場の捜査によって、ホームズの言う「緋色の糸」をたどって、真夜中のホワイトチャペルで起こった女性連続殺害犯を容赦なく追跡することができただろう。けれども当時は、もっとも基本的な科学的リソースもなく、警察は暗闇のなかを手探りで進んでいた。警察はそれがわかっていたし、一般の人々もわかっていた。その当時人気の風刺画は、よろめきながら、絶望して通りを歩く目隠しされた警官の後ろを、切り裂きジャックが笑いながらついていく様子を示している。

切り裂きジャックの被害者として明らかになっているのは、メアリー・アン・ニコルズ、アニー・チャップマン、エリザベス・ストライド、キャサリン・エダウズ、メアリー・ジェーン・ケリーの五人である。彼女らは、殺人現場の複雑な状況を解明する方法がまだなかったために逃《のが》した殺人犯の犠牲となった男性や女性、子供らのほんの一部にすぎない。だが、警察と科学捜査の研究者らはそれらの失敗から教訓を学び、ほかの人々を守るために役立ててきた。一八〇〇年代初頭に、〝毒物学の父〟マチュー・オルフィーラの手によって、毒を飲まされゆっくりと死んでいった数千匹のイヌたちも、大きな役割を果たした。

本書のための調査の過程で出会った法科学者たちは、なによりも誠実で独創的で、しかも寛大だった。そこに私は強い印象を受けた。彼らは自分が取り組んでいる事件に深く精力を注ぐあまり、人間の行為のもっとも暗くもっとも恐ろしい面に日々果敢にかかわろうとする。たとえばニーヴ・ニックのように、死後一週間経った死体から蛆虫を採取し、キャロライン・ウィルキンソンのように、娘と同じ歳の子供のバラバラ死体の顔を復元しようとする。彼らの犠牲のもとで、私たちは、たとえ犯罪の被害者になったとしても、犯人には法の裁きが下るだろうという認識のもとで生きることができる。彼らは独占欲に駆られて自分の知識を出し惜しみしたりはしない。その知識を踏み台にして仲間がさらに高く飛躍できるようにと、できるかぎり広範に共有しようとする。

また、その仕事の重大さゆえに、科学捜査中に複雑な問題に直面したとき、彼らは驚くほど創意工夫に富んだ解決法を生み出す。ここ二〇〇〇年のあいだに犯罪捜査官が利用できるようになった科学捜査のツールの激増ぶりには、驚嘆するほかない。また、すべてが完璧ではないにせよ、多くが刑事司法制度を強化した。私たちは、ＤＮＡ鑑定の初期のころを特徴づけるローテクの〝バケツ科学〟についての話を聞いた。だが、いまではヴァル・トムリンスンやギル・タリーのような科学者は、塩一粒の一〇〇万分の一の血痕を使って、ＤＮＡ指紋を手に入れ、その血を流した本人を見つけられるだけでなく、数年のあいだに罪を犯してＤＮＡが登録された家族がいれば、その人を探し出すこともできるのだ。性的虐待を示すものの虐待者の顔が映っていないビデオ画像を突きつけられたとき、スー・ブラックは前腕の静脈と手のそばかすの独特のパターンから初めて犯人を特定した。これらの科学者は、犯罪捜査で生じた問題や厳密さへの要求は、想像力を抑えるよりもむしろかき立ててくれることに気づいたのだ。

二〇〇年以上のあいだ、犯行現場の証拠は、法廷での厳しい信頼性テストに合格するよう鍛えあげられてきた。そのおかげで、いまでは効果的に証拠を活用することができる。科学者の理論にかけられる最初の圧力は、科学の仲間からのものである。彼らはその理論を放棄するか、挑戦に応じて理論をさらに強化するように迫ってくる。その後、法廷では弁護士が、陪審員の懐疑心を刺激するためにありとあらゆる手を尽くして攻撃をしかけてくる。証言台では反則技もほとんどかけ放題の状態で、弁護士は証人の科学的手法を無視し、その代わりに人柄に疑問を投げかけるほうを選ぶかもしれない。しかし、法科学者が証言することに個人的に大きなストレスを感じていたとしても、法廷は科学的証拠が打ちつけられる金床なのだ。準備万端の弁護士はハンマーの役目を果たし、法科学技術はその真価に応じて、鍛えられてさらに強くなることもあれば叩き壊されることもある。

もちろん、本書の一部でも示されているとおり、この関係がつねに正しく作用しているわけではない。とはいえ、実際に作用したときは、インスピレーションの火花が飛び散り、新たなアイデアが叩き出され、凶暴な犯罪者がずる賢く立ちまわる余地がさらに少し狭まる。

科学と司法の手法は共通している部分が多い。たとえば、いずれもあいまいさや不確実性に、明確さという光を当てようと試みている。よくすれば、その核となる目的も一致する。いずれも推測の枠を乗り越えて、実証可能な事実を積みあげて真実にたどり着こうとするのだから。とはいえ法科学は、犯罪者、目撃者、警察官、ＣＳＩ、科学者、弁護士、裁判官、陪審員など非常に多くの人間の階層で成り立っているため、ときおり真実を見落としたり、誤って伝わったりすることは避けられない。賭け金はいつだって高額だ。人の一生と自由がそれにかかっているのだから。本書によって、法科学者が分野を越えて、想像力を働かせ、柔軟な心で、労力を惜しまず誠実に、私たちみんなの正義のために身を捧げてくれていることが伝われば幸いだ。私としては、ずいぶん前からわかっていたことを再認識できた。つまり、科学捜査というのはそれ自体が心の踊る仕事であり、それを職にしている人々は、率直に言って、とびきり素晴らしい人たちなのだ。

謝辞

私はスコットランドで教育を受けられて幸運だった。その教育制度のおかげで、芸術と科学を同時に、大学レベルまで学ぶことができた。私は両方を同じくらい楽しみ、いまだに、科学や技術の新たな発展に驚かされることを喜びにしている。

私は本来フィクションの作家であるが、真実への欲求が強い。それでも、著述中に立ち往生したときは、たいていなにかを創作する。だからこそ、ノンフィクションを書くときは多くの助けを必要とする。ありがたいことに、救いの手はすぐに差し伸べられた。

本書で紹介したさまざまな分野でインタビューに答えてくださった専門家の方々には、とてつもなくお世話になった。困難で悲惨な作業になりがちな仕事への熱意と、健全なユーモアと洞察に触れることができて光栄だった。一部の分野についてはもともと理解していたし、長い間それを活用してもいた。ほかは新たな経験だった。かれらが寛大な心で時間と専門知識を提供してくださらなければ、本書に取りかかることすらできなかっただろう。というわけで、以下の人々に感謝する――ピーター・アーノルド、マイク・ベリー、スー・ブラック、ニーヴ・ニック・ダエド、ロバート・フォレスト、マーティン・ホール、アンガス・マーシャル、フィオナ・レイット、ディック・シェパード、ヴァル・トムリンスン、ギル・タリー、キャサリン・ツイーディー、そしてキャロライン・ウィルキンソン。

カーティ・トピワラをはじめウェルカム・トラストのみなさんには、このプロジェクトの開始早々から多大な支援と協力をいただいた。バーナード・スピルズベリーの手書きのノートから私の胃に収まった幾杯ものコーヒーまで、幅広く便宜をはかり、バックアップしてくださったことに感謝する。

ここにいたるまでずっと、私がまさに必要とするものを提供してくれた、トップクラスの調査者がふたりいる。アン・ベイカーとネッド・ペナント・リアはいずれも忍耐強く有能だ。かれらの助けなしには、この本を書くことはできなかっただろう。とはいえ、誤りがあれば、それはすべて私の責任である。

とりわけ感謝しているのは、プロフィール・ブックス社の発行人アンドリュー・フランクリンである。このとんでもないアイデアを最初に思いついたのは彼なのだ。そして、わが編集者のセシリー・ゲイフォードにも謝意を表する。彼女は何度となく、並たいていではない働きをしてくれた。それは距離にたとえればロンドン・マラソンに匹敵するだろう。一度も怒鳴りつけられなかったことが信じられない。私が彼女なら、とっくにそうしていたはずだ。

最後に、疲れ知らずのエージェント、ジェイン・グレゴリーに感謝したい。彼女はいつも私を支えてくれた。そして、私が必要とするときはいつもそばにいてくれた家族にもお礼を言いたい、ありがとう。

訳者あとがき

犯罪小説家マクダーミドは［科学捜査に］すっかり魅了されているが、現実はテレビとは違うことも充分承知している。現実の科学捜査官はドラマに出てくる科学者のように全知全能ではないが、はるかに興味深い存在だ。

——『クーリエ・メール』紙（オーストラリア）

本書は、英国を代表するミステリー作家ヴァル・マクダーミドのノンフィクション作品 *Forensics: The Anatomy of Crime* の全訳である。原書は、米国で *Forensics: What Bugs, Burns, Prints, DNA and More Tell Us About Crime* と改題されたものが、二〇一六年、アメリカ探偵作家クラブ（ＭＷＡ）賞ノンフィクション部門にノミネートされ、世界じゅうのミステリー・ファンが注目しているバウチャーコンではみごと、アンソニー賞最優秀批評／ノンフィクション賞を射止めた。

マクダーミドは、スコットランドの炭鉱町出身のミステリー作家で、これまで、英国推理作家協会（ＣＷＡ）ゴールド・ダガー賞を受賞した『殺しの儀式』をはじめとする、心理分析官トニー・ヒルと女性警部キャロル・ジョーダンが活躍するサイコ・スリラー・シリーズなど、日本でも多くの作品が紹介されている。英国では、このシリーズを原案として〈ワイヤー・イン・ザ・ブラッド〉というタイトルのテレビ・ドラマが制作され（日本でも有料チャンネルで放映）、ＤＶＤも販売されている。また、マクダーミド本人は、二〇一〇年にＣＷＡダイアモンド・ダガー賞というミステリー界に貢献した人に贈られる栄誉ある賞を受賞している。

二〇一四年には、ヴァル・マクダーミドの名前にちなんだ死体保管所がダンディー大学に誕生した。通りやホールや学校に名前が冠される人はいるが、死体保管所の名前になる人はめったにいないだろう。ダンディー大学が死体保管所建設のために寄付を募り、キャンペーンの一環として一般の人々から投票を受け付けたところ、多数の推理小説家のなかからマクダーミドが選ばれたのだ。そのときの気持ちをマクダーミドは次のように述べている。「非常に誇らしい瞬間でしたが、なじみのない誇らしさでした。『いつか私の名前の付いた死体保管所を作るのだ』という思いを胸にキャリアをスタートさせる人はいないでしょ。それでも、変わった種類の誇らしさとはいえ、本が受賞したときのようにとても光栄です」マクダーミドの人気がうかがえるユニークなエピソードである。

そのベテラン作家で元ジャーナリストでもあるマクダーミドが、現代のミステリー小説、とくに警察小説とは切っても切れない科学捜査について、第一線で活躍している多くの専門家から話を聞き、ノンフィクションを書き上げた。手練れの作家が描いた真実の物語は、胸がゾワゾワするような恐ろしい殺人鬼や、ぎょっとするような気味の悪い事件など奇想天外なエピソードに満ちあふれ、上質のミステリーにも似た味わいを漂わせている。

海外ドラマ〈ＣＳＩ：科学捜査班〉の爆発的なヒット以来、国内外を問わず、科学捜査を中心に据えた小説やドラマが数多く世に出ている。科学捜査は一般の私たちにも、かなりなじみのある分野になってきているのではないだろうか。つまり、「私たちはテレビで、犯行現場がどのように扱われるかを何度も目にしている。捜査がどんなふうに行われるかすっかり知っているつもりになっている」わけだ。けれど、「実際のところはどうなのだろう？」

マクダーミドはこの疑問の答えを求めて、専門家たちへのインタビューを開始した。

たとえば昆虫学。マクダーミドは、ロンドン自然史博物館の昆虫学者マーティン・ホールのもとを訪れた。この熱意あふれる学者に連れられて向かった先は、ロンドンの街を一望できる高い塔のてっぺんだった。だが、目に飛びこんできたのは素晴らしい街並みではなく、蛆虫を使った実験の様子だ。スーツケースやイヌ用のケージ、サンドイッチを入れる密閉容器など、一見なんの変哲もない生活用品のなかに入っているのは、なんと、ブタの頭や、仔ブタの死骸、そしてもちろん、蛆虫、蛆虫、蛆虫……。

昆虫学は、とくに死亡推定時刻の判定に役立てられている。このとき、おもに活躍するのはやはりハエだ。たとえば「典型的な英国のクロバエが卵から成体になるまでには一五日かかる」そうで、その間、ハエは卵から幼虫になり、脱皮を繰り返したあと蛹に姿を変え、成虫となる。だから、死体でうごめくハエがどの成長段階にいるかを知ることで、その被害者が少なくともいつから死んでいたかを推定することができるのだ。とはいえ、ハエの活用法はそれだけではない。ある事件では、蛹の殻から検出されたヘロインの代謝物質から、薬物使用者の死が導かれ、死体が見つからないまま殺人犯が逮捕された。また、「揺れる墓石のように死体の上を群れて飛ぶハエ」によって、隠されていた死体が見つかることもある。日常生活では忌み嫌われることの多いハエだが、科学捜査では役に立つ昆虫なのだ（ただし、食事中の読書には向かない。ご注意あれ）。

毒物学の章では、殺人鬼が登場する。たとえば、一九世紀に存在したメアリー・アン・コットンという女性は、再婚・出産を繰り返し、そのたびに子供と夫を殺して保険金を受け取っていた。だが、毒殺犯は現代にもいる。ハロルド・フレドリック・シップマン医師は自分の患者にモルヒネを投与して二一〇人もの罪のない高齢者を殺害した。

本書は前述の例のほか、火災現場や、復顔、病理学、血痕など、科学捜査を構成している分野ごとに章立てされている。それらの技術のおかげで解決した事件や失敗に終わった事件の真相、史実や専門家の経験談を交えながら、各分野の成り立ちから最新の技術までを網羅している。たとえば初期の指紋研究に貢献したひとりが、日本に住んでいたという話はご存じだろうか。スコットランド出身の医療宣教師ヘンリー・フォールズは、現場の窓に残された指紋から真犯人を追いつめた。

マクダーミドは、このような興味深いエピソードを随所にちりばめながら、いかにして証拠が現場で発見され、調べられ、法廷で役立てられるかという、証拠をめぐる犯行現場から法廷までの旅を、専門家の声を盛り込みつつ生き生きと描いている。それは科学者が開発した新たな技術が、実際の法廷で役立てられるまでの旅でもある。つまり、理論から実践への旅なのだ。

前作のノンフィクション『女に向いている職業』（朝日新聞社）で、マクダーミドは探偵を職業とする女性たちの話に耳を傾け、彼女らへの応援歌とも言える作品を世に送り出した。今作では、科学捜査を担う科学者や捜査官たちの誠実な仕事ぶりに熱い声援を送っている。

前述のとおり本書は、想像を超えた驚愕のエピソードが詰まっており、科学捜査についての好奇心を満たすのに十分な内容だ。だが、本書の魅力はそれだけではない。いくつも章を経るうちに、人の死に真摯に立ち向かう科学者や捜査官たちの思いに胸が熱くなり、死というものへの厳粛な気持ちが湧いてくる。ここで語られる物語は作り物ではなく、本当に生きていた人々の物語で、語り手はその人々の死を扱い、厳しい現実を毎日のように目の当たりにしている専門家たちなのだ。その言葉は重く、説得力があり、感動と畏敬の念を覚えずにはいられない。

最後になったが、本書を翻訳するにあたって、いろいろな方に大変お世話になった。とくに、株式会社化学同人の津留貴彰氏には相当のご尽力を賜った。みなさまに心から感謝を捧げる。

二〇一七年五月

久保　美代子

p.376　ゲイリー・ドブソンとデイヴィッド・ノリス。2012年にスティーブン・ローレンスの殺害について有罪判決を受けた。Photo: CPS
p.385　複数の乳児死亡事件に提供した証拠に関して、専門行為委員会に説明するために医師中央評議会に到着したロイ・メドウ。Photo: Rex Features
p.386　釈放後に高等法院の前に立つサリー・クラーク。Photo: Rex Features

カラー口絵

1　ジョン・グレイスター・ジュニアによる犯行現場の記録。University of Glasgow Archive Services, Department of Forensic Medicine & Science Collection, GB0248 GUAFM2A/1
2　イザベラ・ラクストンと彼女のメイド、メアリー・ロジャーソンの死体が見つかったエリアを徹底的に捜索する警察官たち。University of Glasgow Archive Services, Department of Forensic Medicine & Science Collection, GB0248 GUAFM2A/73 and 109
3　顕微鏡で見た蛆虫の頭部。Photo: Science Photo Library/Getty
4　腐敗しかけている肉を餌にするクロバエ。Photo: Wikimedia Commons
5　エドゥアルト・ピオトロフスキーの、血痕に関する独創的な論文に掲載された図。
6　テネシー大学の“死体農場”にて。© Sally Mann. Courtesy of the Gagosian Gallery
7　ジェーン・ロングハースト殺害で有罪判決を受けたグレアム・クーツ。彼女の死後、数週間保管していた倉庫から死体を運び出すところが防犯カメラに映っていた。Photos: Rex Features
8　18世紀に描かれた日本画、宮廷夫人の死。Wellcome Library, London
9　復顔を行っているベティ・P・ガトリフ。Photo: PA Photos
10　銃撃された被害者の脳の切片と弾丸。切片には弾丸の通った跡が見える。Image courtesy of Bart’s Pathology Museum, Queen Mary University of London
11　肝臓の切片とナイフ。切片にはナイフの傷が見える。Image courtesy of Bart’s Pathology Museum, Queen Mary University of London
12　フランシス・ゲスナー・リーのドール・ハウス“謎の死を解き明かすためのナッツシェル研究”。Courtesy of Bethlehem Heritage Society/The Rocks Estate/SPNHF, Bethlehem, New Hampshire
13　17世紀の彫刻家ジュリオ・ザンボの手による蠟で作られた老人の頭部モデル。Bridgeman Art

第 8 章　人類学

p.235　コソボの共同墓地を発掘する法医人類学者たち。Photo: AP/PA Photos
p.239　アルゼンチン暫定軍事政権の元指導者 9 人に対して行われた 1986 年の裁判で証言するクライド・スノウ。Photo: Daniel Muzio/AFP/Getty Images
p.240　共同墓地を発掘するアルゼンチンの法医人類学チームの人々。Photo: EAAF/AFP/Getty Images

第 9 章　復顔

p.271　チェーザレ・ロンブローゾが収集した犯罪者の顔のコレクション。Photo: Mary Evans Picture Library
p.282　キングス・クロス駅火災の犠牲者、アレキサンダー・ファロンの写真と、遺骨をもとに作成された復顔像との比較。Photo: PA Photos
p.285　“ボスニアの虐殺者”ラドヴァン・カラジッチ。Photo: AFP/Getty Images

第 10 章　デジタル・フォレンジック

p.314　スコットランドのアローチャー付近でスザンヌ・ピリーの死体を探す警察。彼女の遺物は見つからなかったが、2012 年にデイヴィッド・ギルロイはスザンヌ殺害の罪で有罪になった。Photo: Mirrorpix
p.319　グアテマラの警察に拘留されたあとメディアに囲まれるジョン・マカフィー。Photo: Rex Features
p.319　ベリーズのマカフィー宅。Photo: Henry Romero/Reuters/Corbis

第 11 章　法心理学

p.332　ピーター・キュルテン、“デュッセルドルフの吸血鬼”。Photo: Imagno/Austrian Archives/TopFoto
p.333　キュルテンの被害者の死体を見つけるためにデュッセルドルフのパッペンデル・ファームを捜索する警官ら。Photo: Rex Features/Associated Newspapers
p.335　“切り裂きジャック”はセンセーショナルな大ニュースになった。ニール巡査がメアリー・アン・ニコルズの死体を発見したところを描いた当時の雑誌の表紙。Photo: Interfoto Agentur/Mary Evans Picture Library
p.342　“ニューヨークのマッド・ボンバー”ジョージ・メテスキーを連行する警察。Photo: Rex Features/CSU Archives/Everett Collection

第 12 章　法廷

p.374　ゲイリー・ドブソンのボマージャケットの保管に使用された茶色の紙袋。ジャケットからスティーブン・ローレンスの血痕が見つかった。Photo: Rex Features and Museum

p.103　結婚式当日のジョージ・スミスとベシー・ウィリアムズ。のちにベシーはスミスの最初の犠牲者となった。Photo: TopFoto

p.106　バーナード・スピルズベリー。Photo: TopFoto

第５章　毒物学

p.133　マリー・ラファルジュ、夫シャルルをヒ素入りのエッグ・ノッグで殺害した罪で有罪になった。Photo: Wellcome Library, London

p.141　“アルフレッド・キュリー博士の製法で作られた”ラジウム入りフェイス・クリームの当時の広告。Photo: Science Photo Library

p.143　“ラジウム・ガールズ”のうちの９人。夜光塗料を時計の文字盤に塗る仕事によって命にかかわる放射能中毒に侵された。Photo: PA Photos

p.152　連続殺人犯のハロルド・シップマンと最後の犠牲者キャスリーン・グランディの偽造された遺言に同封されていた（挟まれていた）手紙。Photo: PA Photos

p.159　アコニットは、ヨウシュトリカブトやトリカブトとしても知られる。トリカブト中毒の症状は、吐き気、嘔吐、四肢の焼けるような痛みやうずき、呼吸困難などである。治療しなければ、2 〜 6 時間以内に死亡する可能性がある。Photo: Wellcome Library, London

第６章　指紋

p.168　詐欺で逮捕された 21 歳のジョージ・ジロラミのベルティヨン式人体測定法の記録。Photo: adoc-photos/Corbis

p.174　1946 年、CID のアシスタントがロンドン警視庁の指紋記録と新たな指紋とを照合している様子。Photo: Getty Images

p.176　1936 年にリバプール刑務所で取られたバック・ラクストンの指紋。University of Glasgow Archive Services, Department of Forensic Medicine & Science Collection, GB0248 GUAFM2A/25

p.189　マドリードの列車の爆発後に手がかりを探すスペインの科学捜査官ら。Photo: Pierre-Philippe Marcou/AFP/Getty Images

第７章　飛沫血痕と DNA

p.198　左上から順に：暴行を受けたあとのサミュエル・シェパード、彼の妻マリリン・リース・シェパード、頸部ギプスをはめて裁判で証言するシェパード。Photo: Bettmann/Corbis

p.199　マリリン・シェパードの枕についた飛沫血痕を調べるポール・カーク博士。Photo: Bettmann/Corbis

p.211　コリン・ピッチフォーク。英国で初めて DNA による証拠に基づいて有罪判決が下された人物。Photo: Rex Features

写真・図のクレジット

写真・図の著作権保有者と連絡を取ろうと手を尽くしたが、追跡しきれなかったものもあった。著者、出版社ともども、それらの写真や図についての情報があればありがたいし、今後の版でぜひ修正したいと考えている。

第1章　犯行現場

p.8　シャロン・ベシェニヴスキー巡査。Photo: Getty Images

p.11　エドモン・ロカール。世界初の科学捜査研究所を設立した。Photo: Maurice Jarnoux/*Paris Match* via Getty Images

p.26　証拠を求めてシャロン・ベシェニヴスキーの殺人現場周辺を捜査する上級捜査官たち。Photo: Getty Images

第2章　火災現場の捜査

p.34　マイケル・ファラデー。1861年、彼の著書『ロウソクの科学』によって現代の火災現場調査官のための道が拓かれた。Photo: Wellcome Library, London

p.39　スターダスト・ディスコ火災現場を歩く火災現場調査官。この火災で48人が亡くなり、240人以上が負傷した。Photo © *The Irish Times*

p.47　ケイソウ（単細胞有機体）の化石化した遺物の顕微鏡像。Photo: Spike Walker/Wellcome Images

第3章　昆虫学

p.66　13世紀に中国で編纂された、法医学に関する手引書『洗冤集録』の19世紀版のあるページ。Photo: Wellcome Library, London

p.74　この画像は、イザベラ・ラクストンの顔写真に川で見つかった頭蓋骨の写真を重ねたもので、これによってバック・ラクストンの有罪判決が確実になった。Courtesy of the University of Glasgow

p.87　カリフォルニア州サンディエゴの上位裁判所で答弁に立つデイヴィッド・ウェスターフィールド。Photo: Getty Images

第4章　病理学

p.100　英国中央刑事裁判所の被告席に立つホーリー・クリッペン博士と愛人のエセル・ル・ネーヴ。クリッペンは殺人の有罪判決を受け死刑を宣告されたが、ル・ネーヴは釈放された。Photo: Pictorial Press/Alamy

p.101　スピルズベリーによって作成された一連の標本。地下室に埋まっていた胴体の瘢痕部分を示している。Photo © The Royal London Hospital Archives

Niamh Nic Daéid, ed., *Fire Investigation*, Taylor & Francis (2004).

Roy Porter, *The Greatest Benefit to Mankind: A Medical History of Humanity from Antiquity to the Present*, HarperCollins (1997).

John Prag & Richard Neave, *Making Faces: Using Forensic and Archaeological Evidence*, British Museum Press (1997).

Fiona Raitt, *Evidence: Principles, Policy and Practice*, Thomson W. Green (2008).

Kalipatnapu Rao, *Forensic Toxicology: Medico-legal Case Studies*, CRC Press (2012).

Mike Redmayne, *Expert Evidence and Criminal Justice*, Oxford University Press (2001).

Mary Roach, *Stiff: The Curious Lives of Human Cadavers*, Viking (2003).〔邦訳『死体はみんな生きている』(殿村直子 訳), 日本放送出版協会〕

Jane Robins, *The Magnificent Spilsbury and the Case of the Brides in the Bath*, John Murray (2010).

Andrew Rose, *Lethal Witness: Sir Bernard Spilsbury, Honorary Pathologist*, Sutton (2007).

Edith Saunders, *The Mystery of Marie Lafarge*, Clerke & Cockeran (1951).

Keith Simpson, *Forty Years of Murder*, Panther (1980).

Kenneth Smith, *A Manual of Forensic Entomology*, Trustees of the British Museum (Natural History) (1986).

Clive Stafford-Smith, *Injustice: Life and Death in the Courtrooms of America*, Harvill Secker (2012).

Maria Teresa Tersigni-Tarrant and Natalie Shirley, eds, *Forensic Anthropology: An Introduction*, CRC Press (2013).

Brent E. Turvey, *Criminal Profiling: An Introduction to Behavioral Science*, Oxford: Academic Press (2012).

Francis Wellman, *The Art of Cross-examination: With the Cross-examinations of Important Witnesses in Some Celebrated Cases*, Touchstone Press (1997).

P. C. White, ed., *Crime Scene to Court: The Essentials of Forensic Science*, Royal Society of Chemistry (2004).

James Whorton, *The Arsenic Century: How Victorian Britain was Poisoned at Home, Work and Play*, Oxford University Press (2010).

Caroline Wilkinson, *Forensic Facial Reconstruction*, Cambridge University Press (2008).

Caroline Wilkinson & Christopher Rynn, *Craniofacial Identification*, Cambridge University Press (2012).

George Wilton, *Fingerprints: Scotland Yard and Henry Faulds*, W. Green & Son (1951).

Side of the Brain, Current (2013).〔邦訳『サイコパス・インサイド―ある神経科学者の脳の謎への旅』(影山任佐 訳), 金剛出版〕

Roxana Ferllini, *Silent Witness: How Forensic Anthropology is Used to Solve the World's Toughest Crimes*, Firefly Books (2002).

Neil Fetherstonhaugh & Tony McCullagh, *They Never Came Home: The Stardust Story*, Merlin (2001).

Patricia Frank & Alice Ottoboni, *The Dose Makes the Poison: A Plainlanguage Guide to Toxicology*, Wiley-Blackwell (2011).

Jim Fraser, *Forensic Science: A Very Short Introduction*, Oxford University Press (2010).

Jim Fraser & Robin Williams, eds., *The Handbook of Forensic Science*, Willan (2009).

Ngaire Genge, *The Forensic Casebook: The Science of Crime Scene Investigation*, Ebury Press (2004).〔邦訳『犯罪現場は語る 完全科学捜査マニュアル』(安原和見 訳), 河出書房新社〕

Hans Gross, *Criminal Investigation: A Practical Handbook for Magistrates, Police Officers, and Lawyers* (5th edition), Sweet & Maxwell (1962).

Neil Hanson, T*he Dreadful Judgement: The True Story of the Great Fire of London, 1666*, Doubleday & Co. (2001).

Lorraine Hopping, *Crime Scene Science: Autopsies & Bone Detectives*, Ticktock (2007).

David Icove & John DeHaan, *Forensic Fire Scene Reconstruction* (2nd edition), Prentice Hall (2009).

Frank James, *Michael Faraday: A Very Short Introduction*, Oxford University Press (2010).

Gerald Lambourne, *The Fingerprint Story*, Harrap (1984).

John Lentini, *Scientific Protocols for Fire Investigation*, CRC Press (2013).

Douglas P. Lyle, *Forensics for Dummies*, John Wiley (2004).

Michael Lynch, *Truth Machine: The Contentious History of DNA Fingerprinting*, University of Chicago Press (2008).

Mary Manhein, *The Bone Lady: Life as a Forensic Anthropologist*, Louisiana State University Press (1999).

Mary Manhein, *Bone Remains: Cold Cases in Forensic Anthropology*, Louisiana State University Press (2013).

Mary Manhein, *Trial of Bones: More Cases from the Files of a Forensic Anthropologist*, Louisiana State University Press (2005).

Alex McBride, *Defending the Guilty: Truth and Lies in the Criminal Courtroom*, Viking (2010).〔邦訳『悪いヤツを弁護する』(高月園子 訳), 亜紀書房〕

William Murray, *Serial Killers*, Canary Press (2009).

Niamh Nic Daéid, ed., *Fifty Years of Forensic Science: a commentary*, Wiley-Blackwell (2010).

おもな参考文献

Arthur Appleton, *Mary Ann Cotton: Her Story and Trial*, Michael Joseph (1973).

Bill Bass, *Death's Acre: Inside the Legendary 'Body Farm'*, Time Warner (2004).〔邦訳『実録死体農場』(相原真理子 訳), 小学館〕

Colin Beavan, *Fingerprints: The Origins of Crime Detection and the Murder Case that Launched Forensic Science*, Hyperion (2002).〔邦訳『指紋を発見した男—ヘンリー・フォールズと犯罪科学捜査の夜明け』(茂木健 訳), 主婦の友社〕

Carl Berg, *The Sadist: An Account of the Crimes of Peter Kürten*, William Heinemann (1945).

Sue Black & Eilidh Ferguson, eds., *Forensic Anthropology: 2000 to 2010*, Taylor & Francis (2011).

Paul Britton, *The Jigsaw Man: The Remarkable Career of Britain's Foremost Criminal Psychologist*, Bantam Press (1997).〔邦訳『ザ・ジグソーマン—英国犯罪心理学者の回想』(森英明 訳), 集英社〕

David Canter, *Criminal Shadows: Inside the Mind of the Serial Killer*, HarperCollins (1994).〔邦訳『心理捜査官ロンドン殺人ファイル』(吉田利子 訳), 草思社〕

David Canter, *Forensic Psychology: A Very Short Introduction*, Oxford University Press (2010).

David Canter, *Forensic Psychology for Dummies*, John Wiley (2012).

David Canter, *Mapping Murder: The Secrets of Geographical Profiling*, Virgin Books (2007).

David Canter & Donna Youngs, *Investigative Psychology: Offender Profiling and the Analysis of Criminal Action*, John Wiley (2009).

Paul Chambers, *Body 115: The Mystery of the Last Victim of the King's Cross Fire*, John Wiley (2007).

Dominick Dunne, *Justice: Crimes, Trials and Punishments*, Time Warner (2001).

Zakaria Erzinçlioğlu, *Forensics: Crime Scene Investigations from Murder to Global Terrorism*, Carlton Books (2006).

Zakaria Erzinçlioğlu, *Maggots, Murder and Men: Memories and Reflections of a Forensic Entomologist*, Harley Books (2000).

Colin Evans, *The Father of Forensics: How Sir Bernard Spilsbury Invented Modern CSI*, Icon Books (2008).

Stewart Evans & Donald Rumbelow, *Jack the Ripper: Scotland Yard Investigates*, History Press (2010).

Nicholas Faith, *Blaze: The Forensics of Fire*, Channel 4 (1999).

James Fallon, *The Psychopath Inside: A Neuroscientist's Personal Journey into the Dark*

【や・ら・わ行】

【ま行】

【は行】

【な行】

【た行】

【さ行】

【か行】

索　引

【著者紹介】
ヴァル・マクダーミド
これまでに28の犯罪小説を著した。作品はミリオンセラーとなり、16か国語に翻訳され、多くの賞を受賞。犯罪プロファイラー、トニー・ヒルのシリーズが原案となって英国ITVの連続テレビ・ドラマ〈ワイヤー・イン・ザ・ブラッド〉が制作された。

【訳者紹介】
久保美代子（くぼ・みよこ）
翻訳家。大阪外国語大学卒業。おもな訳書に『モンキー・ウォーズ』（あすなろ書房）、『ダウントン・アビー 華麗なる英国貴族の館』（共訳、早川書房）、『自助論』（アチーブメント出版）などがある。

科学捜査ケースファイル
難事件はいかにして解決されたか

2017年7月20日　第1刷発行
2017年10月20日　第2刷発行

著　者　ヴァル・マクダーミド
訳　者　久保美代子
発行人　曽根良介
発行所　株式会社化学同人
〒600-8074　京都市下京区仏光寺通柳馬場西入ル
編集部　TEL:075-352-3711　FAX:075-352-0371
営業部　TEL:075-352-3373　FAX:075-351-8301
振　替　01010-7-5702
E-mail　webmaster@kagakudojin.co.jp
URL　https://www.kagakudojin.co.jp

本文 DTP　株式会社ケイエスティープロダクション
装　丁　時岡伸行
印刷・製本　株式会社シナノパブリッシングプレス

ISBN 978-4-7598-1934-2